科学出版社"十四五"普通高等教育本科规划教材

城市生态学导论

主　编　闫文德（中南林业科技大学）

谌小勇（Governors State University）

参　编（以姓氏汉语拼音为序）

蔡延江（浙江农林大学）

冯　浩（湖南师范大学）

史志钦（清华大学）

王　成（中国林业科学研究院）

王志恒（北京大学）

吴纪华（兰州大学）

吴一平（西安交通大学）

张志强（北京林业大学）

朱　凡（湖南农业大学）

科学出版社

北　京

内 容 简 介

本书系统介绍了城市生态学的基本理论、核心概念及其在城市可持续发展中的应用。城市是人类文明的结晶，随着全球城市化进程的加速，城市生态系统的研究显得尤为重要。本书首先介绍了城市生态学的起源、发展背景及其跨学科性质，重点分析了城市环境的物理、生物和人文特征，包括气候、土壤、水文、人口、生物多样性、生态流等方面。此外，书中深入探讨了城市生态系统的服务功能及其可持续发展策略，强调生态城市建设的重要性，并结合我国城市化发展的实践经验，分析了城市生态管理的挑战与机遇。

本书不仅适合作为生态学、城市规划等相关领域的专业教材，也为政府管理者和生态研究者提供了科学依据和实践指导。希望本书的出版能促进城市生态学的发展，为构建宜居、韧性和可持续的现代城市提供理论支持和实践参考。

图书在版编目（CIP）数据

城市生态学导论 / 闫文德，谌小勇主编. -- 北京 : 科学出版社，2025. 6. -- (科学出版社"十四五"普通高等教育本科规划教材). -- ISBN 978-7-03-080555-3

Ⅰ. X21

中国国家版本馆 CIP 数据核字第 2024S1T172 号

责任编辑：王玉时/责任校对：周思梦
责任印制：赵 博/封面设计：马晓敏

科学出版社出版
北京东黄城根北街 16 号
邮政编码：100717
http://www.sciencep.com

天津市新科印刷有限公司印刷
科学出版社发行 各地新华书店经销

*

2025 年 6 月第 一 版 开本：787×1092 1/16
2025 年 9 月第二次印刷 印张：12 1/2
字数：320 000

定价：56.00 元

序　一

城市是人口和产业的聚集地，是人类文明的重要载体，但城市正面临着前所未有的环境和生态问题挑战。在城镇化快速发展的今天，城市已不仅是一个地理空间概念，更是一个复杂的生态系统。自然环境与人工环境相互交融，生物过程与经济社会过程彼此影响，形成了独具特色的城市生态系统。

城市生态系统服务的多维性构成了城市生态学研究的核心。从供给服务看，现代城市仍然高度依赖周边生态系统提供的食物、水源等基础资源；从调节服务看，城市绿地、湿地在缓解热岛效应、净化空气等方面发挥着不可替代的作用；从文化服务看，城市通过公园、绿道等绿色空间满足市民的精神需求；从支持服务看，城市生态系统维持多样化的地球生命系统，是支撑现代农业与农村系统的重要资源。这些服务功能相互关联，共同维系着城市的可持续发展。当前城市生态系统研究面临的关键科学问题是如何在有限的城市空间内，优化配置各类生态要素，实现服务功能的最大化。该书系统阐述了城市生态学的基本原理、研究方法，以及城市生态系统的结构、功能和服务，为解析不同服务功能间的协同与权衡关系提供了新视角。

城市生态不是简单的“种花种草”，要将生态理念贯穿城市规划、建设、管理的全过程，要让生态融入城市，而不是点缀城市。本书通过分析多个典型案例，阐明了城市保持完整自然生态基础设施的重要性。那些看似“无用”的河流、湿地，实则是城市应对气候变化和灾害防御的天然屏障。在气候变化加剧的背景下，未来城市生态学应当更加关注多尺度生态网络构建、生物多样性维持机制、低碳生态技术集成及公众参与共治模式。

由中南林业科技大学闫文德教授和州长州立大学谌小勇教授主编的《城市生态学导论》一书，系统梳理了城市生态学的基本概念和原理，重点分析了城市气候、土壤、水文、人口、生物多样性、生态流等的物理、生物和人文特征，紧密结合我国新型城镇化实践，通过大量案例展现了理论和方法的应用，是一部理论、方法和实践相结合的专业教材，无论是城市规划者、生态研究者，还是环境管理者都能从中获得启发。

期待该书的出版能够推动我国城市生态学研究走向深入，为建设宜居、韧性和智慧城市提供科技支撑，让城市成为人与自然和谐共生的美丽家园。

中国科学院院士

2025 年 6 月

序　二

城市是人类最伟大的创造之一，是社会经济发展的必然产物，也是人类聚居的重要形式。根据联合国《2022 年版世界城镇化展望》报告，全球城市人口比例已从 1950 年的 30%增长至 2021 年的 56%，预计到 2050 年将进一步提升至 68%。最新数据显示，截至 2023 年，全球约有 57%的人口居住在城市地区。快速城市化带来了诸多机遇：提升经济效率、促进创新、改善生活质量、丰富文化生活，以及提供更好的教育和发展机会。然而，城市规模的急剧扩张也导致了能源资源过度消耗，引发环境污染、交通拥堵、人际关系疏远等“城市病”，这些问题不仅威胁城市居民的身心健康，也影响着全球可持续发展。因此，如何提升城市管理水平、增强城市承载力、促进经济社会与生态环境协调发展，已成为当今世界面临的重要课题。

作为现代化的重要载体，城市发展理念随着工业化进程和生态环境问题的凸显而不断演进。从早期的“田园城市”“花园城市”，到后来的“生态城市”“宜居城市”，再到近年提出的“韧性城市”“无废城市”，这些理念反映了人类对城市与自然关系的深刻认识，展现了建设人与自然和谐共生现代化城市的追求。科学规划城市的生产、生活和生态空间，协调城市发展与环境保护的关系，实现经济发展与民生改善的双赢，已成为现代城市发展的共识。

改革开放以来，中国城市化进程取得举世瞩目的成就。1978 年我国城镇化率仅为 17.9%，到 2022 年已提升至 65.2%。在城镇化快速推进的同时，我国城市生态环境质量持续改善。截至 2023 年 9 月，全国已建成 219 个国家森林城市，城市建成区绿化覆盖率从十年前的 39.22%提升至 42.69%，人均公园绿地面积从 11.8m^2 增加到 15.29m^2。这些成就为保障生态安全、改善人居环境、传播生态文明理念做出了重要贡献。

城市生态学作为生态学的重要分支，以生态学理论为基础，运用传统与现代相结合的研究方法，探讨城市生态系统的结构、功能和演变规律，研究系统各要素之间及其与环境的相互关系。其目的在于通过生态评价、规划和管理，优化城市系统结构，提高资源利用效率，改善环境质量，最终实现城市系统的协调、高效和可持续发展。

由中南林业科技大学闫文德教授和州长州立大学谌小勇教授主编的《城市生态学导论》一书，凝聚了作者多年的教学及研究成果，充分吸收了国内外最新研究进展，系统阐述了城市生态学的理论体系和实践应用。该书既是一部学术价值突出的专业教材，也是一本指导性强的实用参考书。相信该书的出版，将为城市生态学研究、教学和实践工作提供重要参考，有助于推动我国城市生态学学科发展，为促进城市可持续发展贡献智慧和力量。

中国工程院院士
吴义强
2025 年 6 月

前　言

城市是人类社会发展到一定历史阶段的产物，是人类文明的结晶。它具有人口密度高、人口规模大、建筑结构密集丰富、不透水地表面积广等特征，是一定区域内的政治、经济、文化、教育、科技、管理和信息中心，对国家和地区的生态文明建设、经济建设发展和社会安定和谐起着极为重要的作用。此外，城市也是国家对外开放的窗口，先进的城市化水平既是国家综合实力的体现，也是国家高度文明的标志。在过去的一个世纪里，全球城市化进程加速，目前全球超过一半的人口已经生活在城市里，人类已经成为城市生态系统的主导成分。城市化对人们的生活、生产带来了很多好处，推动了经济发展，加强了文化交流，优化了教育资源，促进了科技进步，改善了人居环境，提高了人们的生活水平。但同时，城市化进程也带来了一些负面影响，如环境污染、交通拥堵、公共资源紧缺、城市人口过剩、就业压力增大等问题。因此，如何有效地管理好城市，保护城市生物多样性，维系城市生态系统过程，发挥城市生态系统服务功能，使现代城市可持续发展，是我们面临的一系列亟须解决的重大理论和实践问题。

城市生态学是一门以城市生态系统为研究对象的学科。它始于20世纪20年代，源于社会学和人类生态学的一部分，强调人与城市环境关系的研究。随着城市化进程、多学科交叉，以及新兴学科的出现和发展，城市生态学被认为是研究“城市化空间格局与生态过程关系”的一门学科，是“集基础科学和应用科学、自然科学和社会科学于一体的探研城市生态系统各个方面”的科学，是研究“城市化的时空模式、环境影响和可持续性”的学科，重点在生物多样性、生态系统过程和生态系统服务等方面。

近年来，我国相继出版了与城市生态学领域有关的专著和教材。本书在借鉴前人工作的基础上，根据我们多年来讲课的讲义手稿进行编写。本书包括五个大的单元。第一篇介绍城市生态学的形成背景、城市化进程，以及生态系统基本概念和内容等。第二篇阐述城市的物理环境特征，包括城市中的气候、土壤、水文、环境污染，以及建筑和交通等要素。第三篇阐述城市的生物环境特征，涉及城市中的人口、植物、动物、微生物及生物多样性。第四篇阐述城市的人文环境，包括城市中的物质流、能量流和信息流，城市卫生及城市研究。第五篇阐述城市生态系统服务和可持续发展，包括城市生态系统的健康和安全评价，以及城市设计、规划和管理。此外，各章后附有思考题，书后附有城市生态学基本术语，供读者复习与参考。

城市化是这个时代的重大特征。城市化进程的快速稳定发展促进了城市生态学理论和应用方面的迅速发展，由于作者水平有限，本书内容方面可能会有不足之处，敬请有关专家学者和广大读者批评指正！

闫文德　谌小勇

2025年2月

教学课件索取单

凡使用本书作为授课教材的高校主讲教师，可获赠教学课件一份。欢迎通过以下两种方式之一与我们联系。

1. 关注微信公众号“科学 EDU”索取教学课件

扫码关注 →“样书课件”

科学 EDU

2. 填写表格扫描或拍照后发送至联系人邮箱

<table>
<tr><td>姓名：</td><td>职称：</td><td>职务：</td></tr>
<tr><td>学校：</td><td colspan="2">院系：</td></tr>
<tr><td>手机：</td><td colspan="2">QQ：</td></tr>
<tr><td colspan="3">电子邮箱（重要）：</td></tr>
<tr><td colspan="2">所授课程 1：</td><td>学生数：</td></tr>
<tr><td colspan="2">课程对象：□研究生 □本科（_____年级）□其他________</td><td>授课专业：</td></tr>
<tr><td colspan="2">所授课程 2：</td><td>学生数：</td></tr>
<tr><td colspan="2">课程对象：□研究生 □本科（_____年级）□其他________</td><td>授课专业：</td></tr>
<tr><td colspan="3">使用教材名称 / 作者 / 出版社：</td></tr>
<tr><td colspan="3">您对本教材的评价及修改建议：</td></tr>
</table>

联系人：王玉时编辑　　电话：010-64034871　　回执邮箱：wangyushi@mail.sciencep.com

目　录

第三篇　城市的生物环境

第四篇　城市的人文环境

第一篇　城市生态学背景

第1章　绪　　论

彩图

城市生态学是研究城市环境中生物、非生物要素及其相互作用的学科，是理解和优化城市生态系统的关键学科。随着全球城市化进程的加速，城市生态学在环境管理、可持续发展和生态恢复等方面的作用日益凸显。本学科融合了生态学、地理学、环境科学、社会学、规划学等多个学科的理论与方法，致力于理解和优化城市生态系统的结构与功能。早期的城市生态研究主要关注城市对周围自然环境的影响，如城市扩张对生物多样性、气候和水文的改变。20世纪80年代后，随着生态学理论的发展，城市生态学的研究视角由传统的“城市作为生态破坏者”转向“城市本身是一个生态系统”，强调人类活动对城市生态系统的塑造作用。21世纪以来，城市生态学进入快速发展阶段，研究范围从局部城市环境扩展到全球城市化问题，涵盖城市绿地、空气质量、热岛效应、水资源管理、生物多样性、生态服务功能及人类福祉等多个领域。

城市生态系统由生物成分（如植物、动物、微生物等）和非生物成分（如大气、水、土壤等）组成。研究其结构与功能有助于理解城市生态系统的能量流动、物质循环及生态服务功能。例如，城市绿地在调节气候、降低空气污染、提供栖息地等方面发挥重要作用。城市化是全球变化的重要驱动力之一，对生态环境产生深远影响，主要包括土地利用变化、生物多样性减少、热岛效应加剧、水资源短缺等问题。通过遥感、地理信息系统（geographical information system，GIS）等技术手段，研究人员可以量化城市化对生态环境的影响，为城市规划和管理提供科学依据。城市生态系统提供诸多生态服务，如空气净化、碳汇功能、水资源调节等，这些服务对提高城市居民生活质量至关重要。城市生态学研究如何优化生态服务，促进城市可持续发展。例如，绿色基础设施（如湿地公园、垂直绿化等）能够提升城市生态系统的弹性，应对气候变化。

城市生态学强调人与自然的相互作用。人类活动塑造城市生态系统，而生态系统的健康状况又影响人类社会的福祉。城市生态学的研究领域包括环境公平性、城市居民的生态行为、政策与管理措施对生态环境的影响等。随着全球气候变化、资源短缺和人口增长等问题的加剧，城市生态学将面临新的挑战与机遇。未来研究方向包括：①智慧城市与生态大数据，即利用人工智能、大数据分析优化城市生态管理；②城市碳中和与气候适应性，即探索低碳城市建设路径，提高城市抵御气候变化的能力；③生物多样性保护与生态恢复，即提高城市生态系统的弹性，构建更具韧性的城市；④社会生态系统耦合研究，即加强人与自然的协调发展，提高居民环境意识和参与度。随着全球城市化进程的推进，城市生态学将在促进可持续城市发展、改善环境质量和提升人类福祉等方面发挥更加重要的作用。

第1节　城市生态学的概念、形成与发展

1. 城市生态学的概念　生态学（ecology）是一门研究生物有机体之间，以及生物有机体与其周围环境之间相互作用和相互关系的学科。生物有机体是指具有生命的物体，如细菌、真菌、植物和动物等。在分类学上，人类属于动物界，因此人类也是大自然生物有机体的组成部分。在自然生态学研究中，人类通常将自己与其他生物有机体分开来对待和研究。而在城市生态学（urban ecology）中，人类是城市的创造者，并且作为生态系统中生物有机体的一个重要部分来考虑，这是城市生态学与其他生态学分支学科之间的第一个不同点。第二个不同点是城市的环境，它是由人类设计的，是人类生活、生存和居住的生态环境，其特征与自然环境有明显的差异。从这个意义上来说，城市生态学中的生物有机体包括城市环境中所有的生命物体，包括人类自己。城市生态学的研究应该包括人类本身，因为在这个城市生态体系中，人类的生活和生产活动改变了城市，而城市的变化又反过来影响人的生活质量及其身心健康；人口数量的改变影响城市规模的大小；人们在城市建设、管理和发展中的行为方式导致城市环境的改变。所有这些都是城市生态系统中我们最为关切的问题。另外，城市生态学在社会科学中也有不同的含义。一些学者认为它是城市社会科学中的一种研究方法，是用生态学理论来研究和了解城市的结构和功能。还有部分学者认为城市生态学是一门综合性的学科，是集自然科学、社会科学和人类学为一体的学科。

城市生态学中的城市环境包括各种类型的城市建筑、市政工程、城市运作和城市设施所影响的环境，以及由高密度的住宅和商业建筑、铺砌的表面、其他与城市相关的因素所主导的环境，还包括为城市居民提供饮用水的森林集水区和为城市人们提供游憩的各类公园。这些都属于城市环境的范畴。这些城市环境创造了独特的城市景观，不同于以往其他大多数生态学领域所研究的环境。简单地说，城市生态学是研究城市生活的学科。城市生态学是在城市环境的背景下，研究生物有机体与其周围环境之间相互关系的科学。城市环境是指由高密度的住宅和商业建筑、铺砌的表面及其他与城市相关的因素所主导的环境。

相对于生态学这个学科而言，城市生态学是它的一个新兴研究领域。城市生态学的研究方法与生态学相似，是生态学的一个分支。城市生态学的研究越来越重要，因为当今世界上超过50%的人口居住在城市地区。与此同时，在未来的40年内，世界上将会有三分之二的人口生活在不断扩张的城市中。城市环境中的生态过程可以与城市环境之外的生态过程相媲美。然而，城市栖息地的类型和栖息的物种却鲜有文献记载。科学研究的中心往往是对城市环境中所观察到的现象的解释和对城市化进程中所发生变化的预测。城市生态学是以生态学理论为基础，应用生态学的方法研究以人为核心的城市生态系统的结构、功能、动态，以及系统组成成分之间、系统与周围环境之间相互作用的规律，并利用这些规律优化系统结构、调节系统关系，提高物质转化和能量利用效率，改善环境质量，实现系统结构合理、功能高效和关系协调的一门综合性学科。

城市生态学以整体的观点，把城市看成一个生态系统。除了研究它的形态结构外，更注重全面阐明其组分之间的关系及其组分之间的能量流动、物质代谢、信息流通和人的活动所形成的格局和过程等方面。城市生态学采用系统思维方式，并试图用整体、综合的观点去研究和解决城市生态环境问题。由于城市人口与城市环境（其他生物因素和非生物因素）相互作用形成复杂的网络系统，因此，城市体系的中心问题仍然是生物（人）与环境之间的问题。因此，从

生态学角度又可将城市系统称为城市生态系统（urban ecosystem）。城市生态学的研究对象是城市生态系统。它利用生态学和城市科学的原理、方法和观点，研究城市生存系统的结构、功能、演变动力和空间组合规律，研究城市生态系统的自我调节与人工控制对策。其目的是通过对系统结构、功能和演变动力的研究，最终为城市生态系统的发展、调控、管理及人类的其他活动提供建设性的决策依据，使城市生态系统沿着有利于人类的方向发展。城市生态学是一个复杂多样的概念，在北美和欧洲的应用有所不同。欧洲的城市生态学概念考察城市地区的生物群，而北美的概念传统上考察城市景观的社会科学及生态系统的通量和过程。

生态学历来关注"原始的"自然环境，但到20世纪70年代，许多生态学家开始把兴趣转移到由城市环境引起的，并发生在城市环境中的生态学过程和生物与环境相互作用等方面。人们认识到城市生态的重要性，并且将其作为一个独立的和不同形式的生态学分支来对待，就像景观生态学和种群生态学一样。城市生态学将城市环境和景观与其他景观区分开来。当然，城市生态学还是一门相对年轻的学科，其包含的领域仍然有许多争议。例如，对城市的定义就有不同的看法。城市区域范围是由城区的人口总量确定还是人口密度确定？还是用一些景观格局的特征来定义？或者由城市标志性高楼大厦、道路的密度来定义？这些都有不同的观点。此外，城市区域范围是否应该由唯一一个概念来定义，还是根据不同的研究问题采用合适的不同的术语来确定，这也是一个值得探讨的问题。

2. 城市生态学的形成　在19世纪后期，生物学家创造了生态学领域，试图了解生物和它们的环境之间的复杂关系。生态系统（ecosystem）一词开始被用来指一个生物群落及其相关的环境，并将生态系统作为一个生态单元来考虑。从那时起，对生态系统的研究大多与对原始地区的科学描述联系在一起，特别是在人类极少或根本不存在的偏远地区。相比之下，城市生态学是研究城市生态系统的学科。一般来说，城市生物主要是外来物种。但也有例外，如郊区就保留了部分原有的自然栖息地，但总的来说，城市生态系统基本上是人为的，即人造的。人类活动对环境的影响可以追溯到几千年前。早在12 000～5000年前，北美地区的猎人就对该地区大型哺乳动物的灭绝起到了一定的作用。农业社会的发展导致了对环境的副作用，包括水土流失、疾病和森林砍伐等。在一些古城废墟，生态退化严重，留下了被破坏的城市和文化的充足证据。数千年来，人类在改变他们所生活的生态系统方面发挥了重要作用，而在现代，这一过程变得更为丰富和广泛。

在2000年时，生态学家毫不怀疑是人类的活动主导了全球环境的福利和结果。世界近一半的人口生活在城市，发达国家近80%的人口生活在城市。人类消耗了大量的资源，其中大部分来自城市外的自然生态系统。大量的可再生和不可再生资源从边远的自然生态系统输送到城市生态系统，而城市生态系统所产生的大量污染物扩散到全球生态系统。因此，我们应该从生态学角度来了解人类活动是如何影响整个全球生态系统的，需要了解这些活动影响从原始荒野到城市地区的生态重要性。

城市生态系统是一个依赖的生态系统，也就是说城市生态系统的运作依赖于其他生态系统和外部能源与资源的供给。衡量城市生态系统依赖性的指标被称为生态足迹（ecological footprint），可以大致衡量一个城市需要多少土地来维持其活动。例如，研究表明，加拿大温哥华市，1996年的生态足迹是其自身面积的180倍。这意味着维持温哥华市居民的生产、生活需要更多的土地来支持。研究城市生态系统进程的另一点是城市的边缘区。城市边缘地带是人类活动、建筑、交通和城市基础设施交会点，同时也是改变现有生态或自然环境的扩展点。在这个城市边缘区的活动过程也被称为城市扩张。据报道，在1970—1980年期间，美国大约消耗了530万公顷土地，20世纪80年代又消耗了360万公顷土地作为城市扩张。此外，在经济蓬勃发展的20世纪90年代，美国农田和森林的开发达到了创纪录的速度，据估计，每年城市扩张的土地达到130万公顷。这种快速的发展深刻地改变了所涉及的生态系统。城市生态学的一个分支研究领域就是探究城市的发展模式和规模是如何改变城市边缘区的生态系统组成成分和物种多样性的。例如，由人类活动引起的捕食者和猎物关系的变化已经改变了栖息地的野生动物种群。一些动物对城市环境更加适应，人与动物的接触也增加了。在不少城市的郊区，鹿和一些小动物漫不经心地在社区中穿行，它们以树苗和新栽的花园为食，以与居民互动为乐，当然与之相关的交通事故也越来越多。在华盛顿特区，人们在离白宫不远的地方看到了鹿。在西雅图联邦大楼的电梯里，人们发现了一只土狼。自1850年以来，许多郊狼的数量翻了一番，它们经常出没于郊区和市区寻找食物。人类干扰自然栖息地的另一个结果是某些动物捕食习惯的改变。例如，在加利福尼亚，狐狸已经开始捕杀稀有鸟类。随着城市面积的扩大和城市数量的增多，环境学家和生态学家的担忧也在不断增加，除了关注生境退化、种群数量变化、捕食习惯改变之外，还包括城市森林中碳储存的形成机制和城市森林的蒸发散机制。

在没有考虑人类活动的情况下发展起来的传统生态理论，对于正确理解城市生态系统是远远不够的。人是自然世界的组成成分，是与自然世界相关联的，是影响自然世界进化的一个因素。与现存的自然景观一起，人类政策和经济的力量对城市生态系统的创建和维护及植物和野生动物的生存有着最大的影响。因此，在研究城市时，我们需要用到的数据会包括城市人口规模、物种多样性和能量流等。另外，我们还会用到包括与人类感知和制度有关的数据，如文化资源、教育机会、娱乐、财富、城市设计和美学及社区卫生等。城市生态系统的特点是包罗万象，除了生态特征之外，还包括经济成分、社会成分和居民成分。具体而言，它包括金钱（城市生态系统中能量的属性）、市中心的高楼大厦、社会机构、工业发展、商业购物的发展、住宅发展、开放空间和休闲公园、汽车交通、步行交通、空气污染和有毒污染物、现有的自然地貌及适应性的植物和野生动物等。

影响城市环境的因素众多，为了了解城市区域的复杂性，有必要纳入其他科学。通常，研究人员会关注城市地形，精确地分析作为中心点的分水岭（定义为正在排水的区域，或为水体提供养料的区域）。然后，科学家开始将植被和野生动物群落的生态关系联系起来。在研究了生态关系之后，下一步是了解流域的人类社会文化特征。沿流域的不同地区有不同的土地价值。城市生态学家根据不同的社会学特征，如年龄、性别、种族身份和社会地位，研究流域的自然特征和人类相互作用之间的关系。在社会因素和特定城市区域的生物物理（自然）特征之间常常可以看到明显的模式。例如，研究发现，富裕的城市居民往往生活在环境更健康、污染更少的地区，而较贫穷的城市居民生活在污染较重的地区。

越来越多的人认识到，整个环境的健康取决于城市的健康。这种认识也成为城市生态学的一部分，即城市生态学关注城市的健康。城市的健康除了体现在城市生态学的科学研究之中，这种认识也体现在城市规划中生态城市主义（ecological urbanism）、新城市主义（new urbanism）、绿色生活（green living）、可持续发展（sustainable development）等更为活跃的相关领域。生态城市主义和新城市主义的目标是在社会和环境政策中构建公正和公平。这些活动领域致力于改革城市景观和城市规划方法，通过减少污染物和废弃物的产生，来打造可持续的、健康的城市，同时加大保护和共享资源的力度，以确保人类高品质的生存和生活水平。城市生态学的知识有助于这些活动领域的开展，并帮助那些追求更深入了解人类与自然界关系的人们，看到他们是所居住的城市生态系统的一部分，获得更好的健康和生活质量。

（1）芝加哥学派（社会学） 说到城市生态学的形成就必然会说到芝加哥学派。它是现代城市生态学形成的主流。芝加哥大学社会学学院（Chicago School of Sociology）成立于1892年，并于1915—1935年间成为国际知名的社会学思想中心。在社会学和犯罪学领域，芝加哥学派（有时称为生态学派）是全球首个开展新兴生态系统研究的学派。该学派专注城市社会学和城市环境学领域，结合生态理论与人类学的田野调查，主要在芝加哥地区进行研究。当涉及芝加哥地区几所大学的学者时，这个词经常被用来指代芝加哥大学的社会学系。芝加哥学派最著名的是其城市社会学和象征性互动主义方法的发展，特别是通过赫伯特·布鲁默（Herbert Blumer）的工作。它关注的是由社会结构和物理环境因素所形成的人类行为，而不是遗传和个人特征。生物学家和人类学家已经接受了进化论，认为这是动物适应环境的证明。学派成员认为自然环境和社区居住是塑造人类行为的主要因素，而城市则作为一个缩影。在这些大城市中，所有人类的能量释放、激情和人们的行为，我们都能够像研究人类文明过程一样来研究这些现象，就像我们在显微镜下观察生命活动一样。

这所学校的成员们把芝加哥这个城市作为他们研究的对象，寻找城市化和社会流动性增加是否是当代社会问题的原因的证据。芝加哥于1837年合并为一个城市，建立在曾经是迈阿密村庄的地方。迈阿密是被波塔瓦托米部落取代的伊利诺伊州部落之一，波塔瓦托米部落在与英国人和大量涌入的定居者结成联盟后，将土地割让给了美国。虽然在1860年，芝加哥还是一个只有1万人口的移民小镇，但到1871年芝加哥大火时，人口已增至30万，其中三分之一的人因大火而无家可归。大火的后果导致了芝加哥的重建，使芝加哥成为一个充满活力的城市中心。到1910年，芝加哥的人口已超过200万，其中许多人是新移民。由于住房短缺和新兴工厂缺乏监管，城市居民经历了无家可归、贫困、生活和工作条件差、工资低、工作时间长、污染严重等一系列困境。这些新移民从欧洲的控制中解放出来，进入新城市的自由竞争中，促进了城市的蓬勃发展。当时的生态学研究（包括社会学家的研究）通常是制作芝加哥特定行为发生地点的地图，包括酗酒、杀人、自杀、精神病和贫困，然后根据人口普查数据计算发生率。通过对这些地图的视觉比较，可以确定某些地区特定类型行为的集中程度。直到后来，研究者才得出各地区发生率之间的相互关系。研究表明，这些新移民群体必须重新恢复和重建自己，才能繁荣昌盛。芝加哥这座城市并没有在边缘地带发展。尽管密歇根湖的存在阻止了芝加哥作为中心向周围完整地扩张，但是所有主要的城市都是以城市为中心，同心圆似的向四周扩张，形成逐渐远离中心的同心圆，也称为区域（图1-1）。其中心商业区位于城市中心，靠近密歇根湖湖畔。白天，这里是繁华的商业地带，但夜晚人潮散去，几乎没有居民留在此处。在商业区之外，是层次分明的住宅区：最靠近商业区的是过渡地带，这里的老旧社区主要聚集着低收入人群；再往外则是工人居住区；在工人居住区之外是中产住宅区和高档住宅区，沿着北部湖岸呈环状分布，远离工业区。芝加哥的市郊已经出现郊区化现象，城市外围被广阔的通勤带所包围，每天有大量人口进出中心商业区。通过对芝加哥的研究，可以推论出城市土地利用分布的形成规律。目前已挖掘了大量的官方数据，包括人口普查报告、住房和福利记录及犯罪数据，并在空间上将这些数据与城市的不同地理区域联系起来。在这个时期，芝加哥的研究主要有三个主题。

1）文化接触和冲突。研究了种族群体在社区继承和制度转型过程中是如何相互作用和竞争的。这项工作的一个重要部分涉及非裔美国人。

2）社区机构的继承。包括舞厅和商业化的娱乐服务、教会、社区媒体，以及房地产委员会的继承。

3）城市政治。研究了投票、非裔美国人的政治和其他形式的实际政治改革，把芝加哥城市政治放在一个更广泛的背景下。

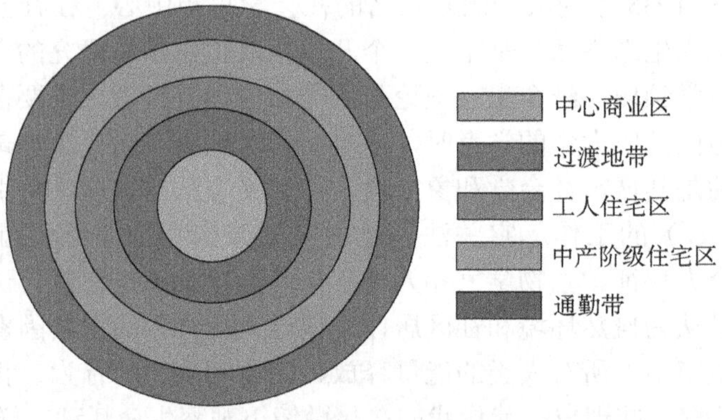

图 1-1　以城市为中心的同心圆城市布局

（2）生态学与社会理论　人们很容易将自然界中的生物环境与人类的生存环境进行类比。但问题在于，人们通常将生物学复杂的规则过度简化，然后机械地应用这些简化的规则来解释人类群体的生长和动态。其实，最根本的困难在于如何给出定义。例如，如果一个社区是由居住在同一地方的一群人组成，那么这个社区的活动是他们活动的总和，还是每个人活动的集合？这是研究群体互动的关键。如果研究的重点是组成一个群体的每个人，或者社区本身是独立于组成群体的个人的合适研究对象，那么这类研究是否有效？如果是前者，那么如何用个体的数据来解释群体？但如果群体直接或间接地影响其每个成员的行为，那么研究必须考虑群体的模式和过程，这与个体的模式和过程是不同的。这需要对“模式”和“过程”进行定义和区分。结构、形式和模式相对来说是比较容易观察和测量的，它们只是潜在过程和功能的表象和证据，而这些过程和功能是自然界与社会中真正的推动力量。

芝加哥学派期望通过指导城市规划和社会干预来研究和改变社会。它认识到城市扩张不是偶然的，而是受到社区层面力量的强烈控制，如土地价值、分区条例、景观特征、交通走廊和历史偶然性。因为外部因素既不是偶然的，也不是有意的，而是来自环境中的自然力量，是生态的范畴，它们限制了个体之间的适应空间和时间关系。芝加哥学派试图从对过程的研究中得出模式，而不是将过程归因于观察到的模式。芝加哥地区项目是社会学家将他们的理论应用于城市实验的实际尝试。随后的研究表明，将青年运动联盟、娱乐项目和夏令营活动、城市规划和替代监禁方案一起作为犯罪控制政策的效果最好。这些项目没有创业精神，也无法自我维持，如果地方或中央政府没有对它们作出持续的财政承诺，这些项目就会失败。虽然后期开展的绘制犯罪地图的尝试可能出现了一些误导，但这项工作总的来说是有价值的，因为它从对模式和地点的研究转向了对功能和规模的研究。从这个意义上说，这是高质量的工作，代表了当时研究人员所能获得的最好的科学价值。

社会无组织理论本身就是一个里程碑，它关注的是社会控制机制的缺失或崩溃，因此与社会控制理论有着明显的联系。青少年犯罪行为的差异可以用社会关系维度的差异来解释，即对他人的依恋、对传统目标的承诺、对传统道德标准或信仰的接受及对传统活动的参与。青年和社会之间的社会联系越紧密，青少年犯罪的概率就越低。当社会纽带与传统的榜样、价值观和制度在特定的环境中对年轻人的影响进行汇总时，它们所衡量的现象与网络纽带或社会融合等概念所反映的现象大致相同。但是，这些理论关注的是缺乏控制或进步的障碍，这意味着它们忽视了社会压力和文化价值观，而正是这些社会压力和文化价值观所构成的系统产生了犯罪和违法行为。价值观、规范和信仰体系可以是无组织的，因为在一个广泛共享的、占主导地位的文化中，价值观、规范和信仰之间存在冲突。在谴责犯罪的同时，遵纪守法的公民可能会尊重和钦佩那些敢于冒险并获得成功的罪犯。把一个社会描绘成一个由不同亚文化视角的社会分化群体的集合，导致这些群体中的一些人与法律发生冲突，这是另一种形式的文化混乱，通常被称为文化冲突。

中国是世界上人口规模位居前三、城市发展历史最为悠久的国家，4000多年前黄河流域就出现了原始城市。在经历了近几个世纪的长期停滞后，自1978年改革开放以来，中国的城市化再次复苏。受国家土地利用政策和1949年后城市化历史的强烈影响，中国城市生态科学经历了三个发展时期：突发性时期（1983—1989年）、早期生长期（1990—1999年）和快速发展期（2000年至今）。20世纪80年代以来，中国城市生态环境研究的数量和范围令人印象深刻。中国学者在发展城市生态科学的过程中，不仅吸收了西方的思想，而且形成了具有中国特色的研究和管理城市系统的整体观、应用观和跨学科观。在5000多年以农业为主的历史之后，中国现在已经城市化了，而且未来只会变得更加城市化。持续快速的城市化使中国成为研究城市化的活实验室，中国的城市生态研究在未来几十年必将取得长足进步。

（3）为什么要学习城市生态学　城市生态学至少在以下几个方面值得关注、考虑和学习。

1）人口增加带来的环境问题。人口迁移和居住到城市里的人口增加，导致城市环境不断扩张，带来了新的环境问题。

2）研究人类主导的生态系统。城市生态学涉及以人为主体的地域生态学，为生态学理论、方法和实践提供了一个理想的场地，开辟了生态学理论发展的新天地。

3）影响健康和财富的城市环境。城市环境的特性将影响城市居民的健康和财富，因此我们需要了解其生态规律、关系、格局和进程，以更好地建设、管理城市和实现城市的可持续发展。

4）城市中生命与非生命成分的独特关系。城市中的生命成分和非生命成分之间的相互关系和相互作用与自然界不同，许多内容是经典生态学未曾涉及的。

5）保护生物多样性的作用。城市生态学对于保护生物多样性十分重要。它不仅完善了生态学这门学科，而且有助于保护濒危物种，维持生态系统的功能和服务，并扩展人类的健康和财富。特别是在当今人口急剧增长、城市化进程迅速的背景下，了解城市环境对于构建更和谐的居住城市、提供高质量的生态环境尤为重要。

第2节　城市生态学的研究内容与学科任务

城市生态学是生态学的一个分支，其重点在于研究城市居民与城市环境之间的关系。生态系统的结构指的是系统内各组成部分的配比及空间布局。城市生态系统是一个以人为中心的系统，其结构非常复杂，既包括自然环境，又包括人为环境，涉及面很广。其实，城市生态学（urban ecology）可以考虑从以下几个方面进行研究。

1. 城市与生态的研究

1）城市的生态学（ecology of urban）。涉及城市中生态学的概念、方法、原理、原则、过程、格局、动态、结构、功能、服务和生产力等方面的应用。例如，研究城市中的生产力是如何形成的，能量流动的形式是怎样的，城市中的物质流和信息流是如何运作的。

2）城市中的生态学（ecology in urban）。强调城市生态系统的结构、功能和服务与自然生态系统的结构、功能和服务的差异，比较城市环境与郊区环境的不同，研究城市中的生物多样性与郊区或自然环境中的生物多样性有何不同。例如，城市中的鸟类种类、种群数量和总量与城郊或自然环境中的有何变化。

3）生态城市学（ecology for urban）。应用生态学原理、观念和方法来规划、治理、管理和维护城市，利用生态学知识使城市成为更健康、更有序、更公平、更适宜人类居住的地方和环境。

通过这三个方面的研究，城市生态学可以全面地探讨和解决城市发展过程中面临的各种生态问题，为城市的可持续发展提供科学依据和实践指导。

2. 城市结构的研究

1）城市化对生物的影响及生物的反应，包括城市植被组成对人体健康的影响、城市动物组成对人体健康的影响，以及城市指示植物在生物监测中的应用等。

2）城市化对人群的影响，涉及人口动态与城市发展的关系，以及城市人群的生态处境与身心健康之间的联系等。

3）城市化对环境的影响包括多个方面，如城市土壤及其污染情况、城市气候与大气污染、城市水体及水污染、城市交通与交通污染、城市土地利用情况、城市噪声污染及城市的垃圾处理等。

3. 城市功能的研究　城市生态系统功能主要指城市的生产和生活功能。这方面的研究包括城市食物网、城市物质生产和物质循环、城市能源及城市能量流动、城市信息类型及其传递方式与效率，以及城市环境容量等。

1）在城市食物网方面，研究主要集中在城市中的食物链结构和能量传递过程，了解城市生态系统中不同生物群体的相互关系及其对城市环境的影响。

2）城市物质生产和物质循环研究则关注城市中的资源利用效率和废弃物管理，探索如何在城市环境中实现物质的循环利用和可持续生产。

3）关于城市能源及城市能量流动，研究重点在于分析城市能源消耗结构和能量流动路径，评估不同能源使用方式对城市环境和经济的影响，并提出优化能源利用的策略。

4）城市信息类型及其传递方式与效率的研究则涉及城市中的信息流动和通信网络，探讨如何提高信息传递的效率和准确性，以支持城市的高效运转和管理。

5）城市环境容量研究主要关注城市生态系统的承载能力，评估城市环境对人口、经济活动和污染物排放的容纳限度，以指导城市规划和管理，确保城市的可持续发展。

基于对城市生态系统结构和功能的研究，可以进行城市生态系统的模拟、评价、预测和优化。通过建立模型模拟城市生态系统的运行机制和未来发展趋势，研究人员可以评估不同政策和管理措施的效果，为城市规划和管理提供科学依据。城市生态系统功能的研究不仅有助于理解城市内部复杂的生态过程，还为实现城市的可持续发展提供了重要的理论支持和实践指导。

4. 城市动态研究　城市动态研究涉及城市生态系统的发生、发展和演变过程。研究内容包括城市形成与发展的历史过程，以及相应的自然环境和人文环境变化的动因分析。这项研究有助于深入了解城市生态系统的发展规律，为老城市改造和新城市建设提供科学指导。首先，城市形成的研究涵盖了从早期定居点到现代大都市的发展历程，分析了不同历史阶段的城市规划、建筑风格、经济结构和社会组织形式的演变。这些历史过程揭示了城市如何应对人口增长、资源利用和环境压力，并在此过程中形成独特的城市文化和生态特征。其次，城市发展的研究侧重于城市扩展、产业升级和人口流动等动态变化。研究城市如何从单一功能区扩展为多功能区，以及在这一过程中如何实现资源的优化配置和功能的合理布局。最后，研究还包括分析城市产业结构调整和经济转型对城市生态系统的影响，以及人口迁移和城市化进程中的社会变迁。

自然环境变化的动因分析包括气候变化、地质活动、水文变化和生物多样性等方面。研究气候变化对城市环境的影响，如极端天气事件、热岛效应和空气质量变化等。同时，分析地质活动对城市基础设施的影响，以及水资源管理和绿地建设在改善城市生态环境中的作用。

人文环境变化的动因分析则涉及政策、文化、科技和社会行为等因素。研究政策变迁对城市发展的推动作用，如土地使用政策、环保法规和城市规划政策等。此外，探讨科技进步在城市管理和环境保护中的应用，如智能城市技术、绿色建筑和可再生能源利用等。文化和社会行为的变化也对城市生态系统产生深远影响，如居民生活方式、消费习惯和公共参与等方面。

通过对城市生态系统动态的全面研究，能够揭示城市发展的内在规律和外部驱动因素。这不仅为老城市的更新改造提供了经验和参考，也为新城市的科学规划和可持续建设提供了理论依据和实践指导。城市动态研究为实现城市的可持续发展和生态平衡奠定了坚实基础。

5. 城市生态评价、生态规划、生态建设和生态管理的研究 根据城市生态学的理论，对城市进行生态评价、生态规划、生态建设和生态管理，这些方面可以作为城市规划、城市建设和城市管理的重要补充。

生态评价可以通过对城市环境的各个方面进行评估，包括土地利用、空气质量、水资源、生物多样性等，以了解城市生态系统的健康状况和问题所在。生态规划则是根据生态评价的结果，制定城市发展的长期规划，包括保护自然环境、优化城市布局、合理利用资源等，以实现可持续发展的目标。生态建设是指在城市建设过程中，采取生态友好型的设计和工程措施，包括建设生态公园、绿地、湿地等，以促进城市生态系统的恢复和改善。生态管理则是指在城市运行和管理过程中，采取各种手段和措施，保护和维护城市生态环境的稳定和健康，包括加强环境监测、治理污染、推广节能减排等。

通过这些生态学理论的应用，可以更好地实现城市的可持续发展，提高城市环境质量，改善人民生活品质。

6. 城市与周围农村之间关系的研究 研究城市与周围农村之间的关系涵盖了人口、物资、信息的交流及其相互影响。这不仅有助于理解城市和农村在社会、经济、文化等方面的互动，还可以从维护区域生态平衡、合理利用自然资源的角度出发，研究城市生态系统与更大区域乃至全球环境之间的关系。

1）人口交流是城市与农村关系研究的一个重要方面。城市化进程导致大量农村人口向城市迁移，这种人口流动不仅改变了城市的人口结构，也影响了农村的人口密度和劳动力资源。研究这种迁移模式及其对城市和农村社会经济发展的影响，有助于制定有效的人口管理和城乡统筹发展的政策。

2）物资交流涉及城市和农村之间的农产品、工业品和服务的流动。农村为城市提供粮食、蔬菜、水果等农产品，城市则向农村输出工业制品和现代服务。研究这些物资流动的路径和机制，有助于优化城乡资源配置，促进城乡经济的协调发展。

3）信息交流则是城市与农村互动的另一个关键领域。城市往往是信息的集散地，通过现代通信技术和互联网，城市和农村之间的信息传递更加迅速和高效。研究信息交流的方式和效果，可以提升城乡信息共享水平，缩小城乡数字鸿沟，推动农村经济和社会的现代化进程。

4）从维护区域生态平衡的角度来看，城市和农村在自然资源的利用和环境保护上有着紧密的联系。城市的发展需要大量的资源，如水、能源和建筑材料，这些资源大部分来源于农村地区。研究城市对农村资源的依赖关系及其环境影响，可以促进资源的合理利用和可持续发展。

5）城市与农村的生态系统相互依存，研究两者之间的生态联动关系，有助于区域生态平衡的维护和生态环境的整体改善。进一步地，探讨城市与区域大系统之间的关系，甚至扩展到全球环境的层面，可以揭示城市在全球生态系统中的角色和影响。城市是温室气体排放的重要源头，对全球气候变化有显著影响。通过研究城市与全球环境的互动，可以为全球气候治理和环境保护提供科学依据和政策建议。

总之，城市与周围农村之间关系的研究不仅有助于理解城乡互动的复杂性和多样性，还为实现城乡一体化发展、维护生态平衡和促进可持续发展提供了重要的理论支持和实践指导。

第3节　城市生态系统的研究方法

城市生态学是生态学的一个分支，其研究方法与生态学有许多相似之处。生态研究技术已经发展了几个世纪，但许多用于城市生态的技术是最近才发展起来的。研究城市生态的方法包括化学技术、温度记录、热图遥感及长期生态研究场地等。首先，化学和生化技术在城市生态研究中起着重要作用。这些技术用于分析城市环境中的化学成分，如大气污染物、水质参数和土壤中的有害物质。通过这些分析，可以评估城市环境的健康状况，了解污染源及其影响，制订相应的治理措施。其次，温度记录是城市热岛效应研究中的关键技术。城市热岛效应是指城市地区的温度普遍高于周围农村地区的现象。通过对城市各区域温度的长期监测，可以了解城市热岛效应的时空分布特点及其形成机制，进而提出缓解热岛效应的措施，如增加绿地和水体面积、改进建筑材料等。再次，热图遥感技术利用卫星或无人机拍摄的红外图像，可以全面监测城市区域的温度分布情况。热图遥感技术不仅可以帮助研究城市热岛效应，还可以用于监测城市中的植被覆盖、水体变化和土地利用等。通过热图遥感，可以迅速获取大范围、高精度的环境数据，为城市生态研究提供强有力的支持。最后，长期生态研究场地（long-term ecological research sites，LTERs）为城市生态学提供了宝贵的长期数据。这些研究场地通常设立在城市及其周边区域，通过对特定生态系统的长期监测，积累大量的数据，揭示生态系统的长期变化规律和趋势。LTERs在研究城市生态系统的动态变化、评估生态系统健康状况及预测未来发展趋势方面发挥着不可替代的作用。

此外，城市生态学还借鉴了许多其他学科的方法，如地理信息系统（GIS）和遥感技术，用于城市生态系统的空间分析和建模；社会调查和统计分析方法，用于研究城市居民的环境行为和态度；生态经济学方法，用于评估城市生态系统服务的价值等。这些多学科方法的综合应用，使得城市生态学研究更加全面和深入。总之，城市生态学在研究方法上不断创新和发展，结合了传统生态学技术和现代科技手段，为了解和解决城市环境问题提供了科学依据和技术支持。这不仅有助于提升城市生态系统的健康水平，还为实现城市的可持续发展奠定了坚实的基础。

1. 化学技术　化学技术可用于确定污染物的浓度及其影响。测试可以简单到像 pH 测试一样，只需将测试带浸泡在样品中，也可以更复杂一些，如检测工业排放造成的重金属污染的空间和时间变化。在一项特定研究中，研究人员提取并碾碎了来自北海多个地区的鸟类肝脏，以提取其中的汞含量。此外，他们还从活鸟和博物馆标本的羽毛中提取汞含量，以检测数十年来汞含量的变化。通过这两种不同的测量方法，研究人员能够详细地描述工业排放的汞在空间和时间上的扩散情况。

其他化学技术包括硝酸盐、磷酸盐和硫酸盐等的测试，这些测试通常与城市污染物如化肥和工业副产品有关，以研究这些化合物在大气、水生态系统和土壤植被中的浓度和流动（即生化通量）。例如，温室气体的排放和其对气候变化的影响是一个重要的研究领域。在水生态系统中，硝酸盐和磷酸盐的过量可能导致富营养化，造成水体中的藻类过度生长，影响水质和生物多样性。在土壤中，这些化学物质的积累可能影响植物的生长和土壤微生物的活动。这些化学物质的广泛影响可以在城市及周边农村生态系统的各个方面观察到。城市中的化学污染不仅影响当地的环境质量，还可能通过大气和水流扩散到更广泛的区域，影响区域生态系统的健康。通过系统的化学测试和分析，研究人员可以评估污染源、监测污染物的传播路径，并制订相应的污染控制和治理措施。

总之，化学技术在城市生态学研究中发挥着重要作用，它帮助我们深入了解污染物的来源、浓度及其在环境中的分布和影响。通过这些研究，可以为改善城市环境质量、保护生态系统健康提供科学依据和技术支持，从而促进城市的可持续发展。

2. 温度数据和热图　温度数据和热图是城市生态学研究中的重要方面。温度数据可用于各种研究，不仅可以提供环境温度的测量，还可以与其他因素进行关联分析。一项重要的应用是将温度数据与城市环境的特征相联系，以探索城市热岛效应等现象。这些数据涵盖了地形、城市特征和其他空间区域的地图，有助于创建热图，用于观察温度随时间和空间的变化趋势。

热图是通过对温度数据进行可视化处理而生成的图表，可以反映城市及其周边地区的温度分布情况。热图的生成使得研究人员能够更直观地观察城市内部和周边地区的温度变化，从而深入了解城市热环境的特征和演变规律。这些数据对于城市规划、生态系统健康评估及气候变化研究都具有重要意义。通过对热图的分析，可以识别出城市中的热岛效应区域、温度极值分布情况，进而指导城市规划和建设，优化城市热环境，提升城市的舒适度。

3. 遥感　遥感技术在城市生态学研究中扮演着重要角色，它允许使用卫星收集数据，获取关于城市及其周边地区的大量信息，如可以利用遥感技术绘制城市树冠分布图。遥感技术通过利用卫星成像、雷达和航空照片等手段，从遥远的地方收集数据。在城市生态学中，遥感被用来获取关于地形、天气模式、光线和植被等方面的数据。其中，城市生态遥感的一个重要应用是通过测量光的光合波长来评估一个地区的生产力水平。通过分析卫星图像，还可以检测城市化对温度和景观多样性的影响，从而帮助研究人员更好地了解城市化进程的动态变化和其对生态系统的影响。这些数据为城市规划、生态环境保护和气候变化研究提供了重要的支持和参考依据。

4. LTERs 和长期数据集　LTERs 和长期数据集在城市生态学研究中扮演着至关重要的角色，它们在相当长的时间范围内收集了可靠的长期数据，以确定气候或生态趋势的长期变化。这些站点提供了宝贵的时间序列数据，如平均温度、降雨量和其他生态过程的变化情况。城市生态学家致力于长期收集大量数据，并通过分析这些长期数据集来揭示城市环境对各种生态过程的影响。通过观察随时间推移的物种多样性和丰度等指标的变化，他们可以更好地了解城市化对生态系统的影响。另外，长期数据集还可以用来研究城市中心发展过程中伴随而来的温度趋势等城市化影响，从而为城市规划和生态保护提供重要的参考依据。

第 4 节　城市生态系统的组成、功能及其特点

1. 城市生态系统的组成　城市生态系统是城市居民与其周围环境相互作用形成的网络结构，是人类生产和生活活动集中的较大场所，是人类在改造和适应自然环境的基础上建立起来的特殊地域综合体。该地域综合体是自然实体和社会、经济、科学文化实体的有机统一：首先，城市占有一定空间，包括人类在内的生物和非生物要素；其次，各要素间存在物质-能量代谢、生物地球化学循环及物质供应（输入）和废弃物处理（输出）的关系；最后，这些要素之间相互作用构成了有内在联系的统一整体。因此，可将城市视为一个自然-经济-社会复合生态系统。我国著名生态学家马世俊将其称为社会-经济-自然复合生态系统（social-economic-natural complex ecosystem，SENCE）（马世骏和王如松，1984）。因此，城市生态系统不仅有生物组成要素（植物、动物、细菌、真菌、病毒等）和非生物组成要素（光、热、水、大气等），还包括人类和社会经济要素。这些要素通过能量流动、生物地球化学循环及物资供应与废弃物处理系统，形成一个具有内在联系的统一整体。

城市生态系统的组成如图 1-2 所示。

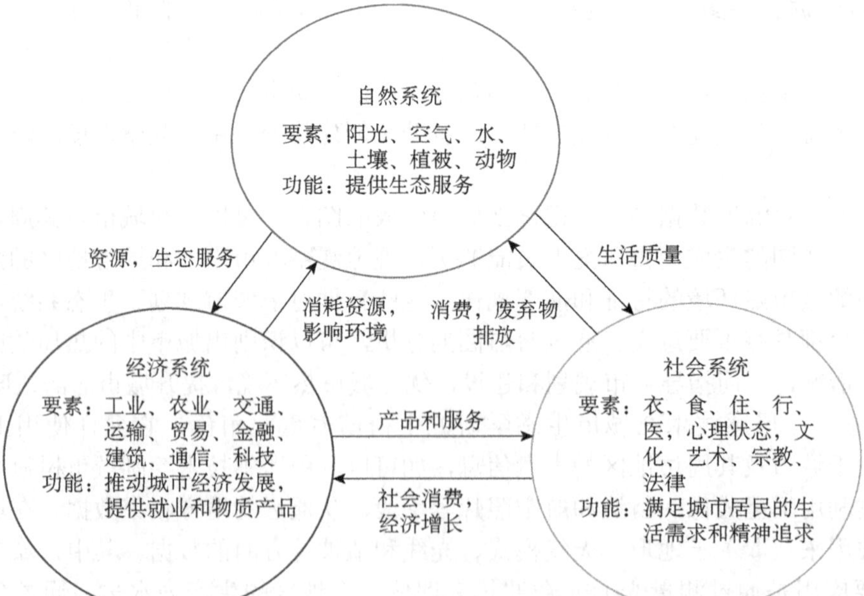

图 1-2　城市生态系统中自然系统、经济系统和社会系统的组成要素、主要功能及它们之间的相互关系

（1）自然系统　居民赖以生存的基本物质环境，如阳光、空气、水、土壤、植被、动物等自然景观要素。

（2）经济系统　生产、分配、流通与消费的各个环节，包括工业、农业、交通、运输、贸易、金融、建筑、通信、科技等。

（3）社会系统　物质生活与精神生活诸方面，如衣、食、住、行、医等，以及人们的心理状态，文化、艺术、宗教、法律等上层建筑。

城市生态系统是一个复杂的系统，由自然系统、经济系统和社会系统组成。自然系统是城市生态系统的基础，包括城市居民赖以生存的基本物质环境，如阳光、空气、淡水、土地、动植物、微生物等。这些自然要素相互作用，构成了城市的生态基础，直接影响着城市居民的生活质量和健康。经济系统是城市生态系统的重要组成部分，涉及生产、分配、流通和消费的各个环节。在城市中，各种产业和商业活动不断进行，形成了复杂的经济网络，为城市的发展提供了动力。社会系统则涉及城市居民社会、经济及文化活动的各个方面，主要表现为人与人之间、个人与集体之间及集体与集体之间的各种关系。城市中的社会系统包括政府机构、社区组织、文化机构等，它们共同构成了城市社会结构的重要组成部分，影响着城市的发展方向和社会稳定。城市生态系统的健康发展需要自然系统、经济系统和社会系统之间的协调和平衡，只有这样，城市才能实现可持续发展，为居民提供更好的生活环境和更高的生活质量。

2. 城市生态系统的功能

（1）物质流动　城市的物质流高度密集、周转迅速，是物资生产、流通、消费的中心。其包括自然物质流、农产品流、工业产品流等。这些物质流的输入、转移、变化和输出维持了城市的活力。城市内主要物质的输入包括建筑材料、生产资料和生活用品等。在城市生态系统中，水、氧气、食物、燃料、建筑材料和纸是变动最快、对功能影响最大的物质。

水：是城市的生命线，也是城市流量最大、速度最快的物质之一，具有多样功能，包括食物、原料、传递物质和能量的载体。

氧气：一部分被生物活动消耗，另一部分与有机物质的使用有关。

食物：作为物质和能量传递的载体，其供给依赖于多种生态系统提供的资源，包括农田生态系统提供的农作物、湿地和森林生态系统贡献的野生动植物资源，以及海洋生态系统产出的海产品等。

燃料：作为城市能源供应的重要载体，通过供暖和发电等方式传递能量与物质，支撑城市的基本运转。

建筑材料：包括砂、石、砖、瓦、石灰、水泥、沥青、钢筋、木材等，是城市中流动量最大的物质之一。

纸：是城市中周转最快、量最大的物质之一。

（2）人口流动　城市的高密度人口和人口流动是其重要特征之一。人口流动指的是人们在城市内部或城市之间的迁移和流动。这种流动可能由多种因素驱动，包括就业机会、教育资源、生活条件和社会文化等。人口流动的规模和方向对城市的发展和结构产生深远影响。例如，人口流入可能导致城市人口增长，刺激经济活动和城市建设；但也可能带来挑战，如住房短缺、交通拥堵和环境污染等。因此，城市规划和管理需要考虑人口流动的趋势和模式，以实现可持续发展和保障良好的城市生活质量。

（3）货币流　货币流是城市生态系统中至关重要的一环。作为一种特殊的信息流，货币凝聚了各生产部门之间、生产和消费部门之间的物质和能量流动的大量信息，反映了产品的价值和需求程度。货币流动的规模和速度直接影响着城市经济的运行和发展。在城市中，货币流不仅是交易的媒介，更是激励创新和投资的动力。城市的繁荣与否很大程度上取决于货币流动的活跃程度和有效性。

综上所述，城市生态系统是一个远离平衡态的非平衡系统。为了维持系统结构的有序性，必须不断从外界输入负熵或排出熵，以维持城市生态系统的稳态。城市生态系统的稳定依赖于物质流和能量流的输入和输出，对其他生态系统的根本影响在于资源的利用和消耗及"污染输出"。在这个过程中，货币流扮演着重要的角色，它不仅是城市经济活动的衡量标准，也是城市生态系统中能量和物质流动的重要驱动力之一。因此，维持货币流的稳定和合理性对于实现城市生态系统的可持续发展至关重要。

（4）能量流动　城市的能量流动包括自然能和辅助能。自然能指的是来自太阳的能量，包括阳光和风力等，这些能源可以被城市用来发电、供暖和照明等。辅助能则是指人类利用技术手段获取的能源，如化石燃料和核能等。进入城市的燃料包括碳和碳氢化合物等，这些燃料在燃烧过程中会产生二氧化碳、二氧化氮、二氧化硫等空气污染物，以及重金属污染等。这些污染物对城市环境和人类健康造成严重影响，加剧了城市的环境问题和生态压力。因此，城市能源的选择和管理至关重要，需要寻找清洁、可再生能源，并采取有效措施减少污染物排放，以实现城市能源的可持续利用和环境保护。

（5）信息流　信息流在城市中发挥着关键作用，它是城市依靠人类活动建立起各部门之间及城市与外部系统之间联系的纽带，从而使得城市的生产和生活活动有条不紊。城市的信息流通过多种形式传播，包括文字、语言、音像、思维及感觉等，这些信息涵盖了经营、生活、科技和社会等方方面面。例如，经营信息涉及市场需求、商业机会和竞争情报；生活信息包括天气预报、交通状况和社区活动；科技信息涵盖了最新的科学研究成果和技术创新；社会信息则涉及政治、文化、教育和社会服务等方面的信息。这些信息的传播和共享促进了城市内部各个部门之间的协作与互动，同时也使得城市与外部系统之间的联系更加紧密，为城市的可持续发展提供了强大支持。因此，有效管理和利用信息流对于城市的发展至关重要，需要建立健全的信息交流平台和网络基础设施，以提升城市的智能化水平和综合竞争力。

3. 城市生态系统的内涵　城市生态系统的内涵十分丰富，主要包括各种生态系统服务功能。这些功能不仅支撑着城市的生存与发展，也直接影响着居民的生活质量和城市的可持续性。生态系统服务功能的内涵包括有机质的合成与生产、生物多样性的产生与维持、气候调节、营养物质的储存与循环、土壤肥力的更新与维持、环境净化与有害有毒物质的降解、植物花粉的传播与种子的扩散、有害生物的控制、减轻自然灾害等许多方面。在城市生命支持系统中，以下6种生态系统服务功能至关重要。

（1）净化空气（空气调节）　城市植被和土壤通过吸收和转化有害气体，净化空气，改善城市环境质量。

（2）调节城市小气候　城市中的树木和绿地能够调节城市的气温和湿度，缓解城市热岛效应，提升居民的舒适度。

（3）降低噪声污染　植被和土壤可以吸收和隔离噪声，降低城市中的噪声污染，改善居民的生活环境。

（4）降雨与径流的调节　城市绿地和湿地能够吸收和延缓雨水径流，减少洪涝风险，保护城市的水资源。

（5）废水处理（废弃物处理） 湿地和水体等生态系统可以净化废水，降解污染物，维护城市的水质。

（6）文化娱乐价值 城市中的公园、湿地和自然景观不仅提供了休闲娱乐的场所，还有助于人们的心理健康和社交互动。

这些生态系统服务功能相互作用，共同构成了城市生态系统的基础，为城市的可持续发展提供了重要支撑。因此，保护和恢复城市生态系统的功能，是实现城市生态文明建设和人与自然和谐共生的关键路径之一。

4. 城市生态系统的系统性 在城市生态系统中，人类扮演着至关重要的支配角色，这一点与自然生态系统有明显不同。在自然生态系统中，能量的最终来源是太阳能，而在物质方面则可以通过生物地球化学循环实现自给自足。然而，城市生态系统却不同，它需要大量的能量和物质从其他生态系统（如农田生态系统、森林生态系统、草原生态系统、湖泊生态系统和海洋生态系统等）人为地输入。

与此同时，城市中人类在生产活动和日常生活中产生的大量废弃物，由于无法完全在本系统内分解和再利用，必须输送到其他生态系统中去。因此，城市生态系统对其他生态系统具有很大的依赖性，也因此变得非常脆弱。城市生态系统需要大量从其他生态系统输入物质和能量，同时又将大量废弃物排放到其他生态系统中，这必然会对其他生态系统造成巨大的冲击和干扰。

如果在城市的建设和发展过程中，人们不能按照生态学规律行事，很可能会破坏其他生态系统的生态平衡，最终影响城市自身的生存和发展。因此，维护城市生态系统的健康和平衡，需要采取可持续发展的策略和措施，保护并促进与其他生态系统的良好互动，以确保城市和自然环境的共同繁荣。

5. 城市生态系统的特点 城市生态系统是一个结构复杂、功能多样、巨大而开放的自然、经济与社会复合的人工生态系统，与自然生态系统相比，它具有如下特点。

（1）城市生态系统的生命系统主体是人类，而不是各种植物、动物和微生物 次级生产者与消费者都是人。人在城市生态系统中不仅是唯一的消费者，而且是整个系统的营造者。所以，城市生态系统最突出的特点是人口的发展代替或限制了其他生物的发展。在自然生态系统和农村生态系统中，能量在各营养级中的流动都遵循“生态金字塔”规律，在城市生态系统中却表现出相反的规律。因此，城市生态系统要维持稳定和有序，必须有来自生态系统外部的物质和能量的输入。

（2）城市生态系统环境的主要部分为人工环境 城市居民为了生产、生活等需要，在自然环境的基础上，建造了大量的交通、通信、供排水、医疗、文教和体育等城市设施。这样，以人为主体的城市生态系统的生态环境，除具有阳光、空气、水、土地、地形地貌、地质、气候等自然环境条件外，还大量地加进了人工环境的成分，同时使上述各种城市自然环境条件都不同程度地受到了人工环境因素和人类活动的影响，使得城市生态系统的环境变化显得更加复杂和多样化。

（3）城市生态系统是一个不完全的生态系统 其物质运转均在人的控制下进行，居民所处的生物和非生物环境都已经过人工改造，是人类自我驯化的系统。由于城市生态系统大大改变了自然生态系统的生命组分与环境组分状况，因此，城市生态系统的功能同自然生态系统的功能有很大区别。我们知道，经过长期的生态演替处于顶级群落的自然生态系统，其系统内的生物与生物、生物与环境之间处于相对平衡的状态。而城市生态系统则不然，处于系统内的消费者有机体多是人类，为了美化城市生态环境而种植的树木花草，不能为城市生态系统的主要营养物质的消费者——人类使用。因此，维持城市生态系统所需的大量营养物质和能量必须从系统外的其他生态系统中输入。另外，城市生态系统所产生的各种废弃物也不能完全由城市生态系统的分解者分解，而需要人类通过各种环境保护措施来加以处理。因此，城市生态系统是一个不完全、不独立的生态系统。从开放性和高度输入性质上来看，城市生态系统是发展程度最高、反自然程度最强的人类生态系统。它是一个不完全的开放性生态系统，其中物质和能量无法在系统内部实现完全的循环和转换。许多输入物质经过加工、利用后又从本系统中输出（包括产品、废弃物、资金、技术、信息等）。因为城市是一定区域范围的中心地，城市依赖周边地区的存在和发展，因此城市生态系统的依赖性很强，而其独立性则相对较弱。

（4）*城市生态系统在能量流动方面具有显著的特点*　在能量使用方面，自然生态系统和城市生态系统之间的显著差异在于，前者的能量流动主要集中于系统内各生物物种之间的动态过程，体现在生物的新陈代谢过程中；而后者则由于技术发展，大部分能量在非生物之间变换和流转，体现在人力制造的各种机械设备的运行过程中，并且随着城市的发展，其能量、物资供应地区范围也越来越广，可以从城市的邻近地区延伸至整个国家，甚至到世界各地。

（5）*在传递方式方面，城市生态系统的能量流动方式更加多样化*　自然生态系统主要通过食物链和食物网传递能量，而城市生态系统则可以通过农业部门、采掘部门、能源生产部门、运输部门等途径传递能量。在能量流动运行机制方面，自然生态系统的能量流动是自发的、天然的，而城市生态系统的能量流动主要受人类行为影响。例如，能源的转换和利用、有用能源的生产等都依赖于人工操作。在能量的生产和消费活动过程中，有一部分能量以废弃物形式排放到环境中，导致污染问题的产生。

6. 城市生态系统的研究内容　城市生态系统的研究内容包括以下几个方面。

1）城市人口构成、经济结构和城市功能结构的合理性。这涉及人口规模与分布、产业结构、城市规划布局等方面的研究，旨在评估城市的整体发展状态和可持续性。

2）人口流动、物质流动、能量流动、信息流动等能否保障城市的功能作用。这方面的研究关注城市内部各种流动的运行情况，以及它们对城市发展和环境影响的程度，旨在优化城市资源配置和提升城市运行效率。

3）城市人口及其活动的基本物质保障程度。这包括土地、淡水、食物、能源、基础设施等资源的供给情况，以及城市环境的质量评估和改善措施，旨在确保城市居民的生活品质和健康水平。这需要确定城市生态的合理容量和制订和谐、稳定、高效的城市生态系统结构可行方案及其管理技术措施。这方面的研究旨在探索城市生态系统的承载能力，提出可持续发展的城市生态规划和管理方案，以应对城市发展中的各种挑战和问题。

思考题

1. 你如何定义“城市”这个术语？请从数量和质量两个方面来描述你认为的“城市”。
2. 阐述城市的基本特征。
3. 城市生态学研究中的主要研究内容有哪些？
4. 阐述城市的结构和功能之间的关系。
5. 在城市生态学中你最感兴趣的是哪个部分？为什么？

6. 阐述城乡过渡带的生态学意义。

7. 城市中的正式居住区和非正式居住区有哪些不同之处？

8. 你认为需要在城市区域对生物多样性进行保护吗？

9. 阐述城市生态学与普通生态学、人类生态学、工业生态学和景观生态学之间的关联。

10. 你认为需要一个新的城市生态学理论吗？为什么？

第2章　城市化过程

城市化是指人口、产业和社会活动从农村向城市集聚的过程，通常表现为城市人口比例的上升、城市规模的扩张及城市功能的完善。这一过程不仅涉及人口迁移，还伴随经济结构调整、土地利用变化和社会发展转型。人类城市化的历史可以追溯到公元前3500年的两河流域和古埃及文明，当时城市开始成为政治、经济和文化的中心。然而，直到工业革命前，城市人口比例一直较低。18世纪工业革命带来了生产力的飞跃，推动了欧洲和北美地区的快速城市化，人口向工业中心城市集聚。进入19世纪中后期，随着铁路、电力和自来水系统的发展，城市基础设施不断完善，城市化进程进一步加快。20世纪以来，城市化速度空前提升，尤其是在发展中国家，自20世纪中叶开始，城市人口急剧增加。根据联合国的数据，全球城市人口比例已从1950年的30%增长到2020年的56%，预计到2050年将超过68%。

城市化的推进主要受经济、技术、社会及政策等多方面因素的驱动。工业化和服务业的发展创造了大量就业机会，吸引农村人口进入城市寻找更好的工作和生活条件。同时，基础设施建设、交通改善和信息技术的进步，提升了城市的承载能力，使其能够容纳更多人口。政府政策在城市化过程中发挥重要作用，如城市规划、产业布局调整、户籍制度改革等，都促进了人口流动和城市扩张。城市化主要表现为四种形式：人口城市化（农村人口向城市迁移，使城市人口比例上升）、土地城市化（城市建设用地不断扩展）、经济城市化（经济结构从农业主导向工业和服务业主导转变）和社会城市化（城市文化、生活方式和管理模式向农村扩展，缩小城乡差距）。城市化对社会经济和环境既有积极影响，也带来一定挑战。一方面，城市化推动产业升级，促进经济活力和技术创新，同时提高基础设施建设水平，使医疗、教育和交通等公共服务更加完善。另一方面，城市的快速扩张也导致空气污染、水资源短缺、垃圾处理等环境问题加剧，同时贫富差距扩大，土地、能源和住房供应紧张，影响可持续发展。

中国的城市化进程经历了不同的发展阶段。1949—1978年的计划经济时期，国家实行严格的户籍制度，限制农村人口向城市迁移，导致城市化进程缓慢。1979年至20世纪90年代的改革开放时期，市场经济改革推动农村劳动力向沿海城市流动，城市化率快速提升。2000年至今的高速发展阶段，国家实施新型城市化政策，推动中小城市发展，形成城市群和都市圈，目前中国的城市化率已超过65%。在未来，中国的城市化仍面临诸多机遇和挑战，如提升城市宜居性、促进城乡协调发展、优化资源配置和加强生态保护等。为了实现更加可持续的城市化，中国正积极推进智慧城市建设、绿色发展及乡村振兴战略，以确保城市化的高质量发展，同时兼顾经济增长和环境保护，为城乡居民创造更优质的生活环境。

第1节　城市化概念、历史与原因

1. 城市化概念　城市化（urbanization）是指人口从农村向城市转移，城镇人口比例逐渐增加，以及社会适应这种变化的方式。随着越来越多的人开始在城市中心地区生活和工作，城镇和城市形成并变得更大的过程占主导地位。虽然城市化和城市增长这两个概念有时可以互换使用，但城市化应该与城市增长区分开来：城市化是指生活在城市地区的全国总人口的比例，而城市增长是指生活在城市地区的人口的绝对数量。据联合国统计，在 2008 年年底，世界人口的一半已经居住在城市地区。联合国人类住区规划署发布的《2022 世界城市状况报告》指出，到 2050 年，全球城市人口比例预计将从 2021 年的 56%上升至 68%（表 2-1、表 2-2）。尽管过去三十年全球城市化进程取得了显著成就，但城市化的水平、速度和模式在全球范围内并不均衡。较发达地区的城市化率已处于较高水平，2015 年已有 78.1%的人口居住在城市，预计到 2050 年将上升至 86.6%。然而，由于人口增长放缓甚至出现负增长，发达国家的城市人口增速较低，仅从 2015 年的 9.79 亿预计增长至 2050 年的 11.24 亿。相比之下，欠发达地区的城市化进程更为迅速，其城市人口比例从 2015 年的 49.0%预计增长至 2050 年的 65.6%，城市人口数量更是从 2015 年的 30.02 亿预计激增至 2050 年的 55.56 亿，增长幅度远超发达地区。

表 2-1　全世界城市人口变化和预测（2015—2050 年）

地区	城市人口/百万							
	2015 年	2020 年	2025 年	2030 年	2035 年	2040 年	2045 年	2050 年
较发达地区	979	1003	1027	1049	1070	1090	1108	1124
欠发达地区	3002	3375	3474	4117	4485	4847	5204	5556
全世界	3981	4378	4774	5167	5555	5938	6312	6680

资料来源：United Nations Human Settlements Programme，2022

表 2-2　全世界城市化水平变化和预测（2015—2050 年）

地区	城市人口百分比/%							
	2015 年	2020 年	2025 年	2030 年	2035 年	2040 年	2045 年	2050 年
较发达地区	78.1	79.1	80.2	81.4	82.7	84.0	85.4	86.6
欠发达地区	49.0	51.7	54.3	56.7	59.0	61.3	63.4	65.6
全世界	53.9	56.2	58.3	60.4	62.5	64.5	66.4	68.4

资料来源：United Nations Human Settlements Programme，2022

城市化与一系列学科相关，包括城市规划、地理学、社会学、建筑学、经济学和公共卫生。这一现象与现代化、工业化和合理化的社会进程密切相关。城市化可以被看作是在一段时间内的一种特定的状态（如城市或城镇的总人口或面积的比例），或者随着时间的推移，这种状态的增加。因此，城市化可以被量化，例如，城市发展水平相对于总人口的水平，或者是城市人口比例增长的速度。城市化带来了巨大的社会、经济和环境变化，这为可持续发展提供了机会，有潜力更有效地利用资源，创造更可持续的土地利用和保护自然生态系统的生物多样性。城市化不仅是一种现代现象，而且是人类社会根源在全球范围内的迅速和历史性的转变，在这种转变中，占主导地位的农村文化正迅速被占主导地位的城市文化所取代。定居模式的第一个主要变化是几千年前狩猎采集者聚集到村庄。乡村文化的特征是共同的血统、亲密的关系和共同的行为，而城市文化的特征是遥远的血统、陌生的关系和竞争的行为。据预测，在未来几十年里，这种前所未有的人口流动还将继续并加剧，城市如雨后春笋般迅速发展，其规模之大在一个世纪前是不可想象的。因此，直到最近，世界城市人口增长曲线一直遵循二次-双曲线的模式。

目前，在亚洲，由大阪、东京、广州、卡拉奇、雅加达、孟买、上海、马尼拉、首尔和北京组成的各个城市群都已经拥有2000多万人口，而到2035年，德里的人口预计将接近或超过4000万。像德黑兰、伊斯坦布尔、墨西哥城、圣保罗、伦敦、莫斯科、纽约、拉各斯、洛杉矶和开罗这样的城市，现在或很快都将成为1500多万人口的大都市。

2. 超大城市　巨型都市（或超大城市）是指一个非常大的城市区域或城市群，通常人口超过1000万。联合国经济和社会事务部在其《世界城市化前景》（2018）报告中统计了拥有超过1000万居民的巨型都市（United Nations Department of Economic and Social Affairs，2019）。这些巨型都市通常被定义为总人口为1000万或以上的大都市地区。一个巨型都市可以是一个单一的大都会区，也可以是两个或两个以上的大都会区，它们由于距离很近而会聚在一起。术语城市群（conurbation）、大都市（metropolis）和大都市群（metrople）都是描述巨型都市的同义词。由于采用不同的资料来源，不同的统计方法及不同的发布日期，目前，世界上公布的全球巨型都市的总数不一致。此外，一些报告将日本大东京地区视为世界上最大的巨型都市，而另一些则将这一称号授予中国的珠江三角洲（表2-3、表2-4）。

表2-3　世界主要城市群排名

排名	名称	英文名称	国家	人口/百万
1	广州（珠江三角洲）	Guangzhou	中国	70.1
2	东京	Tokyo	日本	41.0
3	上海	Shanghai	中国	40.8
4	德里	Delhi	印度	34.6
5	雅加达	Jakarta	印度尼西亚	29.2
6	马尼拉	Manila	菲律宾	27.2
7	孟买	Bombay	印度	27.1
8	墨西哥城	Mexico City	墨西哥	25.1
8	首尔	Seoul	韩国	25.1
10	开罗	Cairo	埃及	22.5
10	达卡	Dacca	孟加拉国	22.5
12	圣保罗	São Paulo	巴西	22.1
13	纽约	New York	美国	22.0
14	北京	Beijing	中国	21.2
14	曼谷	Bangkok	泰国	21.2
16	卡拉奇	Karachi	巴基斯坦	20.9
17	拉各斯	Lagos	尼日利亚	20.7
18	莫斯科	Moscow	俄罗斯	19.1
19	加尔各答	Calcutta	印度	17.7
19	大阪	Osaka	日本	17.7
21	成都	Chengtu	中国	17.3
22	洛杉矶	Los Angeles	美国	17.2
23	布宜诺斯艾利斯	Buenos Aires	阿根廷	16.7
24	德黑兰	Tehran	伊朗	16.5
25	伊斯坦布尔	Istanbul	土耳其	15.9

续表

排名	名称	英文名称	国家	人口/百万
26	金沙萨	Kinshasa	刚果民主共和国	15.6
27	伦敦	London	英国	14.9
27	厦门	Xiamen	中国	14.9
29	约翰内斯堡	Johannesburg	南非	14.6
30	拉合尔	Lahore	巴基斯坦	14.5

资料来源：Brinkhoff，2024

表 2-4　世界上 30 个人口最多的超大城市（2024）

排名	巨型都市	国家	所在的洲	人口		变化率/%
				2024	2023	
1	东京	日本	亚洲	37 115 000	37 194 100	−0.21
2	德里	印度	亚洲	33 807 400	32 941 300	2.63
3	上海	中国	亚洲	29 867 900	29 210 800	2.25
4	达卡	孟加拉国	亚洲	23 935 700	23 209 600	3.13
5	圣保罗	巴西	南美洲	22 806 700	22 619 700	0.83
6	开罗	埃及	非洲	22 623 900	22 183 200	1.99
7	墨西哥城	墨西哥	北美洲	22 505 300	22 281 400	1.0
8	北京	中国	亚洲	22 189 100	21 766 200	1.94
9	孟买	印度	亚洲	21 673 100	21 296 500	1.77
10	大阪	日本	亚洲	18 967 500	19 013 400	−0.24
11	重庆	中国	亚洲	17 773 900	17 340 700	2.5
12	卡拉奇	巴基斯坦	亚洲	17 648 600	17 236 200	2.39
13	金沙萨	刚果民主共和国	非洲	17 032 300	16 315 500	4.39
14	拉各斯	尼日利亚	非洲	16 536 000	15 945 900	3.7
15	伊斯坦布尔	土耳其	亚洲和欧洲	16 047 400	15 847 800	1.26
16	布宜诺斯艾利斯	阿根廷	南美洲	15 618 300	15 490 400	0.83
17	加尔各答	印度	亚洲	15 570 800	15 332 800	1.55
18	马尼拉	菲律宾	亚洲	14 942 000	14 664 100	1.87
19	广州	中国	亚洲	14 590 100	14 284 400	2.14
20	天津	中国	亚洲	14 470 900	14 238 600	1.63
21	拉合尔	巴基斯坦	亚洲	14 407 100	13 979 400	3.06
22	班加罗尔	印度	亚洲	14 008 300	13 607 800	2.94
23	里约热内卢	巴西	南美洲	13 824 300	13 727 700	0.7
24	深圳	中国	亚洲	13 311 900	13 072 600	1.83
25	莫斯科	俄罗斯	欧洲	12 712 300	12 680 400	0.25
26	钦奈	土耳其	亚洲	12 053 700	11 776 100	2.36
27	波哥大	哥伦比亚	南美洲	11 658 200	11 508 000	1.31
28	雅加达	印度尼西亚	亚洲	11 436 000	11 248 800	1.66
29	利马	秘鲁	南美洲	11 361 900	11 204 400	1.41
30	巴黎	法国	欧洲	11 276 700	11 208 400	0.61

资料来源：Florian，2024

3. 世界城市排名概述 世界城市排名是评选机构根据多方面数据对各国和地区城市进行的综合评估。全球化与世界城市研究网络（Globalization and World Cities Study Group and Network，GaWC）是最知名的排名机构之一，主要衡量全球城市在经济、文化、交通、通信等多维度的全球连通性和融入度，及其在全球化背景下的地位和作用。

（1）该排名依据以下 15 个标准

1）国际知名度。城市在全球范围内的知名度和影响力。

2）国际事务参与度。积极参与国际事务并具备广泛影响力。

3）人口规模。具备相当规模的人口基础。

4）国际交通枢纽。拥有重要的国际机场，并作为国际航线中心。

5）先进交通系统。包括高速公路或大型公共交通网络，提供多样化的运输模式。

6）投资吸引力和国际文化。

7）亚洲城市。应具备吸引外资和多元移民社区的能力。

8）西方城市。应具备国际化文化氛围和社区。

9）国际经济影响力。拥有国际金融机构、律师事务所、公司总部（尤其是跨国企业）和股票交易所，并在全球经济中起到关键作用。

10）通信基础设施。具备光纤、无线网络和高速电信线路，促进跨国合作与交流。

11）文化机构。拥有享誉国际的文化设施，如博物馆和大学。

12）文化氛围。开展丰富的文化活动，如电影节、音乐会、戏剧演出及街头艺术表演。

13）媒体影响力。具备全球视野和影响力的媒体机构。

14）体育文化。拥有完善的体育设施、本地联赛队伍，并具备举办国际体育赛事的经验和能力。

15）港口经济。对于沿海城市，要求拥有大型且繁忙的国际港口。

（2）根据上述标准，GaWC 将全球 361 个主要城市划分为四个等级 每个等级内根据城市的融入度和影响力，用加减号进一步细分次级别。

1）Alpha（世界一线城市）。在全球化经济中具有最高融入度。

2）Beta（世界二线城市）。在地区和国际层面有重要影响力。

3）Gamma（世界三线城市）。具备一定国际功能，但影响力较弱。

4）Sufficiency（自给型城市/世界四线城市）。主要服务于本地市场，全球影响力有限。

（3）2024 年世界城市排名如下所示（仅列出世界一线、二线、三线城市名单）

1）Alpha 级别（世界一线城市）。

Alpha++：伦敦、纽约。

Alpha+：香港、北京、新加坡、上海、巴黎、迪拜、东京、悉尼。

Alpha：首尔、米兰、多伦多、法兰克福、芝加哥、雅加达、圣保罗、墨西哥城、孟买、马德里、华沙、广州、伊斯坦布尔、阿姆斯特丹、曼谷、洛杉矶、吉隆坡。

Alpha-：卢森堡、台北、深圳、布鲁塞尔、苏黎世、布宜诺斯艾利斯、墨尔本、旧金山、利雅得、圣地亚哥、杜塞尔多夫、斯德哥尔摩、华盛顿、维也纳、里斯本、慕尼黑、都柏林、休斯顿、柏林、约翰内斯堡、波士顿、新德里。

2）Beta 级别（世界二线城市）。

Beta+：波哥大、胡志明市、罗马、班加罗尔、布达佩斯、雅典、汉堡、多哈、成都、迈阿密、天津、达拉斯、亚特兰大、奥克兰、巴塞罗那、杭州、布加勒斯特、利马、蒙特利尔、布拉格。

Beta：重庆、特拉维夫、布里斯班、开罗、河内、南京、奥斯陆、珀斯、阿布扎比、哥本哈根、麦纳麦、武汉、马尼拉、厦门、内罗毕、基辅、日内瓦、济南、卡尔加里、郑州、沈阳、大连、苏州。

Beta-：青岛、卡萨布兰卡、长沙、贝鲁特、路易港、丹佛、拉各斯、贝尔格莱德、蒙得维的亚、温哥华、西雅图、曼彻斯特、索菲亚、布拉迪斯拉发、里约热内卢、里昂、西安、赫尔辛基、昆明、萨格勒布、尼科西亚、卡拉奇、加拉加斯、合肥、斯图加特、巴拿马城、金奈、费城。

3）Gamma 级别（世界三线城市）。

Gamma+：突尼斯、福州、危地马拉城、海得拉巴、开普敦、达卡、波尔图、奥斯汀、圣地亚哥、明尼阿波利斯、安特卫普、阿拉木图、安曼、圣多明各、鹿特丹、阿德莱德、拉合尔、科伦坡、太原、科威特城。

Gamma：蒙特雷、大阪、海口、第比利斯、坦帕、地拉那、基多、纳什维尔、伊斯兰堡、坎帕拉、圣萨尔瓦多、马斯喀特、金边、伯明翰（英国）、浦那、宁波、哈尔滨、圣何塞（美国加利福尼亚州）、博洛尼亚、圣何塞（哥斯达黎加）、艾哈迈达巴德、布里斯托尔、特古西加尔巴、里加、底特律。

Gamma-：波兹南、纳闽、夏洛特、匹兹堡、瓦伦西亚（西班牙）、爱丁堡、吉达、都灵、卡托维兹、巴库、槟城、达累斯萨拉姆、惠灵顿、马那瓜、克利夫兰、南昌、长春、卡利、圣路易斯、卢布尔雅那、巴尔的摩、毕尔巴鄂、马赛、泗水、阿克拉。

4. 城市化历史　从最早的美索不达米亚（Mesopotamia）和古埃及开始，直到 18 世纪，都存在从事自给自足的农业人口与生活在中心城镇的城市人口之间的平衡。经济活动主要集中在贸易市场和小规模的生产上。由于这一时期农业处于原始和相对停滞的状态，农村人口与城市人口的比例保持着固定的平衡。然而，全球城市人口比例的显著增长可以追溯到公元前 1000 年。另一个显著的增长可以追溯到印度莫卧儿王朝，在 16—17 世纪，印度有 15%的人口居住在城市中心，比当时的欧洲还要高。相比之下，1800 年居住在城市的欧洲人口比例为 8%～13%。

在 18 世纪晚期，英国发生农业和工业革命，农村人口与城市人口的这种平衡关系终于破裂。在 19 世纪，通过持续的从农村迁移和由于巨大的人口扩张，城市人口急剧增长。在英格兰和威尔士，居住在人口超过 2 万的城市的人口比例从 1801 年的 17%上升到 1891 年的 54%。如果采用更广义的城市化定义，在 1891 年，英格兰和威尔士的城市人口占总人口的比例达到了 72%，这一数字在法国为 37%，在普鲁士为 41%，在美国为 28%。由于农业生产力的提高，劳动者从土地上解放出来，他们聚集在新兴工业城市里，而这些城市正在经历商业、贸易和工业的繁荣。世界范围内不断增长的贸易也使得从北美进口谷物和从大洋洲和南美洲进口冷藏肉成为可能。在空间上，由于公共交通系统的发展，城市也得到了扩展，这为工人阶级前往市中心的长途通勤提供了便利。城市化在西方世界迅速蔓延，自 20 世纪 50 年代以来，城市化也开始在发展中国家展开。在 20 世纪之交，只有 15%的世界人口居住在城市。根据联合国的数据，2007 年见证了人类历史上第一次有超过 50%的世界人口居住在城市的转折点。

具有上下五千年文明史的中国，有着悠久的建城史。但由于现代化进程的长期滞后，直到 19 世纪中叶，世界城市化进入高潮，最早完成工业革命的英国城市化水平已达 45%之时，中国的工业化和城市化进程才逐渐开始。近代中国城市化发展还非常缓慢。1949 年新中国成立前夕，发达国家城市化水平已超过 50%，中国城市化水平仅 10.6%，与发展中国家城市化 16%的平均水平、世界城市化 28%的平均水平都有明显差距。新中国成立后，国家十分重视工业经济的发展，相应地带来了城市化的发展。20 世纪 50 年代，随着社会主义工业化进程的推进，现代中国大规模的城市化进程开始。但是，改革开放前 30 年，中国城市化进程总体处于比较缓慢的状态。中国城市化在整体上还是受工业化滞后等各种较为客观的因素抑制和人为的严格管制，以至于比工业化的步伐还缓慢，与世界水平差距大。1978 年，中国的城市化水平仅为 17.92%。

1978 年以后，中国市场经济体制改革逐步展开，经济建设和社会发展同步推进，城市化进入持续、快速发展的新时期。1980 年，中国城市化水平上升到 19.4%，2002 年则达到 39.09%，基本形成了小城镇发展迅速、大中小城市发展大致协调的城镇体系和发展格局。小城镇发展最为显著和突出。1978 年年底，全国仅有镇 2173 个，1983 年年底则发展到 2968 个，1984 年迅速上升至 7186 个，1986 年突破 1 万个，2000 年突破 2 万个。2002 年，全国小城镇数量近 4 万个，其中建制镇达 21 276 个。有统计显示，1999 年，小城镇人口和小城镇的“非农业户口”人数分别达到 2.2 亿和 1.4 亿，分别占全国城镇总人口和全国城镇“非农业户口”人数的 56.57%和 44.36%。同时，全国 667 个城市中，国家规定标准的小城市占 54.72%。这意味着小城市人口是中国城市人口的主体。小城镇在中国城市化进程中占据重要地位，发挥着极为重要的推动作用。显然，从 1978 年改革开放至 2012 年，伴随着中国经济的快速增长和城市化政策的实施，中国的城市化进程大大加快。城市化率从 1978 年的不足 18%提升到 2011 年的超过 50%，达 51.8%，城镇人口首次超过农村人口。到 2012 年，这一比例进一步上升至 52.6%，基本接近全球平均水平。城市化率超过 50%意味着城市化出现了拐点，中国的城市化开始由加速增长期转入减速增长的新阶段。长期快速城市化所掩盖或引发的一些深层次矛盾和问题也逐步凸显，城市化的转型发展势在必行。我国的城市化发展，在经历了起点低、速度快的一次城市化发展阶段后，已迈入城市化的后半程。截至 2023 年年底，我国常住人口城市化率达到 66.2%，城镇人口由 1978 年的 1.7 亿人上升至 9.3 亿人（表 2-5）。

表 2-5　中国总人口、城镇人口、乡村人口及城市化率统计

年份	年末总人口/万人	城镇人口/万人	乡村人口/万人	城市化率/%
1960	66 207	13 073	53 134	19.7
1970	82 992	14 424	68 568	17.4
1984	103 475	19 686	83 789	19.0
1990	114 333	30 195	84 138	26.4
2000	126 743	45 906	80 837	36.2
2005	130 756	56 212	74 544	43.0
2010	134 091	66 978	67 113	49.9
2011	134 916	69 927	64 989	51.8
2015	138 326	79 302	59 024	57.3
2020	141 212	90 220	50 992	63.9
2021	141 260	91 425	49 835	64.7
2022	141 175	92 071	49 104	65.2
2023	140 967	93 267	47 700	66.2

资料来源：国家统计局，2023

5. 城市化原因 城市化是个人、集体和国家行动的有机结果，有时是有计划的。生活在城市中对文化和经济都是有益的，因为它可以为个人进入劳动力市场提供更多的机会，提供更好的教育、住房和安全条件，并减少通勤和交通的时间和费用。密度、邻近性、多样性和市场竞争等条件是城市环境的积极因素。然而，与城市生活方式相关的消极社会现象也会出现，如异化、压力、生活费用增加和大众边缘化。正在发展中国家发生的城市郊区化可以看作是一种平衡这些消极因素的努力，同时仍然允许获得大量的共享资源。在城市中，服务、财富和机会都集中在一起。许多农村居民来到城市寻找财富和改变社会地位的机会。提供就业和资本交换的企业更多地集中在城市地区。无论其来源是贸易还是旅游，外国资金通常也是通过位于城市的港口或银行系统流入一个国家的。

农村长期被视为贫穷、落后和不健康的地方。随着年轻人逃离农村，农村、农田、农活和农业的价值、知识和技术正在逐渐消失，一些淳朴优良的传统价值观，如友善、互相帮助、慈悲和感恩等也正在逐渐失去。许多人进入城市是为了寻求经济机会，但这并不能完全解释一些国家和地区近年来城市化率的极高增长。农村人口外逃是城市化的一个重要因素。在农村地区，特别是小的家庭农场或农村的集体农场，尽管相对的总体生活质量是非常主观的，而且肯定会超过城市，但是历史上很难获得制成品。农场生活总是容易受到不可预测的环境条件的影响，在干旱、洪水或瘟疫时期，生存可能变得极其困难。然而，城市化也导致了肥胖等问题的大量增加。从农村环境向城市社区的转变也导致了饮食结构的转变，从主要以碳水化合物为基础转向高脂肪和高糖的饮食，从而导致肥胖率增加。城市生活，特别是在发展中国家的现代城市贫民窟，当然很难对瘟疫或洪水等气候干扰免疫，但仍然强烈地吸引着移民，如2011年泰国洪灾和2007年雅加达洪灾。城市地区也更容易出现暴力、毒品和其他城市社会问题。在美国，农业工业化对中小型农场的经济产生了负面影响，并大大缩小了农村劳动力市场的规模。特别是在发展中国家，全球化的影响导致了关于土地权的冲突，这使得政治上较弱的群体，如农民失去或被剥夺了他们的土地，这迫使他们迁移到城市。在中国，征地措施非常有力，因此城市化率相对较高（54%）；而在印度，农民可能组成武装组织来反对这种努力。强制性和非计划性的移民往往导致贫民窟的迅速增长，这与暴力冲突地区相似，那里的人们由于暴力而被迫离开他们的土地。

城市提供的服务种类更加丰富，包括农村地区缺乏的专业服务。这些服务需要工人，从而创造了更多不同的就业机会。老年人可能被迫搬到城市，以满足他们在健康方面的需求。多样化和高质量的教育机会也是城市移民的另一个因素，同时也提供了融入、发展和寻找社会群体的机会。城市化也为妇女创造了农村地区所没有的机会。这导致了与性别相关的转变，妇女参与有偿就业并接受教育，可能会导致生育率下降。然而，由于女性在劳动力市场上的地位不平等，她们无法独立于男性亲属获得资产，并经常受到暴力对待，因此她们有时仍处于不利地位。

城市中的人比农村地区的人更有生产力。一个重要的问题是：这是由于集聚效应，还是城市只是吸引了那些生产率更高的人？城市地理学家已经证明，由于集聚的效应，生产力得到了显著提高。因此，为了从这些集聚效应中受益，企业可能会选择在城市设立办公室或工厂。城市可以从城市所提供的各种资源中获得更大的好处，这不仅吸引了非城市人口，还吸引了其他城市和郊区的居民。通常，占主导地位的大城市对国家的影响力很大，尽管并非所有大城市都具有相同的影响力。例如，虽然马尼拉是一个非常重要的城市，但其最大的直辖市奎松市和自身并不是本国最具统治力的城市。城市的主导地位可以通过产出、财富和人口来衡量。首尔作为韩国最重要的城市之一，拥有全国50%的人口。尽管釜山-蔚山地区和大阪地区在各自国家中显示出强大的统治力，但它们的人口数量仍远远不及首尔和东京。

第2节　城市化的经济效应

1. 城市化形式　城市化的不同形式可以根据建筑风格和规划方法及地区的历史发展来分类。在发达国家的城市中，城市化传统上表现为城市周围人类活动向市中心的集中，即所谓的迁入。迁入是指从以前的殖民地和类似的地方迁移过来。许多移民定居在贫困的城市中心，这一事实导致了核心的外围化（externalization of the core）的概念，它简单地描述了曾经处于边缘的人们现在正生活在城市中心。而许多市中心的重建计划中，新来的城市居民不一定会在市中心定居。在一些发达地区，这种最初被称为逆城市化的反向效应已经发生，城市人口开始向农村地区流失，这种现象在富裕家庭中尤为普遍。因为通信得到了改善，加上对犯罪的恐惧和城市环境的衰退等因素，这种逆城市化的现象可能出现，导致了一些工业化国家所经历的城市缩小的现象。

当城市居住区向外扩展时，这就叫作郊区化。目前无论是在发达国家还是在发展中国家，郊区化已经走得太远，在城市中心以外形成了新的集中点。这种网络化的、以多方为中心的形式被一些新兴的城市化模式所接纳。这种城市模式被称为边缘城市、网络城市、后现代城市或远郊，虽然后者现在指的是郊区以外的一个密度较低的地区。洛杉矶就是这种城市化最著名的例子。在美国，这一过程在2011年发生了逆转，由于长期的高运输成本，再城市化（re-urbanization）在郊区已然实现。农村移民被城市所能提供的各种可能性所吸引，但他们往往住在棚户区，经历着极度贫困。各国无法为这些农村移民提供足够的住房，而这与过度都市化有关。过度都市化是指都市化的速度比经济发展的速度快得多，导致高失业率和对资源的高需求。发展中国家的大多数城市贫民无法找到工作，只能在没有保障、收入微薄的工作中度过一生。根据海外发展研究所的研究，有利于贫困人口的城市化将需要劳动密集型的增长，并得到劳动保护、灵活的土地使用监管和基本服务投资的支持。

城市化可以是有计划的城市化，也可以是机缘巧合的城市化。有计划的城市化进程，即有计划的社区或花园城市的运作，是基于事先的计划，可以成为美学、经济或城市设计的理由。许多古城都有这样的例子。而许多机缘巧合的城市化则经历了军事和经济目的的再开发，新的道路贯穿城市，新的地块被封锁，用于各种各样的规划目的，赋予城市独特的几何设计。人们更希望在城市化发生之前看到城市基础设施的安装。景观规划师负责景观基础设施（公共公园、可持续城市排水系统、绿道等）的规划，这些基础设施可以在城市化发生之前规划好，也可以在城市化发生之后来规划，以振兴一个地区，并在一个地区内创造更大的宜居性。

2. 经济的增长　随着人口持续增长和城市化高速度发展，新城市主义和智能增长技术得以实施，从而实现了向环境、经济和社会可持续发展城市的过渡。智能增长和新城市主义的原则包括可步行性、多功能开发、舒适的高密度设计、土地保护、社会公平和经济多样性。多用途社区通过提供经济适用房来对抗中产阶级化，以促进社会公平，减少对汽车的依赖以降低化石燃料的使用，并促进本地化经济。适宜步行的社区的人均GDP比不适宜步行的城市地铁高出38%。通过将经济、环境和社会的可持续性相结合，城市将变得更加公平、富有弹性，并比过度使用土地、促进汽车使用和经济隔离人口的城市扩张更具吸引力。

随着城市的发展，成本的急剧增加和变化，往往使当地工人阶级被市场排挤，导致形成新的城市中心之外的政府、商业和不同资产阶级的居民区。例如，几乎所有欧洲大城市都被划分为“好”的西区和“差”的东区。这可能是由于当地盛行的西南风将煤烟和其他空气传播的污染物带到下风处，使得城镇的西部边缘比东部更受欢迎。类似的问题现在影响着发展中国家，快速的城市化趋势导致不平等加剧。推动城市快速增长和提高效率往往会导致城市发展不公平。如果提出了鼓励劳动密集型增长的政策，以吸收低技能和非熟练劳动力的流入，那么这些外来务工人员面临的一个问题是居住问题，将导致“脏乱差”居住区的增加。在许多情况下，农村-城市低技能或无技能的外来务工人员被城市地区的经济机会所吸引，在城市找不到工作或负担不起住房，不得不住在“脏乱差”居住区。城市问题和基础设施的发展也助长了发展中国家的郊区化趋势，尽管这些国家的核心城市的人口密度越来越大。城市化往往被视为一种消极的趋势，但在减少通勤和交通费用方面也有积极的一面，同时改善了就业、教育、住房和交通的机会。生活在城市里，个人和家庭可以利用邻近和多样化的机会。虽然城市的市场和商品种类比农村地区多，但基础设施拥挤、垄断、高昂的管理费用和跨城旅行的不便常常使城市的市场竞争比农村地区更为激烈。

在许多经济正在增长的发展中国家，经济增长往往是不稳定的，而且是基于少数几个产业。对于这些国家的年轻人来说，存在着一些经济障碍，如缺乏获得金融服务和商业咨询服务的机会，难以获得开办企业所需的信贷，以及缺乏创业技能。对人力资本的投资是克服经济障碍的必要条件，这包括使年轻人能够获得高质量的教育和基础设施。投资教育设施和技能培训将有助于提高年轻人的就业机会和创业能力，从而推动经济的稳定增长。

第3节　城市化的环境影响

近年来，城市热岛现象引起了越来越多的关注。当工业和城市地区产生并保持热量时，城市热岛就形成了。大部分到达农村地区的太阳能被植被和土壤的水分蒸发所消耗。然而，在城市中，植被和裸露的土壤较少，大部分太阳能被建筑物和沥青吸收，导致地表温度升高。汽车、工厂、工业和家庭的加热和冷却装置也释放出更多的热量。因此，城市通常比周围的环境温度高1～3℃。城市化的影响还包括降低土壤湿度和减少二氧化碳的再吸收排放。城市化对环境产生一定的积极影响。首先，城市新居民的出生率下降，减少了人口增长造成的环境压力。其次，农村移民减少了对当地自给农业的破坏，如不适当的刀耕火种。再次，城市化可以改善环境质量的原因还有很多，如城市化提高了收入水平，促进了生态友好型服务业的发展，增加了对绿色环保产品的需求。此外，与农村相比，城市化通过优越的设施和更高质量的生活水平改善了城市地区的环境质量。最后，城市化通过增加研发和创新来抑制污染物的排放。

然而，根据联合国经济和社会事务部于2013年7月发布的一份报告警告，到2050年，将有超过24亿人口增加到地球上，粮食生产数量需要增长70%，食物资源将面临紧张，特别是在已经面临食品不安全问题的国家。环境条件的改变和城市地区人口的增长将给城市基本的卫生系统和卫生保健体系带来巨大负担，并可能导致人道主义和环境灾难。

1. 水的质量　水体富营养化是大城市人口对环境的一种影响。当这些大城市下雨时，雨水会将空气中的二氧化碳和其他温室气体等污染物过滤到地面上。然后，这些化学物质被直接冲进河流、小溪和海洋，导致水质下降，破坏海洋生态系统。富营养化是一个过程，导致缺氧的水条件和藻类繁殖，不利于水生生物的生存。有害藻类会产生危险的毒素，在富氮、富磷的富营养化环境中大量繁殖。在这种理想的条件下，有害藻类完全覆盖在地表水之上，使得其他水生生物很难吸收阳光和营养。有害藻类的过度生长会导致整体水质下降，破坏水生生态系统的自然平衡。此外，当藻类大量繁殖死亡时，会产生二氧化碳，造成酸性环境，这一过程被称为酸化。

随着城市化进程的推进，二氧化碳的排放量不断增加，海洋表面也有能力从地球大气中吸收二氧化碳。事实上，据报道，海洋吸收了人类产生的四分之一的二氧化碳。通过减少温室气体的有害影响，这对环境是有益的。但二氧化碳排放量的不断增加也会使海洋酸化持续下去。pH的改变会抑制碳酸钙的形成，而碳酸钙是许多海洋生物维持外壳或骨骼的关键成分，对于许多软体动物和珊瑚来说是特别需要的。

2. 食物浪费 食物浪费的快速增长给发达国家带来了新的挑战，其中一个挑战就是城市食品垃圾的增加。食品垃圾是指产品未使用、过期或变质而不能再使用的食品。食品垃圾的增加会引起环境问题，如甲烷气体的增加和疾病传播媒介的扩散。堆填区是甲烷释放的第三大主要原因，而甲烷则会对地球的臭氧层和我们个人健康造成影响。食品垃圾的累积导致发酵增加，增加了鼠类和昆虫迁移的风险。病媒的迁移增加了疾病向人类传播的可能性。

针对食物浪费问题，社区可以采取一系列的解决方案。首先，加强公众的食品教育和节约意识，鼓励人们购买适量的食物并正确储存和处理食品，以减少食物浪费。其次，建立食品回收和再利用系统，将可用的食品捐赠给需要的人或机构，以减少食品被浪费的情况。再次，制定政策和法规，推动食品生产和供应链的可持续发展，减少食品在生产、加工和运输过程中的浪费。最后，利用先进的技术和创新，如智能冰箱和应用程序，帮助人们更好地管理食品库存，以最大程度地减少食物浪费。通过这些措施的综合实施，可以有效应对食物浪费问题，促进社区的可持续发展和健康生活方式。

3. 栖息地的破碎化 城市化对生物多样性有很大的影响，它导致栖息地的分割，从而使物种异化，这一过程被称为栖息地的破碎化。栖息地的破碎化并不是破坏栖息地，如栖息地的丧失，而是由于公路、铁路和一些大型基础设施的建设，使得大块的栖息地破碎成为许多小块的地域。这种改变可能影响一个物种维持生活的能力。通过适当的规划和管理，可以通过增加走廊来避免碎片化，走廊有助于区域之间的连接，使物种能够方便地找到食物和它们的栖息区域，同时使人们更容易地在城市化地区移动。

城市化可能导致物种丰富度（species richness）的增加或减少。这意味着城市化可能对一个物种有害，但也有助于促进其他物种的生长。在开发住房和建筑的情况下，为方便住房和建筑的建设，许多时候某些植物被完全从该区域移除，这可能完全消灭了该地区的乡土物种。城市化也可能导致生物在适应新环境时变得更加丰富，如鸟类，在城市化后增加了以外来植被为食的新品种。

4. 健康及社会影响 在发展中国家，城市化并没有导致预期寿命的显著增加。快速的城市化导致了与生活方式相关的非传染性疾病的死亡率增加，包括癌症和心脏病。传染病死亡率的差异因具体疾病和地点而异。与农村地区人口相比，城市居民的平均健康水平更好。然而，城市贫民区和非正规居民点等的居民处于不健康和贫困相结合的不利地位。许多城市贫困人口因无力支付医疗费用而难以获得医疗服务。因此，他们求助于资质较差、不受监管的供应商。尽管城市化过程相应地改善了公共卫生、卫生设施和卫生保健，有益于个人的健康，但是每个人的健康水平与他的职业、饮食和运动模式相关。城市化可以对健康模式产生混合影响，减轻一些问题，并加重其他问题。因此，应该采取综合的健康政策措施，包括改善城市贫困地区的基础设施和医疗服务，提高居民对健康知识的认识，促进健康的生活方式，以及加强对城市卫生环境的监管和管理。只有通过综合的努力，才能有效地解决城市化带来的健康挑战，提高城市居民的生活质量和健康水平。

5. 营养　城市化导致了食物“沙漠”的形成，即很难近距离购买。在美国，有近2350万人无法进入距离家1英里（约1.6km）范围内的超市。几项研究表明，去杂货店的长距离与较高的肥胖率和其他健康差异有关。发达国家的食物“沙漠”往往对应于快餐连锁店和便利店密集的地区，那里几乎没有新鲜食物。城市化已被证明与少吃新鲜水果、蔬菜和全谷物，以及多吃加工食品和含糖饮料有关。健康食品的缺乏及高脂肪、糖和盐的摄入与肥胖、糖尿病和相关慢性疾病的高风险是紧密相关联的。总体而言，随着国民收入和城市化程度的提高，体重指数和胆固醇水平急剧上升。然而，对于发展中国家而言，城市化也可能带来不同的营养挑战。虽然城市居民可能更容易获得加工食品和快餐，但由于经济不平等，一些城市贫困人口可能仍然面临食物不足的问题。因此，需要采取综合措施，包括改善食物供应链、提高营养意识、促进健康饮食习惯等，以确保城市化不会导致营养不良和健康问题的进一步恶化。

6. 哮喘　城市化也与哮喘风险增加有关。在世界各地，随着人口从农村向城市社会过渡，受哮喘影响的人数增加。城市化可能对人口健康产生负面影响，特别是影响人们对哮喘的易感性。在低收入和中等收入国家，许多因素导致哮喘患者人数众多。与美国城市化程度不断提高的地区类似，低收入国家中，生活在城市中的人们面临着严重的空气污染，这增加了这些人群中哮喘的患病率和严重程度。除了空气污染外，城市环境中的其他因素，如化学物质暴露、过度使用抗生素、生活方式变化等，也可能影响哮喘的发生和发展。因此，需要采取综合措施，包括改善空气质量、提供更好的医疗服务、加强健康教育等，以减少哮喘在城市人群中的流行和影响。

7. 犯罪　在历史上，犯罪与城市化密切相关。最简单的解释是，人口密度越高的地区，商品供应就越充裕。在城市化地区，犯罪也更加普遍。现代化也导致了更多的犯罪。随着现代媒体的出现，人们更加清楚地认识到贫富之间的收入差距。这可能导致剥夺感，从而促使犯罪的发生。在一些城市化地区，特别是在富裕地区，我们可以观察到财产犯罪的增加和暴力犯罪的减少。数据显示，城市化地区的犯罪率正在上升。一些因素包括人均收入、收入不平等和总体人口规模。失业率、警察支出和犯罪率之间的关系也较为复杂。这些地区的社会凝聚力较弱，因此社会控制力也相应减弱。这种趋势在犯罪发生的地理区域尤为明显。由于大多数犯罪通常发生在城市中心，离城市中心越远，犯罪发生率越低。移民也是城市化地区犯罪增加的一个因素。当一个地区的人们被迫迁移到城市化的社会时，他们进入了一个全新的环境，面对着新的规范和社会价值观。这可能导致社会凝聚力的下降，从而增加了犯罪的发生率。除此之外，犯罪与城市化的发展也与城市的基础设施、就业机会和社会服务的供应有关。城市化通常伴随着快速的人口增长和资源分配的挑战，而这些因素可能为犯罪提供了土壤。因此，城市规划和社会政策的制定需要综合考虑如何降低犯罪率，提高城市居民的安全感。

8. 体育活动　与农村地区相比，城市化对体育活动的增加是一个积极的影响。相对于城市居民，美国农村地区和社区居民的肥胖率更高，体育活动更少。农村居民消耗的脂肪热量比例更高，他们不太可能达到体育活动的指导标准，而更有可能不参加体育活动。与美国其他地区相比，西部地区的人们缺乏体育活动的比例最低，而南部地区的人们缺乏体育活动的比例最高。地理隔离、繁忙和不安全的道路及社会歧视等障碍导致农村环境中体力活动的减少。农村公路上的限速令禁止在路边设置自行车道、人行道。在农村地区，公园和步道等不太发达的开放空间表明，与城市地区相比，这些地区的步行能力较低。许多农村地区的居民不得不长途跋涉才能利用体育设施，这占用了他们太多的时间，也阻碍了他们利用娱乐设施进行体育活动。此外，农村地区的居民外出工作的距离越来越远，这减少了他们从事休闲体育活动的时间。

附近有健身场所的社区是城市化的一个常见特征，那里的居民参加的体育活动越来越多。有人行道、路灯和交通信号灯的社区比没有这些设施的社区有更多的居民参加体育活动。在人们居住的地方附近有各种各样的目的地，增加了步行和骑自行车等活动交通工具的使用。在城市社区，由于居民步行或骑自行车到交通站点，公共交通很容易到达，因此活跃的交通也得到了加强。在一项比较美国不同地区的研究中发现，环境特征如人行道、安全的道路、娱乐设施和令人愉快的风景与参加休闲体育活动呈正相关。如果意识到体育活动的资源就在附近，那么所有社区的居民都有可能达到适当体育活动的指导标准和建议。对于农村居民来说，在决定增加体育活动时，户外发达空间的安全性和娱乐设施的便利性是最重要的。为了消除农村居民的不活动程度，需要在农村社区和社会中实施本段所讨论的更方便的娱乐功能。

9. 心理健康　城市化影响心理健康包括影响个人心理健康和社会群体心理健康这两个层面。在宏观的社会群体层面，城市化带来的一些改变被认为是导致社会团体解体和无组织的原因。这些宏观因素可能造成了社会的不平等，而社会的不平等则通过影响个人来造成社会群体人们的不安全感。这种不安全感可能源于物理环境的问题，如个人安全问题；或者是社会环境的问题，如由于消极事件而失去积极的自我理想。城市化带来的压力增加是一种常见的个人心理压力，被认为是由于感知到的不安全感。城市化导致的社会组织变化被认为会导致社会支持的减少、暴力事件的增加和过度拥挤。这些因素被认为是压力增加的原因。值得注意的是，城市化或人口密度本身并不会直接导致心理健康问题。心理健康问题往往是由城市化与物质和社会风险因素相互作用所导致的。因此，随着城市的不断扩张，考虑和实施心理健康方面的措施及其他伴随城市化而来的公共卫生措施至关重要。

第 4 节　中国城市化进程

中国的城市化进程可以追溯到极为古老的年代。Xu 等（2009）指出，在 4000 多年前的夏-商代时期，中国的黄河中下游一带就出现了最早的城市雏形。Xu 等（2009）将中国在 1949 年之前的城市化历史分为五个时期：①商代至春秋时期（公元前 2000 年至公元前 770 年），城市的出现和初期发展；②春秋时期至汉代（公元前 770 年至公元前 202 年），封建社会早期的古代城市的发展；③汉代至元代（公元前 202 年至公元 1271 年），封建社会中期的城市发展；④元代至第一次鸦片战争（1271—1840 年），封建社会晚期的城市发展；⑤鸦片战争至中华人民共和国成立（1840—1949 年），近代早期的城市发展。

在 1949 年中华人民共和国成立之后，中国的城市化进程速度加快。尤其自 1978 年改革开放以来，中国的城市化进程突飞猛进。一些学者将 1949 年以来中国当代城市化进程划分为四个阶段。

第一阶段（1949—1977 年）的特点是以工业化为导向，城市化进程受到控制，整体城市化水平较低（<20%）。城镇发展政策主要以社会主义经济发展模式为主导，城镇建设侧重于工业和大型项目的发展。结果，大多数中国城市被转变为或建设为“生产中心”或“工业基地”。这种缓慢的城市发展与快速建设工业基础的结合被称为“欠城市化”，它与大多数其他发展中国家经常观察到的“过度城市化”形成鲜明对比。

第二阶段（1978—1989 年）涵盖了中国当前经济改革时代的头 12 年，在此期间，中国从指令经济向社会主义市场经济转型。这一时期的特点是快速城市化和更快的工业化。这一时期中国城市发展政策的主旨是大力发展小城市，适度发展中等城市，控制大都市扩张。通过实施市场化改革、扩大对外开放、鼓励民营经济发展、引进外资与先进技术等一系列举措，中国成功推动了经济体制转型，显著加快了工业化、城市化与全球化进程。结果，中国的城市化水平提高了 8.5%，其中大部分城市化发生在东部沿海地区。这一时期城市化的一个主要特征是农村工业化现象——农村地区变成城镇，拥有工厂，农民不迁移就变成城市居民。其结果是城市化严重落后于工业化。

第三阶段（1990—1999 年）的特点是快速城市化和城市景观重构。这一时期，中国的城市政策仍然以发展中小城市为重点。城市增长和城市用地扩张持续，城市化水平提高10%。经济改革的深入和土地使用政策的变化进一步推动城市快速扩张和城市重构，旧城区改造和新城区建设，包括新城市、高科技园区、工业开发园区和中央商务区。这些变化导致城市无序扩张、农田流失和环境严重退化。它们还推动中国城市从单位主导、生产主导型城市向多功能现代化城市转变，城市居民也摆脱了单位规章制度的严格约束。

第四阶段（2000 年至今）的特点是中国政府越来越重视高质量、健康的城市化发展。经过 1978—2000 年的快速城市化，中国的城市基础设施和服务业落后于经济社会发展，这一问题在 21 世纪初期更加明显。为了解决这个问题，中国的城市发展政策明确要求城市群、大中小城市和城镇协调发展，同时推动“高质量”和“健康”的城市化，提高土地利用效率，优化景观格局，实现可持续发展。自 2000 年以来，中国政府越来越重视发展第三（服务）产业，特别是生产性服务业，其中包括广告、计算机和数据处理服务、人员供应服务、管理和商业咨询服务、保护和信息服务、住宅和其他建筑物服务、法律服务、会计和审计服务及工程和建筑服务。随着城市人口和土地面积的持续增长，多个主要城市群和特大城市相继形成，其中包括珠三角城市群、长三角城市群、京津冀城市群三大核心城市群，以及山东半岛城市群、沈大城市群、呼和浩特-包头-鄂尔多斯-榆林城市群等十多个区域级特大城市群。

相对应地，随着我国城市化进程，我国城乡人口总量的绝对值和相对比例都发生了明显变化（表 2-5）。可以看到，在 1990 年我国城镇人口数量达到了 3 亿，占全国总人口的 26.4%。而到了 2011 年，我国城镇人口数量首次超过农村人口数量，城镇人口数量占全国总人口的 51.8%，标志着我国有一半以上的人口生活在城市地区。到 2023 年，城镇人口数量超过 9.3 亿，占全国总人口的 66.2%。

思考题

1. 什么是城市生态系统？
2. 什么是生态系统过程、生态系统功能和生态系统服务？它们之间有什么关联？

3. 简述城市化的定义及其含义。城市化的主要标志是什么?

4. 阐述城市化过程中主要的生物物理过程。你认为有哪些过程对城市环境影响最为严重?

5. 什么是全球城市化进程?这个进程在哪些主要方面或者用什么主要途径影响全球碳循环?

6. 你认为发达国家是否应该承担额外的责任来减少它们的城市对全球碳循环和水循环的影响? 为什么?

7. 阐述对水源非常敏感的城市的设计原理。如何应用这些原理确定一个城市的正式居住区和非正式居住区?

8. 如何尽量避免城市向外扩张,以保护高产量的耕地,并减少人均能量的利用?

9. 描述在城市环境中(包括陆地环境和水生环境)过量使用氮的生态学影响。

10. 当代中国城市化具有什么特点?

第 3 章　生态系统概论

彩图

生态系统（ecosystem）这一概念是英国植物生态学家坦斯利（Tansley AG）于 1935 年首先提出来的。他将生态系统定义为在任何规模的时间和空间单位内由物理、化学和生物学活动所组成的一个系统，这个系统既包括有机复合体，同时也包括形成环境的整个物理因素的复合体。我们不能将生物从其特定的形成物理系统的环境中分隔开来，这种系统是地球表面上自然界的基本单位，它们有各种大小和种类。随后，苏联植物学家苏卡切夫（Sucachev VN）在 1942 年提出了生物地理群落（biogeocoenosis）的概念。他认为生物地理群落是地球表面的一个地段，由生物群落本身及其所处的地理环境所组成的一个生态功能单位。由于这两个概念都是将生物有机体与其生存的非生物环境看成是相互影响、彼此依存的统一体，所以在 1965 年丹麦哥本哈根会议上确认这两个名词为同义词。此后，生态系统一词便得到了广泛的应用。

因此，生态系统是指在一定的时间和空间范围内，生物群落与非生物环境通过能量流动和物质循环所形成的一个相互影响、相互作用并具有自调节功能的自然整体。生态系统是一个复杂而有机的系统，包括各种生物之间、生物与环境之间的相互作用和相互依赖关系。地球上的生物圈中，生物之间、生物与环境之间（包括大气圈、水圈、岩石圈等）进行着能量的固定、转化和物质的迁移、循环过程，形成了一个相互制约、相互依存的复杂系统。因此，也可以认为生物圈是地球上最大的生态系统。根据研究对象的不同，在生物圈中又可以划分为森林生态系统、草原生态系统、海洋生态系统、淡水生态系统、农田生态系统、冻原生态系统、湿地生态系统、城市生态系统等。

第 1 节　生态系统组成

根据生态系统的定义，任何一个生态系统都是由有生命的生物成分和无生命的非生物成分组成。通常，生态系统组成可以分为以下 6 种组成成分（图 3-1）。

（1）无机物质　　指参与物质循环过程中的各种无机物，如氧气（O_2）、氮气（N_2）、二氧化碳（CO_2）、水（H_2O）和各种无机盐。

（2）有机物质　　如碳水化合物、蛋白质、脂类和核酸等。

（3）气候要素　　如太阳辐射能、温度、湿度、降雨、风、雪等。

（4）生产者（producer）　　指能利用简单的无机物质合成复杂的有机物质的自养生物，主要是指绿色植物，也包括一些能进行光合作用的蓝藻和细菌。它们在生态系统中的作用是进行初级生产，即光合作用。现阶段的知识水平认为，太阳能只有通过生产者，才能源源不断地输入生态系统，成为消费者和分解者唯一的能源。

（5）消费者（consumer）　　属于异养生物，指的是那些以其他生物或有机物为食的动物。根据其食性区分为食草动物（herbivore）和食肉动物（carnivore）两类。寄生虫（parasite）是特殊的消费者，另外还有杂食动物（omnivore），其是介于食草动物与食肉动物之间的消费者。

（6）分解者（decomposer）　也称还原者，属于异养生物，主要是细菌和真菌，也包括某些原生动物及食腐动物。它们把复杂的动植物有机残体分解为简单的化合物，最终分解为无机物，归还到环境中，被生产者再次利用。它们在物质循环和能量流动中具有重要的意义。

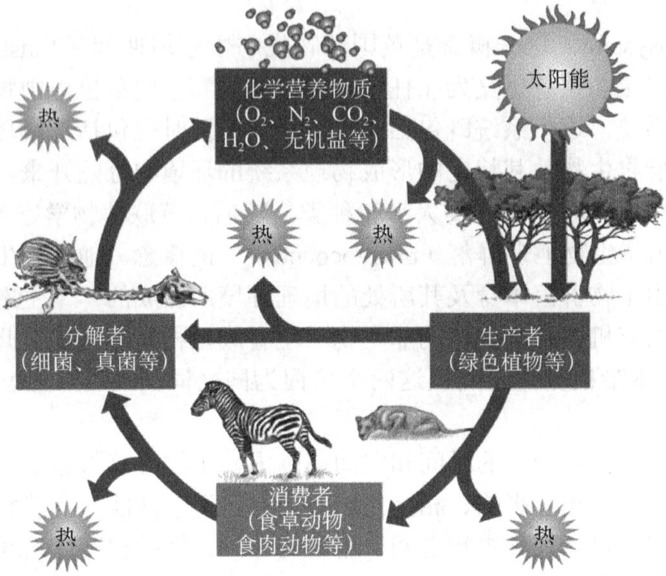

图 3-1　一个生态系统的主要组成部分（Miller and Spoolman，2019）

生物成分是生态系统中最核心的组成成分，包括植物、动物、微生物等生物体。它们之间存在着复杂的生态关系，如食物链、生物竞争等，构成了一个完整的生态网络，维持着生态系统的稳定和平衡。

植物是生态系统中最基础的生物成分，通过光合作用将太阳能转化为化学能，并将二氧化碳转化为氧气。植物是生态系统中的主要生产者，为其他生物提供了有机物质和能量。动物是生态系统中的消费者，通过摄食植物或其他动物获得能量和养分，形成复杂的食物链和食物网。微生物是生态系统中最小的生物成分，包括细菌、真菌、病毒等。微生物在生态系统中扮演着重要的角色，参与了分解有机物、氮循环、矿物质循环等过程，维持着生态系统的平衡和稳定。

非生物成分通常指环境因子，它们为生物成分提供物质和能量。土壤是生态系统中非常重要的非生物成分，为植物的生长提供了基础。土壤中包含水分、空气、有机物质、矿物质等成分，它们共同作用，构成了适宜植物生长的环境。土壤中的有机物质和矿物质是植物生长的重要来源，提供了植物所需的养分和能量。土壤中的微生物也参与了有机物质的分解过程，促进了有机物质的循环利用。

水是生态系统中极为重要的非生物成分，是生物体存活的基础。水在生态系统中扮演着关键的角色，参与了许多生态过程，如植物生长和物质循环等。水的循环是生态系统中重要的过程之一，使得水资源得以充分利用和循环利用。水的循环涉及蒸发、降水、地下水、河流等过程，每个过程都对生态系统的平衡和稳定产生影响。

气体成分是生态系统中重要的非生物成分之一，包括氧气、二氧化碳、氮气、甲烷等气体。这些气体在生态系统中发挥着重要作用，如参与植物光合作用、二氧化碳的吸收和释放、氮的循环等。气体的循环和变化是生态系统中重要的过程之一，它们影响着生态系统的平衡和稳定。例如，氧气和二氧化碳的浓度变化会直接影响植物的光合作用，进而影响整个生态系统的生态平衡。

生态系统中各个成分之间的生态关系是生态系统功能研究的基础。此外，生态系统的营养结构也是其重要的结构特征。每个生态系统都具有其独特而复杂的营养结构关系，能量流动和物质循环都必须基于这一结构进行。生态系统的营养结构以营养为纽带和链条，紧密地将生物与非生物结合起来，形成以生产者、消费者、分解者为中心的三大功能类群。它们与环境之间发生着密切的物质循环，即环境中的营养物质不断被生产者（如绿色植物）吸收，经过光能作用转变为化学能，随后通过消费者的摄食而使物质循环传递，最终经过分解者分解成无机物质归还给环境，为生产者再次吸收提供了条件。尽管各种生态系统的营养方式各不相同，但总的来说，生态系统的物质处于持续不断的循环之中，而能量则在各个营养组织之间流通。太阳能输入生态系统后，能量沿着生产者、消费者和分解者等逐级流动。这种能量的流动是单向的、逐级的，不会循环，只会被消耗（转变为其他形式）。

生态系统也可按照生命组成中的个体、种群、群落及其非生物环境等层次划分其组成。因此，生态系统的组成包括生物群落、生物种群、生物个体和非生物环境等多个层次。它们之间相互作用、相互依赖，共同构成了一个复杂而有机的系统。了解生态系统的组成和相互关系有助于更好地理解和保护自然环境，促进生态平衡的维持和可持续发展的实现。

生态系统的第一个组成部分是生物群落，是指在一定地理范围内由各种不同物种按照一定的生态位关系组成的生物集合体。生物群落中的物种之间相互依赖，通过食物链、食物网等关系相互联系在一起，不同的生物群落具有不同的物种组成和结构特征，如森林、草原、湿地等。

生态系统的第二个组成部分是生物种群，是指同一物种在特定地理区域内的个体群集。种群中的个体之间通过繁殖、竞争和合作等方式相互作用，其数量和分布受环境因素影响，如食物丰富度和天敌存在等。种群的数量和结构对生态系统的稳定性和功能具有重要作用。

生态系统的第三个组成部分是生物个体。生物个体是生物群落和种群的基本单位，是生态系统中最小的生命体。个体的特征和行为会对生态系统的结构和功能产生影响。个体之间会通过食物链、捕食竞争等方式相互影响。个体的生命活动会消耗能量和物质，同时也会释放能量和物质，对生态系统的能量流动和物质循环起着重要的作用。

生态系统的第四个组成部分是非生物环境。非生物环境包括土壤、水体、大气等物理和化学要素。这些要素为生物提供生存和繁衍所需的基本条件，如水分、光线、温度等。非生物环境的特征和变化会直接影响生物的分布和生态系统的结构。生物和非生物环境之间存在着复杂的相互作用关系，如植物通过光合作用将二氧化碳转化为有机物质，同时释放氧气，影响大气中的气候和气候变化。

生态系统的组成部分之间存在着复杂的相互作用和相互依赖关系。生物群落中的物种相互依赖，构成复杂的食物链和食物网。种群中的个体通过繁殖和竞争来影响种群的数量和分布。个体的行为和特征受到非生物环境的影响，而个体的生命活动也会对非生物环境产生影响。生物和非生物环境之间的相互作用和相互依赖关系决定了生态系统的结构和功能。

第2节　生态系统结构

生态系统结构是指生态系统中各种成分在空间和时间上相对有序的稳定状态，包括形态和营养关系两方面的内容。

生态系统的生物种类、种群数量、种群的空间配置（水平分布、垂直分布）及种群的时间变化（发育）等因素，构成了生态系统的形态结构。生态系统是由生物与非生物相互作用结合而成的结构有序的系统。生态系统的结构主要指构成生态系统的要素及其数量比例关系，各组分在时间和空间上的分布，以及各组分之间能量、物质和信息流的途径与传递关系。

生态系统的组分结构是指生态系统中由不同生物类型或品种及它们之间不同的数量组合关系所构成的系统结构。组分结构中主要讨论的是生物群落的种类组成及各组分之间的量比关系，生物种群是构成生态系统的基本单元，不同物种（或类群）及它们之间不同的量比关系，构成了生态系统的基本特征。例如，平原地区的“粮、猪、沼”系统和山区的“林、草、畜”系统，由于物种结构的不同，形成了不同功能和特征的生态系统。即使物种类型相同，但各物种类型所占比例不同，也会产生不同的功能。此外，环境构成要素及状况也属于组分结构。

生态系统的时空结构指的是生态系统中各种生物成分或群落在空间和时间上的不同配置和形态变化特征。这包括了水平分布上的镶嵌性、垂直分布上的成层性及时间上的发展演替特征，即水平结构、垂直结构和时空分布格局。水平结构涉及不同生物群落之间的空间分布；垂直结构涉及生物群落在垂直方向上的分层特征；时空分布格局则描述了生物群落在不同时间和空间尺度上的分布和变化规律。

生态系统的营养结构是指生态系统中生物与生物之间，生产者、消费者和分解者之间以食物营养为纽带所形成的食物链和食物网，以及各种生物在食物链和食物网的数量、分布和关系，它是构成物质循环和能量转化的主要途径。

1. 生态系统的水平结构　生态系统的水平结构是指在特定生态区域内生物类群在水平空间上的组合与分布。在不同的地理环境条件下，受地形、水文、土壤、气候等环境因素的综合影响，植物在地面上的分布并非均匀。某些地段的植物种类多、植被覆盖度大，动物种类也相对较多，反之则较少。这种生物成分的区域分布差异性直接反映在景观类型的变化上，形成了带状分布、同心圆式分布或块状镶嵌分布等景观格局。例如，位于北京西郊的百家疃村，地貌类型为山前洪积扇，从山地到洪积扇中上部再到扇缘地带，随着土壤、水分等因素的梯度变化，农业生态系统的水平结构呈现规律性变化。山地主要以人工生态林为主，包括油松、侧柏、元宝枫等。洪积扇上部为旱生灌草丛及零星分布的杏树、枣树。洪积扇中部为果园，包括苹果、桃、樱桃等。洪积扇的下部为乡村居民点，扇缘及交接洼地主要是蔬菜地、苗圃和水稻田。

2. 生态系统的垂直结构　生态系统的垂直结构包括不同类型生态系统在海拔高度不同的生境上的垂直分布，以及生态系统内部不同类型物种和不同个体的垂直分层。随着海拔高度的变化，生物类型出现有规律的垂直分层现象，这是由于生物生存的生态环境因素发生变化的缘故。例如，在川西高原，自谷底向上，植被和土壤依次为灌丛草原—棕褐土、灌丛草甸—棕毡土、亚高山草甸—黑毡土、高山草甸—草毡土。由于山地海拔高度的不同，光、热、水、土等因素呈现有规律的垂直变化，从而影响了农业、林业、牧业等生产和布局，形成了独具特色的立体农业生态系统。以农业生态系统垂直结构为例，作物群体在垂直空间上的组合与分布分为地上结构与地下结构两部分。地上部分主要研究复合群体茎、枝、叶在空间的合理分布，以最大限度地利用光、热、水、大气资源。地下部分主要研究复合群体根系在土壤中的合理分布，以最大限度地利用土壤水分、养分，达到“种间互利，用养结合”的目的。

3. 营养结构　营养结构是指生态系统中生物之间以食物营养为纽带所形成的复杂网络，包括食物链和食物网。这些结构不仅仅描述了生物之间的食物关系，还反映了能量和物质在生态系统中的流动和转化。食物链描述了生物之间的单向食物关系，而食物网则更加复杂，展示了生态系统中各种生物之间多样的食物关系。营养结构是维持生态系统稳定运行的重要途径之一，它直接影响着能量的流动和物质的循环，是生态系统功能的关键组成部分。

4. 食物链　食物链是生态系统中能量和物质流动的关键方式之一。它描述了植物通过光合作用固定的能量如何在生态系统中通过一系列取食和被取食的关系传递。在食物链中，生物相互依赖，通过食物相互连接形成链锁关系。一般而言，食物链包括 4～5 个环节，最少也有 3 个，但也存在例外情况。食物链可分为两种主要类型：以活体为起点的牧食食物链和以死体为起点的碎屑食物链。牧食食物链从植物开始，向上依次是食草动物、食肉动物，形成一个食物链。而碎屑食物链以死有机物为起点，由分解者分解产生的无机物开始，然后被其他生物摄食，构成了碎屑食物链。这些食物链相互交织，共同维持着生态系统中能量和物质的平衡和循环（图 3-2）。

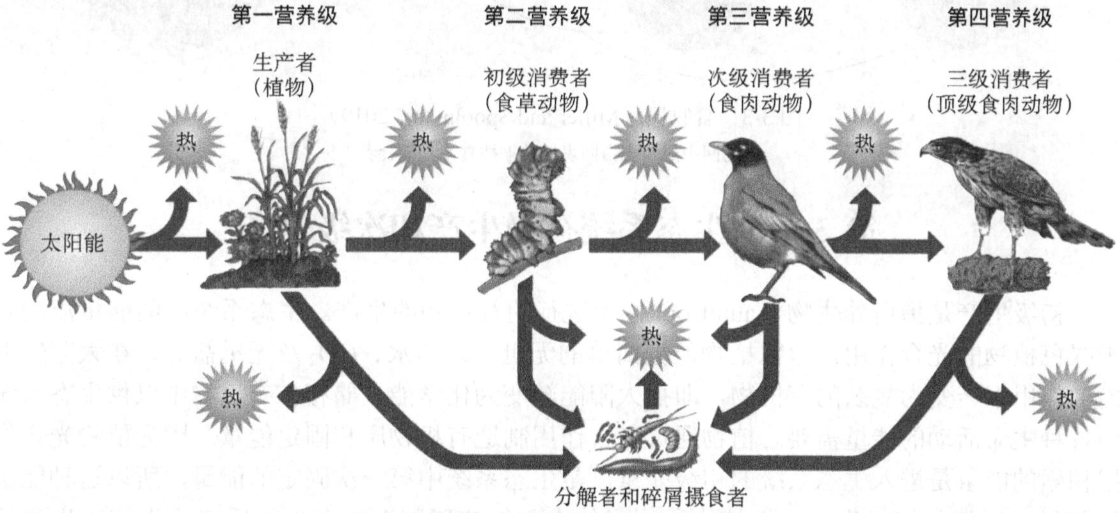

图 3-2　食物链（Miller and Spoolman，2019）

5. 食物网　在生态系统中，食物链所描述的简单取食和被取食关系并不能完全覆盖生物之间的复杂关系。实际上，一个生物通常会被多种其他生物食用，同时也会食用多种其他生物，这种复杂的交互关系形成了食物网。食物网描述了生态系统中生物之间错综复杂的相互作用。它类似于一个无形的网，将所有生物都紧密联系在一起，使它们之间形成了复杂的直接或间接关系。在食物网中，不同生物之间存在多种取食和被取食的关系，而这些关系又相互交织在一起，形成了复杂的生态网络。因此，在一个生态系统中，食物关系往往是非常复杂的，各种食物链相互交错，形成了纵横交错的食物网。这种食物网的形成和稳定维持着生态系统中能量和物质的流动，对生态系统的平衡和稳定起着重要作用（图 3-3）。

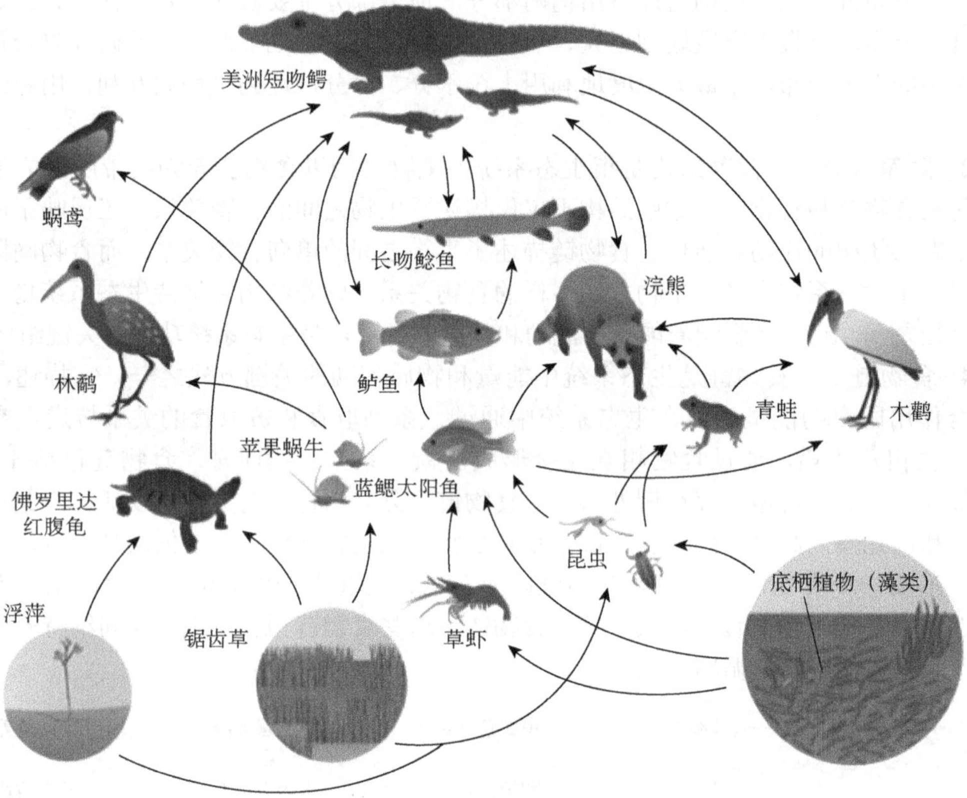

图 3-3　食物网（Miller and Spoolman，2019）

食物网中的箭头指向表示从被捕食者到捕食者

第 3 节　生态系统初级生产和次级生产

初级生产是指自养生物（autotroph）所进行的有机物的生产。生态系统中的能量流动始于绿色植物的光合作用，绿色植物能把简单的无机物，即水、CO_2及无机盐等，在太阳辐射能的作用下转变为复杂的有机物，即把太阳能转变为化学能，储存在有机物中以供生态系统中各种生命活动的能量需要。植物通过光合作用制造有机物质和固定能量。因为植物光合作用积累的能量是进入生态系统的初级能量，是生态系统中第一次固定的能量，所以这种能量的积累过程就是初级生产。而植物所固定的太阳能或所制造的有机物质就称为初级生产量（primary production）或第一性生产量。初级生产积累能量的速率，就称为初级生产力（primary productivity）。因此，初级生产就是绿色植物光合作用过程，是一个能量转化和物质的积累过程。生态系统的能量流动和物质循环，都以初级生产为基础，它又是生态系统能源的基础。由此可见，绿色植物是生态系统最基本的组成成分，没有绿色植物就没有其他生命（包括人类）的存在。动物虽然也能制造自己的有机物质和固定能量，但它们不是直接利用太阳能，而是靠消耗植物的初级生产量，因此，动物和其他异养生物（heterotroph）的生产量就称为次级生产量（secondary production）或第二性生产量。

在初级生产量中，有一部分被植物自己的呼吸消耗掉了，剩下的部分才积累在植物的器官中，形成生物量（biomass）用于植物的生长和生殖。生物量是特定时间范围内，在一定面积上现有生物体所积累的重量，通常用干重表示（kg/m^2）。净生产量可解释为随时间而增加的生物量。初级生产量中除去呼吸消耗部分而剩余的这部分生产量称为净初级生产量（net primary production，NPP），而把包括呼吸消耗部分在内的全部初级生产量称为总初级生产量（gross primary production，GPP）。相应地，初级生产力中除去呼吸消耗而余下的有机物积累的速率叫作净初级生产力（net primary productivity），未除去呼吸消耗积累的速率称为总初级生产力或粗初级生产力（gross primary productivity）。从总初级生产量（GPP）中减去植物呼吸所消耗的能量（R）就是净初级生产量（NPP），这三者之间的关系是

$$\mathrm{GPP}=\mathrm{NPP}+R$$

$$\mathrm{NPP}=\mathrm{GPP}-R$$

如果总初级生产量等于呼吸作用所消耗的能量（GPP=R），说明生态系统刚好能维持自身生产和消耗，该生态系统的生物量没有增加也没有减少（NPP=0），保持一种动态平衡，系统总的内能没有变化。当 GPP<R，表示净初级生产量出现负数，生态系统内生物量随时间减少，生态系统不能平衡好自身的生产与消耗，生态系统逐渐衰退。当 GPP>R，说明生态系统的生产量大于其消耗量，出现生物量的积累。

初级生产量通常是用每年每平方米所生产的有机物质干重[g/（m^2·年）]或每年每平方米所固定能量值[J/（m^2·年）]表示，所以在很多情况下，初级生产量与初级生产力是同义词，它们的计算单位是完全一样的（表 3-1）。但是在强调初级生产速率的概念时，人们多使用生产力。重量克和能量焦之间是可以互相换算的，其换算关系依动植物组织而不同，植物组织（干重）平均 1kg 换算为 1.8×10^4J，动物组织（干重）平均 1kg 换算为 2.0×10^4J。

对生态系统中某一营养级来说，总初级生产量除了植物本身呼吸而消耗外，还可能由于受更高营养级动物的取食及植物的死亡而减少，所以这种动态关系可以用下式表达：

$$\mathrm{d}B/\mathrm{d}t=\mathrm{GPP}-R-H-D$$

式中，$\mathrm{d}B/\mathrm{d}t$ 表示一定时间内生物量的变化；H 表示在一定时间内被较高营养级动物所取食的生物量；D 表示因死亡而损失的生物量。

表 3-1 地球上主要陆地生态系统的净初级生产量

陆地生态系统	净初级生产量/[g/（m^2·年）]
木本和草本沼泽	2500+
热带林	2200
温带林	1300
北方针叶林	750
稀树草原	700
耕地	700
灌丛	600
温带草地	500

资料来源：牛翠娟等，2023

生态系统的次级生产是指生态系统初级生产以外的生物有机体的生产。消费者利用初级生产所制造的物质和储存的能量进行新陈代谢，通过同化作用转化成自身物质和能量的过

程。动物是消费者生物，它们的生产称为次级生产。单位时间、单位空间内，通过动物和异养微生物生长、繁殖而增加的生物量或储存的能量称为次级生产量。次级生产量一般不强调粗生产量与净生产量之分。次级生产力的研究内容包括各营养层次异养生物的消费、转化和利用过程与速率。

次级生产力的计算方法也有多种，一般可以根据同化量和呼吸量计算，也可以通过个体体重的增加来估算。

第 4 节　生态系统能量流动

1. 生态系统中的能量流动　在生态系统中，能量流动的传递方式与物理系统有所不同。在物理系统中，能量流动的传递通常是遵循着确定的规律，并可以用数学公式来描述。然而，在生态系统中，能量流动是变化的、复杂的，受到多种因素的影响。举例来说，捕食者和被捕食者之间的能量流动不仅取决于食物链的结构，还受到生态系统内各种生物之间的相互作用影响。捕食者的捕食行为可能受到多种因素的影响，如环境变化、资源可及性、种群密度等。同时，被捕食者的生物量增长速度和消化率等因素也会影响能量的传递效率。因此，生态系统中的能量流动是动态变化的，受到各种生物学、生态学和环境因素的影响。这种复杂性使得生态系统的能量流动难以用简单的数学公式来准确描述，需要综合考虑多种因素才能全面理解。

2. 能量流动的单向性　能量流动在生态系统中通常被认为是单向的，这意味着能量的传递是不可逆的。当光能进入生态系统时，植物利用光合作用将其固定为化学能，但这些能量无法再次以光能的形式返回。类似地，自养生物（如植物）被异养生物（如动物）捕食后，能量就从自养生物流向异养生物，但无法再返回自养生物。这种单向能量流动的性质是生态系统中能量转换的基础，也是维持生态平衡的重要因素之一。能量在生态系统中不断地从一个组织流向另一个组织，支持着生物体的生长、繁殖和活动。这一过程中，能量会随着食物链或食物网的传递而逐渐流失，最终转化为热能并散失到环境中。需要注意的是，虽然能量流动是单向的，但能量并不是在生态系统中永久消失的，而是转化为其他形式。例如，被捕食的生物体的化学能被异养生物利用为机械能或化学能，以维持其生命活动。因此，尽管能量在生态系统中的传递是单向的，但它仍然以不同的形式存在，并在生物体之间转换和循环。

3. 能量流动的递减性　在生态系统内，能量流动的过程呈现一个重要的特征：能量逐级递减。这意味着从太阳辐射能到被生产者固定，再经过食草动物到食肉动物，以及到大型食肉动物，每个层次的能量都会逐渐减少。这种递减的现象主要是由于能量在生态系统中的转化和利用过程中存在一定的损失。

一方面，生态系统中的每个营养级都无法完全利用其前一级生物的生物量。例如，植物生产者固定的太阳能只有一部分被摄食者利用，而摄食者再被更高级的消费者摄食时，同样只有部分能量被转化为生物组织。这种能量损失导致了能量在不同营养级之间的递减。另一方面，各个营养级的同化作用也无法完全实现能量的转化。即使生物摄取了食物，其中一部分能量也会在新组织的合成过程中被消耗掉，而不是全部用于生长和维持生命活动。因此，虽然能量在生态系统中不断地流动和转化，但每一次转化都伴随着一定程度的能量损失。这种能量逐级递减的现象是生态系统中能量流动的重要规律之一，也是生态系统稳定性和生物多样性维持的重要基础之一。

4. 能量流动的熵增 在生态系统中，能量在流动过程中质量并不会逐渐提高，而是逐渐降低。这与热力学第二定律相一致，该定律表明能量的转化过程中总是伴随着一定的熵增，即系统的混乱度增加。当太阳辐射能进入生态系统后，一部分被植物吸收并用于光合作用，将光能转化为化学能。然而，即使在光合作用中，也有一部分能量被损耗为热能，而不能被生物完全利用。随后，这些能量被转移到植物的生物组织中，但在这个过程中仍然有能量损失。当植物被食草动物摄食时，部分能量再次损失，只有一部分能量被转化为食草动物的生物组织。这样，随着能量在生态系统中的流动，它的质量并没有提高，相反，它会因为转化过程中的损失而逐渐降低。这种逐级递减的能量流动过程是生态系统中的一个普遍现象，与热力学的基本原理相一致。

5. 林德曼定律 林德曼定律是生态学中的重要规律，它描述了生态系统中能量流动的一般模式。该定律指出，从一个营养级到下一个营养级的能量转化过程中，后一级所获得的能量约为前一级能量的 10%，而约有 90%的能量会因为生物代谢活动、呼吸作用或者分解作用而以热能的形式散失，只有少量能量被高级消费者所利用。这一定律也被称为“十分之一定律”或“百分之十定律”。林德曼定律的发现对于理解生态系统的能量流动和生态系统结构的形成具有重要意义，同时也为人们更好地认识和管理生态系统提供了理论指导。

6. 水域生态系统 1942 年，美国生态学家林德曼（Lindeman RL）在对美国赛达伯格（Cedar Bog）湖进行深入调查研究的基础上，发表了《生态学的营养动态概说》一文，开创了定量描述生态系统能量动态的工作，并指出生态系统营养动态的基本过程就是能量从生态系统的一部分转移至另一部分的过程。他的研究奠定了生态学中能量流动的基本理论。生产者是生态系统的能量基础，通过光合作用将太阳能转化为化学能，供给其他生物使用。1957 年，美国生态学家奥德姆（Odum HT）在美国佛罗里达州的银泉（Silver Spring）进行了能量分析工作，进一步深化了对生态系统能量流动的理解。他的研究表明，从生产者到食草动物的能量转化效率低于从食草动物到食肉动物的能量转化效率，这表明食物链中能量逐级递减的规律。同时，他发现储存在食肉动物中的能量只占入射日光能的一个极小的比例，揭示了生态系统中能量流动的损失和转化过程的低效性。这些研究成果深刻影响了生态学领域的发展，为人们对生态系统结构和功能的认识提供了重要理论基础。

7. 陆地生态系统 1960 年，美国生态学家戈利（Golley FB）在美国密歇根州的弃耕地进行了能量沿食物链流动的研究。他观察了一个由早熟禾、田鼠和鼬（黄鼠狼）构成的相对简单的食物链。这项研究揭示了能量在陆地生态系统中的流动情况。戈利的研究发现，生产者（早熟禾）用于自身呼吸的能量占其总生产量的 15%，而净生产量占 85%。与此相比，田鼠和鼬的能量损失更大，其呼吸量分别占其总摄食量的 70%和 83%。这些发现揭示了生态系统中能量流动的损耗和转化过程中的能量损失。这项研究对于理解陆地生态系统中食物链和能量流动的动态过程具有重要意义，为生态学领域的进一步研究提供了有价值的参考。

8. 研究意义 研究生态系统的能量流动具有重要的科学意义和应用价值。首先，了解生态系统中能量的流动方式可以为科学家设计和规划人工生态系统提供指导。通过模拟自然生态系统中的能量流动过程，科学家可以更有效地设计人工生态系统，使其能够更好地利用能量资源，从而提高生态系统的稳定性和可持续性。其次，研究生态系统中能量流动的规律可以帮助人们更好地理解生态系统的功能和运作机制。通过深入了解能量在生态系统中的传递路径和转化过程，人们可以揭示生态系统中各种生物之间的相互作用关系，以及它们对生态系统稳定性和健康的影响。最后，对生态系统能量流动的研究有助于指导生态系统的管理和保护工作。通过合理调整生态系统中能量的流动关系，可以促进生态系统中各种生物的平衡发展，减少能量的浪费和损失，使能量能够持续、高效地流向对人类和生态系统都有益的部分，从而实现生态系统的可持续发展。

第5节　生态系统物质循环

物质循环（material cycle）是生态学概念，指生物圈里任何物质或元素沿着一定路线从周围环境到生物体，再从生物体回到周围环境的循环往复的过程，即各种化学元素或物质在生物体与非生物环境之间的循环运转过程，又称为“生物地球化学循环（biogeochemical cycle）”。人类社会所面临的诸多全球性环境与生态问题都与人类影响下的生态系统物质循环有关。研究生态系统的物质循环有利于理解和正确处理人类面临的全球性环境问题，并有助于改善人类的生存环境。

1. 生态系统物质循环的主要特点

（1）物质循环与能量流动相辅相成，不可分割　在生态系统中，能量是物质循环的推动力，物质是组成生物体的原材料和能量的载体。生产者通过光合作用固定光能并通过食物链进行能量转化的过程，也是物质由简单无机态转化为复杂有机态，并再回到简单无机态的过程。因此，物质循环和能量流动是生态系统不可分割的两个基本功能。任何生态系统的发生发展都是物质循环与能量流动共同作用的结果（表3-2）。

表3-2　能量流动与物质循环的关系

项目		能量流动	物质循环
区别	形式	以有机物形式流动	因不同元素而异，如碳以 CO_2 形式循环
	特点	单向流动、逐级递减	物质被反复利用，具有循环性
	范围	生态系统的各营养级	生物圈内，具有全球性
	过程	沿食物链（网）单向流动	在无机环境和生物群落之间往复循环
联系	①在生物群落中它们的流动渠道都是食物链和食物网，且相互联系、同时进行； ②能量的固定、储存、转移、释放离不开物质的合成和分解； ③物质是能量沿食物链（网）流动的载体，能量是物质在生态系统中往复循环的动力		

（2）物质循环的富集作用和生物放大作用　在生态系统中，生物逆着浓度从环境中吸收有毒和有害物质的作用为生物富集作用。当这些物质的浓度沿着食物链逐步升高（浓缩或放大），而不被生物排除，其结果造成顶级消费者受害，这时就是生物放大作用。

（3）水循环推动其他物质循环　水循环对其他物质的循环运动具有决定性作用。许多物质必须以水溶液的形式才能被植物吸收利用进入生态系统，并经过食物链进行传递。因此，物质的循环与水循环的关系密不可分，水循环是物质循环的基础。正是在水循环的推动下，才实现了物质在其各个营养库之间的转移。

（4）生态系统对物质循环有调节作用　在自然状态下，生态系统中的物质循环一般处于稳定的平衡状态，这是由于生态系统对物质循环有一定的调控作用。大多数气体型循环（gaseous type cycle）物质如碳、氧和氮，由于其大气贮库很大，对循环过程中发生的变化能够进行迅速的自我调节。但生态系统对物质循环的调节能力有较大的局限性。

2. 影响物质循环速率的主要因素

（1）*循环物质的理化性质*　循环物质的理化性质对营养物质的循环速率具有比较重要的影响。那些水溶性强或主要存在形式为气体的元素或物质，其循环速率远快于那些水溶性较弱、主要存在形式为固体的沉积型循环（sedimentary cycle）物质。

（2）*动植物的生长速率*　循环物质在生态系统中的运转速度较大程度上与动植物的生长速率有关。生长快的动植物，其吸收营养物质的速率也相应较高，因此在生态系统中沿着食物链运转的速度也较快，其结果是该循环物质的循环速率提高。

（3）*有机物质的分解速率*　有机物的分解速率决定了循环物质再利用的速度。有机物分解速率越高，则释放矿物质元素的速度越快。通常，较高的土壤温度和土壤湿度有利于土壤有机物的分解，而干旱和低温常常会抑制土壤有机物的分解。

（4）*土壤酸碱度*　土壤酸碱度对土壤有机物的分解具有较为显著的影响。土壤有机物的分解主要依赖于微生物的分解作用，一般情况下，大多数微生物在中性、微酸性土壤中发育最好，而在碱性土壤中，微生物的生长发育常常受到抑制。因此，在中性和微酸性土壤中，物质循环的速度就要快于在碱性土壤中。此外，土壤酸碱度还影响矿物质养分的可利用性。土壤酸性加强，矿物质的溶解性降低，其可利用性降低；而碱性增强，土壤矿物质溶解度增加，很多植物会发生中毒现象，同样不利于营养元素的循环。

（5）*人类活动的影响*　人类活动也是对物质循环速率有较大影响的主要因素。人类活动对CO_2的影响就是一个典型事例。自从工业革命以来，人类大量砍伐森林、燃烧化石燃料的活动，使得大气CO_2的含量逐步上升。CO_2透射短波辐射、吸收长波辐射的特性，可以使近地面的大气温度增高，这种现象被叫作温室效应。温室效应所导致的地球大气温度逐渐上升和全球气候变化的问题，已经成为全世界关注的焦点问题。人类大量燃烧化石燃料所带来的另一个问题是SO_2污染问题。燃烧化石燃料大量排放的SO_2在大气中遇水蒸气反应形成硫酸，SO_2浓度过高，就会造成灾害性的空气污染。SO_2随雨水降落到地面就形成酸雨，对植被、土壤都会造成严重的破坏。

3. 物质循环类型　物质循环类型是指生态系统中各种元素以不同形式在生物和非生物之间进行转移和循环的方式。这些类型通常基于元素的化学性质和循环过程的特点来划分。一些常见的物质循环类型如下所示。

（1）*按物质循环特点分类*

1）水循环（水的循环）。水是生态系统中最重要的物质之一，通过蒸发、凝结、降水和地表径流等过程在生态系统中循环。水循环对于调节生态系统的湿度、温度和气候非常重要。

2）碳循环。碳是生物体生命活动的基础元素，通过光合作用和呼吸作用在生态系统中循环。光合作用将二氧化碳转化为有机碳，而呼吸作用将有机碳氧化为二氧化碳释放到大气中。

3）氮循环。氮是生物体合成蛋白质和核酸的重要元素，通过氮的固定、硝化、还原和脱氮等过程在生态系统中循环。氮的循环对于植物的生长和生态系统中的生态平衡至关重要。

4）磷循环。磷是生物体的关键组成部分之一，参与DNA、RNA等核酸的合成，以及ATP等能量分子的合成。磷通过岩石风化和土壤中的微生物活动等过程进入生态系统，并通过植物吸收、生物降解和土壤循环等途径循环利用。

5）硫循环。硫是生物体中的重要元素，参与蛋白质的合成及许多生物过程。硫循环包括硫的氧化还原循环和硫的有机化循环，主要通过微生物和植物的代谢过程在生态系统中进行。

这些物质循环类型相互交织、相互作用，共同维持着生态系统中生物体的生存和生态平衡。对这些循环类型的研究有助于深入了解生态系统的功能和稳定性，为环境保护和生态系统管理提供科学依据。

（2）*按循环经历途径与周期分类*　生物地球化学循环依据其循环的途径和周期，可分为地质大循环和生物小循环两类。

1）地质大循环（geological cycle）。地质大循环是指物质或元素经生物体的吸收作用，从环境进入生物有机体内，然后生物有机体以死体、残体或排泄物形式将物质或元素返回环境，进入五大自然圈层的循环。五大自然圈层是指大气圈、水圈、岩石圈、土壤圈和生物圈。地质大循环具有范围大、周期长和影响面广等特点。地质大循环几乎没有物质的输出与输入，是闭合式的循环。

2）生物小循环（biological cycle）。生物小循环是指环境中元素经生物体吸收，在生态系统中被相继利用，然后经过分解者的作用，回到环境后，很快再为生产者吸收利用的循环过程。生物小循环具有范围小、时间短和速度快等特点，是开放式的循环。

（3）*按物质循环过程中存在的主要形式分类*　根据不同的化学元素、化合物在 5 个物质循环库中存在的形式、库存量的大小和被固定时间的长短，可将物质循环分为以下两大类型。

1）气体型循环。元素或化合物可以转化为气体形式，通过大气进行扩散，弥漫到陆地或海洋上空，这样在很短的时间内可以实现大气库和生物库直接交换，或通过大气库与土壤库的交换后再与生物库交换，从而为生物重新利用。这种类型的物质循环比较迅速，如碳、氮、氧、水、氯、溴和氟等。

2）沉积型循环。许多矿物元素的储存库主要在地壳里，经过自然风化和人类的开采冶炼，从陆地岩石中释放出来，为植物所吸收，参与生命物质的形成，并沿食物链转移。然后动植物残体或排泄物经微生物的分解作用，将元素返回环境。除一部分元素保留在土壤中供植物吸收利用外，另一部分以溶液或沉积物状态进入江河，汇入海洋，经过沉降、淀积和成岩作用变成岩石，当岩石被抬升并遭受风化作用时，该循环才算完成，在此过程中几乎没有或仅有微量元素进入大气库中。如磷、硫、碘、钙、镁、铁、锰、铜、硅等元素属于此类循环。这类循环是缓慢的、非全球性的，并且容易受到干扰，成为“不完全”的循环，受到生物作用的负反馈调节，变化较小。

第 6 节　生态因子及其作用

1. 生态因子概念及其分类　任何生物都不可能逃离特定的生存环境，也称为生境。生境是指一定时期内影响生物体生命、生长、发育、繁殖和生存数量的空间条件和其他条件。这不仅包括对生物体产生影响的自然条件，还包括生物体内部和之间的相互作用。生物生存的环境条件多种多样，但归根结底无非是物质和能量两个方面。

生境由多种因子组成，构成生境的因子称为生态因子。生态因子影响动植物和微生物的生长、发育和分布，影响群落的特征。生态因子主要由两个因子组成：①非生物因子，即物理因子，如光、热、水、风、矿质养分等；②生物因子，即对某种生物体的影响，包括其他生物体如动物、植物和微生物，通过其活动直接或间接影响其他生物体。另外，有一种观点认为，生态因子还应包括第三个因子，即人为因子，指人类的各种活动如砍伐、挖掘、采摘、引种、驯化和环境污染等。在自然界中，各种生态因子总是综合作用的，任何生物体所受到的影响都是多种因子的综合影响，但在特定情况下，总有一种或几种生态因子起主导作用。对于这些复杂的生态因子，生态学家有不同的分类方法。他们将生态因子分为生物因子和非生物因子，这是传统的分类方法。前者包括生物物种内部和物种之间的相互关系，后者包括气候、土壤、水分等。这种分类方法具有简单明了的特点，因此被许多学者所采用。

2. 生态因子作用的一般特征

（1）综合作用　环境中的各种生态因子不是孤立的，而是相互联系、相互促进、相互制约的。任何单一因子的变化，必然引起其他因子不同程度的变化及其反应。生态因子的影响虽然可分为直接影响和间接影响、初次影响和次要影响、重要影响和不重要影响，但在一定条件下它们可以相互转化。例如，光和温度密切相关。温度的高低不仅影响空气的温度和湿度，还会改变土壤的温度和湿度。由于生物体对某种限制因子的耐受力不同，并且会因其他因子的变化而发生变化，因此生态因子对生物体的影响不是单一的而是综合的。

（2）主导因子作用　在众多的生态因子中，有一种生态因子对生物体起决定性作用，称为主导因子（leading factor）。主导因子的变化会引起其他因子的变化。例如，如果土壤是主导因子，植物可以分为各种生态类型，包括喜钙植物、嫌钙植物、盐生植物、旱生植物；如果生物体是主导因子，则表现在食性上的动物可分为食草动物、食肉动物、食腐动物、杂食动物等。

（3）直接作用和间接作用　区分生态因子对生物体生长、发育、繁殖和分布的直接和间接影响具有重要意义。环境中的地形因子，如地势、坡度、海拔、经纬度等，对生物没有直接影响，但可以影响光、温度、水等因子，从而对生物起到间接影响。而光、温度和水对生物的生长、分布和类型起着直接作用。

（4）因子作用的阶段性　由于生物生长发育的不同阶段对环境因子的需求不同，因此因子对生物体的影响也有阶段性，这是由生态环境有规律的变化引起的。有些鱼的一生并不都在一定的环境中定居。它们根据生存的不同阶段，对生活条件有不同的要求。例如，鲑鱼生活在海洋中，在繁殖季节成群游到淡水河流产卵；相反，鳗鲡鱼生活在淡水中，它们游到海洋里繁殖。

（5）生态因子的不可代替性和补偿作用　环境中的各种生态因子对生物体的影响不同，但都有各自的重要性，尤其是起主导作用的因子。生态因子如果缺失，就会影响生物体的正常生长发育，甚至引起疾病和残疾。所以一般来说，生态因子是不可替代的，但在局部是能够补偿的。例如，在一定条件下多种生态因子的综合作用过程中，某一因子的数量不足可以通过其他因子来弥补，也可以获得类似的生态效应。对于植物的光合作用来说，如果光照不足，可以增加二氧化碳的量来弥补；软体动物在锶多的地方，可以用锶来补充其壳内钙的缺乏。然而，生态因子的补偿作用只能在一定范围内提供部分补偿，不能用一种因子替代另一种因子，并且因子之间的补偿效应并不总是存在。

3. 生态因子的作用方式

（1）拮抗作用　拮抗作用（antagonistic action）是指多种因子共同作用时，一种因子可以抑制或影响另一种因子的作用。以生物因子微生物为例，青霉菌产生的青霉素能抑制革兰氏阳性菌和部分革兰氏阴性菌。在酸菜、泡菜、青饲料的生产过程中，由于乳酸菌的旺盛繁殖，大量产生乳酸，使环境变酸而抑制腐败细菌的生长。当两种或多种化合物共同作用于生物体时，由于化合物之间的拮抗作用，它们的毒性可能低于每种化合物的毒性之和。例如，当有机汞和硒在金枪鱼中共存时，可以抑制甲基汞的毒性。

（2）协同、增强和叠加作用　这些作用主要是非生物因子中的化合物对生物体的毒性作用。

1）协同作用。两种或多种化合物共同作用的毒性等于或超过每种化合物单独作用的毒性之和。当某些化合物减少人体对另一种化合物的吸收、延迟其排泄、阻止其降解或产生更大的代谢物时，就会发生协同效应。

2）增强作用。一种化合物对某种器官系统无毒性作用，但与另一种化合物相互作用时，会增加后者的毒性。

3）叠加作用。两种或两种以上化合物共同作用的毒性是化合物单独作用的毒性之和。一般来说，当具有相似化学结构和性质的化合物、作用于同一器官系统的化合物或具有相似毒性作用机制的化合物一起作用时，其生物学效应往往表现为叠加作用。

（3）净化作用　净化是指某些生态因子通过物理、化学和生物方法消除水、空气和土壤中浓度增加的污染物的能力。净化可分为物理净化、化学净化和生物净化三类。

1）物理净化功能包括稀释、扩散、淋滤、挥发、沉降等。

2）化学净化功能包括氧化与还原、化合与分解、吸附、缩合、交换、络合等。

3）生物净化包括生物吸收、降解等，形成无机物质可供藻类作为营养物质利用，并利用阳光合成其所需物质，同时释放大量氧气供需氧生物利用。树木、草地对大气中的有害气体和粉尘有一定的阻挡、捕集和吸收作用。藻类同化增加了水中的氧气，净化和氧化污水，去除水中的厌氧菌，分解石灰石，促进大气中的碳循环。在城市中种植行道树、种草种花进行绿化对于环境保护非常重要。

4. 生态因子的作用规律

（1）限制因子规律　在众多的生态因子中，当一个生物体的耐受力接近或达到其极限时，直接限制甚至杀死一个生物体的生长、发育、繁殖、活动和分布的因子称为限制因子，也可以理解为限制一个生物体或影响人口分布和活动的环境因子。例如，当温度升高到上限时，许多动物就会死亡。温度上限成为动物生存的限制因子。氧气对陆地动物很少有限制作用，但对水生生物，特别是鱼类，如果缺氧就会死亡。光是植物进行光合作用的主要因子，但没有水、二氧化碳和一定的温度，就不能合成碳水化合物。反之，如果只有水、二氧化碳和一定的温度而没有光，植物就不能进行光合作用，所以在植物光合作用中，几个因子中的任何一个在不同情况下都可以成为限制因子。此外，干旱地区的水、寒冷地区的气温、海洋的透光层、矿物质营养等都是某些生物体发育、繁殖和活动的限制因子。

（2）最低量（最小因子）定律　最低量定律是由德国化学家利比希（Liebig）于1840年提出的。他在研究粮食产量时发现，植物对某些矿物盐的需要量不能低于一定量。当土壤不能提供这个最低量时，无论其他养分的量如何，植物都无法正常生长。利比希在研究各种因子对作物生长的影响时发现，作物产量往往不受需要大量养分的限制，而是受到只需要微量养分的限制，如微量元素。后来人们把这个称为利比希最低量法则，也称为最小因子定律。最小因子定律与系统论中“水桶原理”的含义是一致的，即一个水桶是由多块木板组成的。当其中一块木板较短时，无论其他木板有多高，桶中的水总量都受到最小木板的限制。

根据利比希最小因子定律考察环境时，必须注意因子之间的相互作用。有些因子之间具有一定程度的替代性。具体来说，某些物质的高浓度、高有效性，或某些因子的作用，可以改变最小限制因子的利用率或临界限值。一些生物体可以用化学性质非常相似的物质替代自然环境中缺乏的至少部分所需物质。例如，在锶丰富的地方，软体动物可以用壳中的锶代替部分钙。有些植物在阴凉处生长需要的锌量比在阳光下少，因此对于阴凉处的植物来说，锌的限制较少。

（3）耐受性法则　耐受性法则是由美国生态学家谢尔福德（Shelford）提出的。他认为，一种因子在最低量时可以成为限制因子，但如果该因子过量并超过生物体的耐受性，它也可以成为限制因子。每种生物体对某种环境因子都有一个生态适应范围，称为生态范围，即有一个最小点和一个最大点。两者之间的范围就是容许限度。有机体处于或接近最佳点。只有处于最佳状态，才能过上美好的生活。当它趋于这两个极端时，它就会减弱，然后受到压制。接近生物体耐受极限的几个因子中任何一个的质量或数量的缺乏或过量都会导致生物体衰退或死亡。死亡已接近耐受极限，因此，如果生物体持续暴露在这些极端条件下，就会受到严重威胁。这就是谢尔福德的耐受性法则。

不同的生物体对同一因子有不同的耐受限度，同一生物体在不同的生长阶段对同一因子也有不同的耐受限度。玉米生长发育所需的最低温度不得低于9.4℃，最高温度不得超过46.1℃。容差限值为9.4～46.1℃。根据生物体对各种因子的适应程度，生物体可分为多种类型，如对温度因子敏感的、广温的和对光因子敏感的、对光不敏感的等。水因子分为窄水区和宽水区；盐因子分为狭盐度和广盐度；湿度因子分为窄湿度和宽湿度；食物因子分为狭居性和杂食性；就栖息地而言，分为狭窄栖息地和广阔栖息地等。

耐受性法则还有其他几个特例。

1）动物对各种生态因子的耐受范围仍存在较大差异。生物体可能对一种因子具有广泛的耐受性，而对另一种因子则具有非常窄的耐受性。

2）在自然界中，生物体不一定生活在环境因子的最佳范围内。一般来说，能够耐受多种因子的生物体也分布广泛。

3）当一个物种的某种生态因子未处于最佳状态时，其他生态因子的耐受限度就会降低。例如，当土壤氮含量降低时，草抵御干旱的能力就会降低。

4）自然界中的生物体之所以不在某一特定因子的最佳范围内生存，是因为种群相互作用（如竞争、天敌等）等因子往往使生物体无法利用最适宜的环境。

5）繁殖期通常是关键期，环境因子最容易起到限制作用。繁殖期的个体、种子、胚胎和幼虫的耐受限度一般要窄得多，需要更适宜的环境才能生存。必须指出，生物体对环境的适应和对环境因子的耐受并不是完全被动的。生物体不是自然环境的“奴隶”。进化迫使它主动适应环境，改变自然环境条件，从而减轻环境因子的限制作用。生物体的这种能力称为因子补偿，它存在于生物物种内部，并在具有组织结构的群落层面上具有明显的特征。在生物物种中，经常发现地理分布广泛的物种往往形成与特有种群不同的种群。动物，尤其是运动能力发达的大型动物，往往通过进化形成适应性行为，并产生补偿效应，以避免不利的局部环境因子。

在生物群落层面，通过群落内各类型个体的相互调整和适应，形成一个整体，从而对环境产生要素补偿，这就是所谓的群落优势。例如，自然界中观察到的生态系统的代谢率-温度曲线总是比单一物种的曲线平坦。换句话说，当外部温度发生变化时，生态系统的代谢率可以保持相对稳定。这是群落稳定性的一个具体例子。而我们知道，生态系统在外界因子干扰下的稳定性有利于生物体的生存。综上所述，一个生物体或一群生物体的生存和发展取决于综合环境条件。任何接近或超过容忍限度的情况都可以说是限制情况或限制因子。生物体本身实际上是通过对这些因子的主动适应及其对这些因子的耐受限度来控制的。

限制因子和耐受限度的概念为生态学家研究复杂环境奠定了起点。生物体与环境之间的关系往往非常复杂。很难说什么决定什么。幸运的是，在特定的环境中，或者对于特定的生物体来说，并不是所有因子都同等重要。在研究特定环境时，研究者通常可以发现可能的薄弱环节或关键环节。至少一开始，研究者应该关注那些可能至关重要或"限制"的环境条件。如果一个生物体对某种因子有较宽的耐受限度，并且该因子在环境中相对稳定且数量适中，那么它不太可能成为限制因子。相反，如果一个生物体对某种因子的耐受限度是有限的，而且这个因子在环境中很容易发生变化，那么就需要仔细研究这个因子的情况，因为它很可能是一个限制因子。

第 7 节　生态系统平衡及其意义

生态系统能够长期保持其结构和功能的相对稳定性。例如，成分和数量比例长期不发生明显变化，物质和能量的输入和输出接近相等。这种状态称为生态平衡（ecological balance）。

生态系统能够自我调节和保持平衡状态，这是因为每个营养级都受到食物来源和捕食者的限制。例如，当草多时，昆虫也会增多，因为它们有足够的食物来源；而昆虫多时，鸟类也会增多，因为它们有充足的食物可供捕食。这种相互作用使得生态系统在一定程度上保持动态平衡。此外，生态系统具有一定的自我修复能力，可以在受到外界干扰后恢复自身的结构和功能。例如，水池受到轻度污染时，通过内部生物和物理化学作用可以实现自净；原始森林经过合理采伐后可以逐步恢复其生态系统的平衡。然而，生态系统的平衡是有条件的，对平衡的干扰不能超过系统本身的极限。举例来说，严重的干旱可能导致植物死亡，进而影响整个食物链，导致食物链的崩溃。大量猫头鹰被猎杀，引发鼠疫，进而摧毁了整个食物链。生态系统的稳定性与其复杂性密切相关。结构复杂的生态系统通常具有较强的自我调节能力，因此更容易保持平衡。相反，结构简单的生态系统则往往难以维持平衡。例如，在环境条件优越、生物种类繁多、食物网复杂的热带雨林中，即使一条食物链中断，也可以通过其他食物链来维持平衡。此外，食物链在调节物质和能量的流动方面起着重要作用，因为它们连接着不同营养级。

影响生态平衡的因子除了自然因子外，还有人为因子。人类不仅是生态系统的消费者、生态系统的结构组成部分、食物链的重要环节，而且有目的地干预和管理生态系统。随着科学技术的飞速发展，人类越来越强烈地改变着生态系统的面貌，取得了"征服自然"的预期胜利，不断提高了生态系统的生产力。同时，人类缺乏完善的科学远见，不断遭受大自然无情的报复，生态平衡的破坏给人类造成了难以弥补的损失，也给子孙后代留下了无尽的后患。当前在世界范围内，人类经常从两个方面破坏生态系统的平衡。

1. 对自然资源的不合理开发利用　例如，乱砍乱伐、乱建乱植，往往导致洪涝灾害频发。加之陡坡土地的清理，出现了大面积的水土流失。据统计，目前我国水土流失面积已达 1.50×10^6km^2，约占全国总面积的 1/6。每年土壤流失量达到 50 亿 t 以上，相当于冲走了

$4.05\times10^6hm^2$ 以上的良田。又如草原种植农作物和过度放牧，导致草原撂荒、土壤荒漠化和盐碱化。陕西省榆林地区原本是茂密的森林和牧场，但由于砍伐森林和开垦土地，生态平衡被破坏，结果不久后北部的毛乌素沙漠继续扩张，淹没了榆林，榆林不得不南迁（目前的榆林已第三次南迁）。黄河的水灾很大程度上也与上游地区的乱砍乱伐有关。此外，森林因非法狩猎而被烧毁；湖泊因过度捕捞而枯竭；还有围湖造田，与水争地等不合理开发行为。到 20 世纪 70 年代，淡水鱼的自然捕捞量还不到 20 世纪 50 年代的一半。切断多元化经营，让生态变得更加脆弱，结果是资源被浪费，还原性降低。

2. 人类对自然界环境的污染　工农业的发展加强了经济建设，改善了人民生活。与此同时，许多毒物也进入了生态系统。工业“三废”污染了农田、水域和大气。例如，工厂和汽车燃烧燃料时排放的二氧化硫和二氧化氮存在于大气中，与水结合形成酸雨，破坏土壤肥力，影响农作物生长，可直接危害农作物、鱼类和人类。1978 年 7 月底，包头郊区的高粱、玉米在雨后叶上出现黄斑，并提前脱落；葡萄叶片上也出现病斑；茄子和番茄皮干瘪卷曲。这是一场因大气中的氟污染而引发的灾难。据统计，包头市厂矿每年排放废气约 200 亿 m^3，其中不少有害物质超过国家标准，特别是含氟废气，污染范围广泛，大幅减少了动植物的生产。农药、杀虫剂的使用为农业增产做出了巨大的贡献。然而，由于长期忽视残留毒物造成的环境污染，农药污染已经蔓延到整个生物圈。这些毒物存在于空气、水系统、土壤、生物体甚至人体内。污染物随后被绿色植物吸收，然后沿着食物链逐级转移，依次浓缩、富集。越靠近食物链末端，富集能力越大。例如，喷洒在农田、森林和草原上的 DDT 通过风、雨和径流汇入河流和湖泊。DDT 最初浓度极低，对人类和许多动物几乎无害，但会被湖泊和河流吸收。之后，DDT 在浮游动物中富集至最初浓度的 13 000 倍；在捕食浮游动物的小鱼中富集至 170 000 倍；小鱼被大鱼吃掉后，大鱼体内的 DDT 浓度可达 67 万倍；如果水鸟吃了这种鱼，体内 DDT 的浓度可富集至 831 万倍。可见，农药喷洒时的浓度很低，无害，但在食物链中转移浓缩后，可被食肉动物富集至数千万倍，最终达到高营养级。如果人们吃了这样的生物，就会受到严重的伤害。

过去我们对自然的认识是分成几个部分来研究的，生产实践的重点也是在这几个部分上，并取得了很大的进步。但从近几十年来破坏生态平衡的现象来看，大多是缺乏全局、大局观造成的，因而受到了大自然的惩罚。生态平衡破坏的后果让我们变得更加聪明。农业和工业、农村和城市都在大生物圈之内，所以从业者都应该有全局观，掌握生态系统理论，注重各种关系的协调，不能只注重个体，忽视大局，也不能只注重眼前，而忘记长远的生态效应。当前环境的破坏和污染正在威胁着人类的生存。保护和改善环境是一项重大任务。当计划从生态系统中获取各种产品时，必须注意研究其对环境的影响。一般需要将利用与栽培结合起来，因为生物群落本身对环境有很强的改造作用。在设计保护和改善环境的措施时，必须充分考虑生物措施。同时，人们必须认识到，维护生态平衡并不意味着被动维持现状。生态平衡是一种动态平衡。只有根据社会发展、经济、技术条件，不断打破旧的平衡，创造和发展新的平衡，才能维持生态系统，形成持续的最大生产力和最活跃的活力。人类不仅要管理生态系统，而且要成为生态系统的组成部分。在改造自然的过程中，必须遵循生态系统的规律。坚持生态系统理论是我国社会主义现代化建设的重要科学基础。

思考题

1. 什么是生态系统？生态系统是由哪些要素组成的？
2. 陆地生态系统有哪些主要类型？
3. 简述生态系统结构和功能之间的关系。
4. 用生态系统能量流动理论解释生态金字塔的形成，以及为什么“一山不容二虎”。
5. 试以碳、氮、磷元素为例来说明生态系统气体型和沉积型物质循环的主要特点。
6. 什么是食物链、食物网和营养级？
7. 为什么水土中微量有毒物质或者污染物会对人体健康产生极大的影响？
8. 生态系统中的主要生态因子有哪些？它们的作用特征表现在哪些方面？
9. 简述利比希最小因子定律和谢尔福德耐受性法则。
10. 在人类生产活动中，如何平衡局部利益与全局生态系统的稳定？

第二篇　城市物理环境

第4章　城 市 气 候

彩图

由于城市的发展，城市地区的气候与邻近的农村地区的气候有所不同。城市化极大地改变了景观的形态，也改变了一个地区的气候。城市气候是指城市内部形成的不同于城市周围地区的特殊小气候，它是在区域气候的背景下，由于城市化过程，在人类活动的影响下形成的。其特征与城市化、人类活动的强度密切相关。城市形成后，以水泥、沥青、砖、石、土、陶、玻璃、金属等为材料建造起来的人工地貌体取代了原来的林地、草地、农田、牧场、水塘等自然生态环境，改变了下垫面的性质和城市的空气垂直分层状况；化石燃料的大量使用造成空气污染，改变了大气组成，同时加强了人为热及人为水、气的影响，导致城市内部气候与周围郊区气候的差异。这种差异虽不足以改变城市所在地原有的气候类型，但在许多气候要素上则明显地表现出人类活动对气候的影响。

影响城市气候的因素包括城市规模、城市形态、土地利用类型和地理环境（如地形、海拔和区域气候）。城市和农村气候的一些差异包括空气质量、风的模式和降雨模式的变化，但研究最多的是城市热岛效应。

城市气候同时受到人类活动的强烈影响。大多数气象变量，如温度、热应力、空气污染和风，都受到人类活动的影响。城市系统与农林用地在辐射和热收支的物理边界条件上有很大的不同，尤其是蓄积热通量对城市热收支有很大的影响。城市热岛（urban heat island，UHI）效应是城市气候中一个众所周知且经常被讨论的现象。城市气候通过增加植被周期或改变城市大气的化学成分来改变对生物生长的影响。例如，颗粒污染物（PM_{10}和$PM_{2.5}$）会影响人类健康，特别是在发展中国家和大城市，这个问题越来越重要，因此会在环境质量标准中对其设定一个法定限值。从2003年的热浪开始，城市气候就在政治议程上得到了更多的关注。在许多欧洲国家的大热应力年份，人类的死亡率显著上升。人们认为，由于未来全球气候变化，2003年热应力状况发生的频率将大幅增加。

城市气候学与全球变暖密切相关，因为城市是大量温室气体的排放源，其中最为显著的是二氧化碳，这是人类活动的结果，包括交通、城市开发，以及与加热和冷却需求相关的废弃物处理等。随着城市的发展和居住环境的改变，预计城市将继续发展到21世纪及更远的未来。城市的发展不仅会改变城市本身的环境，也会对城市上方的大气环境产生影响，并导致温室气体的排放增加，加剧全球温室效应。许多城市易受气候变化的预期影响，包括海平面上升、温度变化、降水和风暴频率等。由于大多数城市都仍在发展或拥有位于附近的海岸线，因此大多数城市都会受到不同程度的城市热岛效应和大气污染的影响。考虑到人类居住区集中在这些城市中，这些影响可能是最显著和最戏剧性的，因此城市气候学将重点关注这些方面。

温室气体排放主要来自化石燃料的燃烧，以满足大城市对能源的需求。除了二氧化碳外，其他重要的温室气体还包括水蒸气和一氧化二氮。城市交通、建筑、工业和其他需求的增加导致了温室气体的增加，从而与气温升高密切相关。另外，甲烷的主要来源包括农业、畜牧业和垃圾填埋场。

第 1 节　城市温度与热岛效应

城市的土地利用和占用不断增加，改变了当地的热场，从而导致了城市热岛的形成。城市热岛是指在同一时间城区的气温普遍高于周围郊区的现象，若绘制等温线图，则可见形成等温线闭合状态的高温区，人们将其比作位于周围低温区的乡村海洋中的孤岛，称之为“城市热岛”。这一现象主要归因于城市的低反照率、表面吸热能力及建筑物对太阳辐射的吸收增加等。由太阳辐射和人为活动所产生和吸收的太阳能通过对流加热地表空气，蒸发城市地表系统中的水分，并在建筑和道路等地表材料中储存热量。白天太阳能被储存，在晚上释放，而深色建材和不透水表面会保留大部分太阳能，进一步加剧了热岛效应和热不适。城市地表的反射率也会影响环境温度，例如，在阳光暴晒下，土壤表面温度可达 52℃，而湿润土壤表面温度为 18℃。水分蒸发通常有助于从植物表面释放热量，但大多数热岛地区缺乏绿化，这进一步促进了城市热岛的形成。与自然表面相比，深色人造表面的反照率和热容较低，因此可以提高光化学反应速率和可见光的吸收。此外，人们通过供暖和通风系统（如空调）及汽车尾气排放来释放废热，也会加剧这一现象。城市的扩张会导致更高的地表和空气温度，从而加剧了城市气候热岛化的趋势。

城市地区的混凝土、水泥和金属表面通常会吸收而不是反射热能，导致城市温度升高。城市热岛效应与城市人口密度呈正相关关系。热岛效应对生态系统产生了一系列影响，但只在温带气候中显著。城市热岛效应是城市气候中最显著的特征之一，形成了城市气温高于郊区气温的现象（图 4-1）。

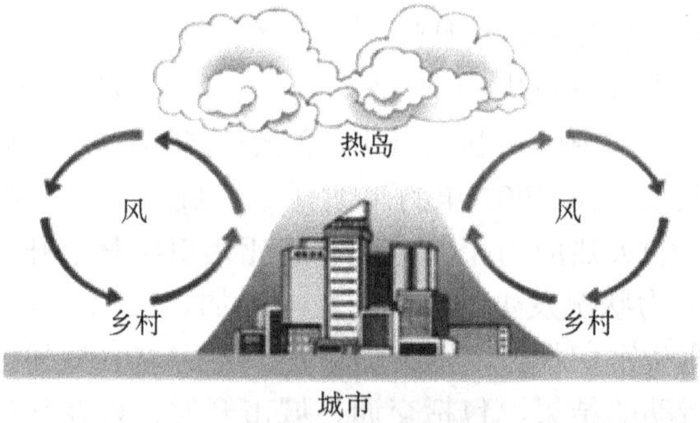

图 4-1　城市热岛效应示意图

城市热岛效应最早可追溯到 19 世纪初，当时英国化学家和气候学家霍华德通过对比观测伦敦城区和郊区的气温，发现了城区气温高于周围郊区的现象。他在《伦敦的气候》一书中将这种现象称为“热岛效应”，这是人类第一次有目的且有文字记载的城市热岛效应研究，也是人类首次关注城市与郊区气温差异的特殊现象。然而直到 1985 年，曼利等才明确提出了城市热岛的概念。

城市热岛概念一经提出，即受到各国学者的关注和重视。近年来，随着城市规模与数量的不断扩大，人类对环境的影响日益显著，大气污染、能源消耗排放等活动所产生的热能远远超出了地球的自然调节能力，导致环境恶化，热岛问题日益严峻。

热岛效应概念自20世纪提出以来，一直是全球学者研究的热点问题。甚至到了今天，全球范围内许多国家将热岛效应的研究提升到国家科技战略的层面。例如，美国环境保护署于1998年启动了“Urban Heat Island Pilot Project”计划，中国也在《国家中长期科学和技术发展规划纲要（2006—2020年）》中将城市热岛效应及人工调节技术列为重点研究项目。虽然热岛效应概念提出已久，但由于技术限制，研究进展缓慢。随着遥感卫星技术的不断发展，如美国的Landsat 9卫星提供了更高精度的时空分辨率，加之国产遥感卫星的快速进步，未来热岛效应领域仍然是一个较为热门的研究方向。随着技术的普及和提升，必将带来创新性的新热点。

城市热环境是在自然气候条件、人为排热及城市地表特征的综合作用下形成的物理环境，其中包括气温、湿度、风速、太阳辐射等因素，是评价城市生态环境的重要依据之一。城市热环境与城市化进程和气候变化密切相关。城市热环境的形成和演变受到土地利用、城市形态、绿化覆盖等多个因素的综合影响，这些因素相互作用，共同塑造了城市热环境的特征。其中，不合理的土地利用是影响城市热环境的主要因素之一（表4-1）。在城市化进程中，高强度的土地利用导致大量的水泥和沥青地面取代了自然地表的土壤覆盖和植被覆盖，使城市的地表温度不断升高，进而加剧了热岛效应。此外，城市形态特征也对城市热环境产生显著影响。研究结果显示，建筑高度、密度、形状、排布与UHI效应强度呈正相关关系。建筑物的外观颜色和材料、城市中的绿化覆盖率及水体也会对城市热环境产生极其重要的作用，如绿色屋顶、白色外墙可以降低室外气温。绿色植被的存在可以吸收太阳辐射能并释放水蒸气，以降低周围环境温度。除了以上三种影响因素以外，交通也是影响城市热环境的重要因素之一。研究表明，城市各功能区对城市热环境的空间分布的贡献存在明显差异，道路交通用地的贡献高达14.92%。

表4-1　南京市2000—2015年期间不同土地利用类型地表温度分布情况　（单位：℃）

土地利用类型	2000年	2005年	2010年	2015年
水体	17.3±0.18	19.0±0.36	19.7±0.20	21.2±0.35
城区	28.6±1.05	30.4±1.08	34.1±1.60	35.2±1.56
草地	22.8±0.50	30.3±1.21	28.2±1.08	29.0±0.66
田地	22.3±0.27	26.7±0.77	26.9±0.71	25.9±0.54
山地及裸地	20.8±0.52	24.0±0.85	25.6±0.49	25.8±0.53

资料来源：丁海勇和史恒畅，2018
注：表中数值为平均值±标准差

根据城市热岛所涉及的环境介质，可将其分为三类，包括地表城市热岛（surface urban heat island，SUHI）、边界层热岛（boundary layer heat island，BLHI）和冠层热岛（canopy layer heat island，CLHI）。其中，SUHI是指城市中心相对于周围乡村地区地表温度升高的现象，是衡量UHI效应的重要指标之一。研究SUHI可以深入了解UHI的形成机制及城市热环境中地表热力学过程的变化。同时，SUHI的研究也可以为城市规划和建设提供参考，有助于规划舒适、健康和可持续的城市空间。

城市热岛形成的主要原因包括以下几点。

（1）城市下垫面　城市下垫面的特殊性质是主要原因之一。相较于郊区，城市的反射率通常要低10%～30%。城区绿地面积较小，而街道、建筑等的材料反射率较低，特别是深色屋顶和墙壁等，它们吸收了更多的太阳能量。城市中建筑密度大，形成了立体的下垫面，在太阳照射下，墙壁、屋顶、路面等组成了复杂的反射面，导致太阳辐射经多次反射和吸收后，反射出来的能量减少。

（2）空气中二氧化碳含量　城市空气中二氧化碳含量比郊区高，而二氧化碳对地面长波辐射有很强的吸收作用。因此，城市的逆辐射通常大于郊区，这也是城市气温较郊区高的原因之一。

（3）建筑材料　城市中建筑材料，如水泥、沥青、砖石等，吸收了更多的太阳辐射，并且具有较高的导热率。这些材料在白天能够吸收并储存大量热量，在夜间通过长波辐射释放热量给近地面的空气。此外，城市大气中的二氧化碳和污染物覆盖层也能吸收长波辐射，导致城市夜间气温较郊区高。

（4）人为热源　城市中人为热源较多，尤其是在冬季。城市中密集的建筑大大减少了地面长波辐射的损失，并且不良的通风条件也不利于热量向外扩散，这使得城市的温度通常高于郊区。

（5）不透水面积　城市中的建筑物、道路和广场通常是不透水的。城市的不透水面积通常占据了50%以上，甚至在一些城市，如上海，这一比例高达80%。当城市降雨后，雨水往往很快通过排水管网排走，因此地面上的蒸发相对较少。相比之下，农村地区有大量的植被蒸腾，疏松的土壤也能够蓄积水分并缓慢蒸发。每蒸发1g水，下垫面将失去约2500J的潜热。因此，城市比郊区更容易出现温度较高的情况。

城市热岛效应的时间变化与昼夜变化密切相关。一般来说，城市热岛效应强度可视为一种夜间现象，其形成主要是由于城乡冷却速率的差异。日落后，乡村地区的冷却速率通常比城市更高，这导致了城市热岛效应的增强。而在日出后，乡村地区的升温速度通常比城市更快，这会减弱城市热岛效应。城市热岛效应的季节变化因区域气候条件和城市人为因素的不同而异。在我国的季风气候区，城市热岛效应强度的年变化一般表现为秋冬季较大，春夏季较小。城市环境通常比周围的农村环境更温暖。城市地区相对于农村地区是点状或更广泛的范围，温度的空间分布随时间的变化而变化，这种变化与人为因素有关。

城市环境中存在着两个大气层。除了城市外的行星边界层外，大气边界层一直延伸到城市上空。城市边界层是由于城市与上层大气之间的热量和湿气交换在空间上的整合而形成的。城市表面对应城市冠层的水平。这个平面上的通量包括来自各个单元的通量，如屋顶、街道、树木、草坪和道路，它们在更大的土地使用分区（如郊区）上进行整合。

城市热岛效应一直是城市生态学和城市气候学研究的重点。城市环境对当地气象条件的影响也一直是城市生态学和城市气候学研究的关注焦点。

第2节　城市湿度

城市的相对湿度通常比周围空气低，这主要是因为城市地区的温度较高，导致城市内的雨水难以被地表吸收并蒸发释放到空气中。相对湿度受到温度影响，温度升高会导致相对湿度降低。此外，城市中几乎没有植被，因此蒸腾作用也很少发生，这进一步减少了空气中的水汽含量。地表径流通常直接排入地下污水系统，因此很少有水分蒸发到空气中，这也降低了城市空气中的水汽含量。更深入地了解城市温度和水汽的贡献和（或）损失将有助于解释城市内相对湿度较低的原因，特别是考虑到相对湿度与温度变化之间的关系。

城市下垫面对低层大气的影响不仅包括热力学方面，还包括动力学方面的影响。当地表气温升高后，近地表大气露点温度上升，饱和水汽压增加。如果实际水汽压不变，相对湿度就会减少。城市空气水分与湿度比周边乡村地区偏低的现象称为“城市干岛”（urban dry island，UDI）效应。研究表明，美国芝加哥市区与郊区的相对湿度差具有明显的季节差异。冬季，芝加哥市区的相对湿度高于郊区，其他季节则低于郊区。在波兰的 Lodz 地区，1997—2002 年的研究发现，城市地区的相对湿度明显低于乡村地区，有时甚至可以达到40%的差异。山东省济宁市的城市化过程对本地相对湿度的影响显示出增加的趋势，并具有明显的季节性变化特征，春季的干岛效应最为显著，秋冬季次之，夏季最弱。在 1976—2015 年期间，北京的城市干岛效应强度呈现波动上升趋势，特别是自 20 世纪 90 年代中期以来，干岛效应强度迅速增加。统计数据显示，1976—1985 年期间的干岛效应强度平均为2.3%，而 2006—2015 年已达到 6.0%，增加了 2.6 倍。

1961—1990 年，长沙及郊县的年及四季的平均相对湿度差值均呈增大趋势，且除夏季外均通过了 $\alpha=0.01$ 的显著性检验（表 4-2）。1991—2010 年，年及四季的平均相对湿度差值均呈减小趋势。其中，年和秋季的差值变化通过了 $\alpha=0.01$ 的显著性检验，夏季和冬季差值通过了 $\alpha=0.05$ 的显著性检验，说明干岛效应主要发生在 1991 年之后。1961—2010 年，长沙和郊县夏季的平均相对湿度差值序列呈显著降低趋势，速率为 0.29%/10 年，且通过了 $\alpha=0.01$ 的显著性检验；冬季的平均相对湿度差值序列则呈上升趋势，速率为 0.21%/10 年，且通过了 $\alpha=0.10$ 的显著性检验。春季和秋季的变化趋势不明显。近 50 年来，长沙的干岛效应主要发生在夏季。

表 4-2 不同时期长沙地区相对湿度变化趋势 （单位：%/10 年）

项目	1961—1990 年线性趋势			1991—2010 年线性趋势			1961—2010 年线性趋势		
	长沙	郊县	差值	长沙	郊县	差值	长沙	郊县	差值
年平均相对湿度	0.51*	0.15	0.36***	−2.38***	−1.54***	−0.83***	−0.17	−0.13	−0.03
冬季平均相对湿度	0.90*	0.20	0.71***	−1.50	−0.64	−0.86**	0.28	0.08	0.21*
春季平均相对湿度	0.16	−0.24	0.40***	−3.45***	−3.29***	−0.16	−0.56	−0.67	0.10
夏季平均相对湿度	0.85*	0.75*	0.10	−2.77***	−1.84*	−0.93**	0.05	0.34	−0.29***
秋季平均相对湿度	0.22	−0.14	0.36***	−1.53	−0.21	−1.32***	−0.34	−0.24	−0.10

资料来源：彭嘉栋等，2017

注：***表示通过 $\alpha=0.01$ 的显著性检验，**表示通过 $\alpha=0.05$ 的显著性检验，*表示通过 $\alpha=0.10$ 的显著性检验

第3节 城 市 的 风

快速城市化导致了城市通风不佳、空气污染、热岛效应显著及流行性传染病暴发等一系列城市问题，严重影响了城市的健康发展与人的身心健康。而上述的城市问题都与风这一物理环境要素密切相关。

与风环境参数高度相关的核心城市形态参数包括：建筑覆盖率（BCR）、容积率（PR）、平均建筑高度（H）、典型建筑高度（H0）、建筑高度标准差（σh）、建筑高度变异系数（σh/H）、建筑长宽比（L/W）、建筑垂直剖面平均距高比（D/H）、平均建筑体积（Vb）、相对粗糙度（Rr）、完全高宽比（λc）、孔隙率（Po）。这些指标的定义详见表 4-3。

表 4-3 所选街区形态参数定义

参数	定义
Area	街区地块面积，一般为街区开发用地面积，单位：hm²
BCR	建筑覆盖率（building coverage ratio，BCR），即建筑密度，具体是指一个项目用地范围内所有建筑的基地总面积与规划建设用地面积之比
PR	容积率（plot ratio，PR），又称建筑面积毛密度，是指一个项目用地上总建筑面积与用地面积的比值，是城市规划中一个重要的土地建设指标
H	平均建筑高度，是由地块内各个建筑根据各自占地面积加权平均所得的建筑高度
H0	典型建筑高度，一般为各个建筑高度排列数列中的众数
σh	建筑高度标准差，是地块内各个建筑相较于建筑平均高度所产生的标准差，该指标反映地块内建筑高度的绝对变化幅度大小
σh/H	建筑高度变异系数，即建筑高度的标准偏差占建筑平均高度的比例，该指标反映地块内建筑高度的相对变化幅度大小
L/W	建筑长宽比，由地块内主要建筑平面的长宽比的算术平均数而来
D/H	建筑垂直剖面平均距高比，为地块内主要建筑与后排遮挡建筑的水平间距（垂直于建筑长度方向）和建筑自身高度的比值，该平均值为算术平均数
Vb	平均建筑体积，由所有建筑体积之和除以建筑物总数而得，该指标可以用来形容建筑物的分散程度
Rr	相对粗糙度，为建筑物体积的标准偏差
λc	完全高宽比，是指建筑物所有表面（包括屋顶和四面墙面）面积和总用地面积的比值
Po	孔隙率，是指空的体积与该介质总体积的比值，对城市而言，则可以认为是有用的开放空间体积与所研究城市的总体积的比值

在北京的研究表明，与近地面风环境（<20m）相关关系密切的街区形态参数主要是平均建筑高度（H）、典型建筑高度（H0）、平均建筑体积（Vb）、建筑长宽比（L/W）及孔隙率（Po），尤其是典型建筑高度（H0）。这些参数值越大，街区平均风速越大，风速变化也越大，低风速区也越小。

城市的风速通常比郊区及农村地区低，这是因为建筑物在城市中起到了阻挡风的作用，类似于防风林的效果。城市中高楼大厦的密集布局会导致风线被阻挡，形成风障区域，降低了风速（表 4-4）。另一方面，长街道上有高楼的地区可能形成风道，风沿着街道吹来，有时也会形成阵风，因为风会围绕建筑物形成涡流。

表 4-4 西安站和泾河站年极大风速对比（2006—2013 年） （单位：m/s）

年份	2006	2007	2008	2009	2010	2011	2012	2013
西安站（城市特征）	15.6	15.0	15.0	12.6	13.9	21.0	14.0	11.3
出现时间	4 月 25 日	2 月 27 日	5 月 3 日	6 月 19 日/8 月 26 日	4 月 12 日	6 月 6 日	7 月 13 日	6 月 8 日
泾河站（郊区特征）	22.7	18.2	25.8	18.3	16.5	17.1	18.5	18.1
出现时间	6 月 9 日	8 月 9 日	7 月 20 日	1 月 23 日	2 月 10 日	3 月 14 日	3 月 19 日	4 月 18 日

资料来源：曹梅等，2016

（1）建筑摩擦的影响　摩擦也是导致城市风速较低的重要因素。由于城市中建筑物的不规则性，有效地增加了近地层的粗糙度。这意味着风在穿越城市时会受到更多的摩擦力，从而减缓风速。因此，随着城市建筑物密度的增加，年平均风速逐渐减小。

（2）街道风的影响　街道的走向、宽度，以及两侧建筑物的高度、朝向和形式的不同，导致不同地点受到的太阳辐射有明显差异。局部形成的热力环流使城市内部产生不同的风向和风速，被称为街道风。以东西向的街道为例：白天，屋顶受热最强，热空气从屋顶上升，与屋顶同一高度的街道上空的空气遂流向屋顶以补充其位置，街道上空又被下沉的气流替代，这样在屋顶上空就形成了一个小规模的空气环流；夜间，屋顶急剧冷却，冷空气下沉到街道，排挤地面上的热空气使之上升，这样又形成与白天不同的街道空气环流。

（3）城市热岛环流的影响　由于城市热岛的存在，城市中的热空气上升，市区形成一低压中心，四周郊区的冷空气向市区辐合，上升的热空气辐散到四周郊区并下沉，如此反复，形成一个缓慢的热岛环流。这很容易促使空气中的污染物质向市区内集聚，使市区大气污染物的浓度增大。

第4节 城市的降水

城市的降水特征受到多种因素的影响。城市更温暖的气候使得热空气更有可能上升，从而形成对流性降雨，即短暂的强降雨和雷暴。相比周围地区，城市气温较高，雨水更容易以液态形式降落，导致城市内的雪量较少。此外，城市地区的灰尘颗粒，尤其是来自燃烧活动的煤烟等颗粒，作为吸湿核，有助于降水的形成。

城市内外的风和对流模式的变化也会对降水产生影响。城市热岛效应、表面粗糙度升高和气溶胶浓度升高是造成这一现象的主要原因之一。城市热岛效应使得城市产生热力对流，从而形成对流云和对流性降水。此外，城市中高低不平的建筑物增加了其表面的粗糙度，不仅会引起机械湍流，而且对降水系统的移动速度有所影响，使其在城市区域滞留时间加长，降水强度增大。城市大气中凝结核的多寡也会影响降水的形成，多的凝结核有助于水汽凝结和雨滴增大，从而增加降水量。例如，北京市在1981—1987年期间，城区平均降水量比郊区增加了9%；上海市在1960—1989年期间，市区汛期年平均降水量比郊区多3.3%～9.2%；而广州市在20世纪70年代，市区的平均降水量比郊区多了9.3%。美国对圣路易斯市的实验研究（1971—1975年）也表明，城区夏季降雨次数、总雨量和大暴雨的平均雨量都明显增加，同时雷雨发生次数也增多。

目前城市化对区域降水的作用尚存在争议，许多研究发现城市化导致了城市地区强降水事件增多，城市内涝风险剧增。其中，城市热岛效应被证实是城市化过程中影响城市降水机制变化的主要原因。诸多研究表明，由城市化引发的城市热环境增强了大气的不稳定性，促进了对流天气的发生，使得局部的短时强降水往往集中在城区范围。例如，Chen等（2015）通过CMORPH卫星数据分析发现，短时大雨事件对珠三角市区的影响更为显著，下午珠三角市区的降水量明显多于周边农村地区。Tapiador等（2015）通过WRF模拟评估发现大阪的城市化改变了降水和蒸发的时空分布格局，由于下午和傍晚时段感热通量的增加促进了对流云的形成和发展，使得市区降水增多，周边地区降水减少。然而，不少研究也表明了城市化对城市降水的抑制作用，其中“城市干岛”现象最为突出，主要物理机制为城市的扩张抑制了地表蒸腾，导致了土壤和植被向上供应水分的减少，大气相对湿度降低，从而减少了大气不稳定能量和降水。城市化对降水具体的影响机制，很大程度上还受到当地天气条件和地形环境特征的制约。吴燕汶等（2023）发现1991—2021年，昆明城郊两站点的强降水量和强降水频次呈现上升趋势。其中，昆明城区强降水量与强降水频次变化趋势接近郊区的两倍，城郊差异较大。城市化对城区强降水量和强降水频次的贡献率分别达到47%和

40%，说明城市化对昆明强降雨具有促进作用。进入 21 世纪以来，昆明城区总降水量减少，昆明城区湿季强降水量和强降水频次在总降水中的占比不断上升，并以显著速率表现在近 17 年（2005—2021 年）的快速城市化阶段，进一步体现了昆明城区强降水变化与城市化进程的密切联系。通过快速城市化时期城市热环境与强降水变化的昼夜相关分析表明，城市化反映的城市热环境对城区强降水有促进作用，而这种作用以高显著性主要表现在夜间。

表 4-5 为中国各地区平均 pH 和离子浓度的比较。中国各地区 pH 在 21 世纪初普遍偏低，自 2010 年以来有了明显增加，但 pH 空间分布不均匀，如西南地区与华南地区 pH 普遍偏低（年均 pH 低于 5.0）。全国酸雨分布区域集中在长江以南、云贵高原以东地区；而西北地区和东北地区 pH 最高（年均 pH 均超过 7.0）。我国北方城市整体降水 pH 明显高于南方城市，可能与北方土壤中含有大量碱性物质有关。与沈阳、北京、济南、兰州和乌鲁木齐等北方城市相比，中国东南部的上海、厦门和珠海等城市降水中的酸性离子（SO_4^{2-}和 NO_3^-）浓度明显较低，然而这些东南部城市的降水酸度仍然相对较高，可能与东南地区的碱性离子（Ca^{2+}和 NH_4^+）浓度也远低于中国北方城市有关。

表 4-5　中国各地区的平均 pH 和离子浓度比较　（单位：μEq/L）

城市	时间范围	pH	Ca^{2+}	Mg^{2+}	NH_4^+	K^+	Na^+	SO_4^{2-}	NO_3^-	Cl^-	F^-
沈阳	2018—2022	7.11	214.5	38.8	131.4	8.9	29.6	141.5	81.9	38.4	6.7
北京	1999—2004	5.25	172.3	29.8	183	12.5	15.5	161.5	72.2	16.8	—
	2007	4.55	168.1	—	188.5	—	—	204.2	71.8	—	—
	2008—2009	6.14	269.5	49.4	257.5	11.5	16.9	238.8	104.8	31	6.6
	2010	4.6	96.6	17.4	263.9	2.8	5.9	181	90.4	14.2	6.5
	2013—2014	6.55	276.6	67.1	220.6	27.4	41	252.1	93.8	49.7	—
	2016—2017	6.97	96.5	13.7	185.1	9.5	21.8	52.9	55.2	25.2	16.6
济南	2001—2020	5.93	310	55.4	179	22.4	73.1	342	102	75.5	22.4
西安	2000—2021	6.62	534.7	56.7	164.2	29.6	78.1	515.1	70.5	58.5	—
兰州	2019—2020	7.53	836.4	103	278.8	96.2	189.4	702.7	258.2	135.9	19.3
乌鲁木齐	2010—2011	6.19	864.9	56	140.5	14.6	82.2	437.1	38.9	44.5	11
	2017—2019	7.95	21.9	1.9	2.9	2.3	9.5	29	4.3	9.5	0.6
重庆	2000—2021	4.74	203.4	19	176.7	15.2	9.8	310	89.4	21.5	—
上海	2007—2008	5.52	90.5	—	180.6	—	79.6	154.9	88.9	—	—
	2008—2009	4.51	282.9	22	91.1	14.7	44.8	144.4	44.5	66	19.8
南京	2017—2020	6.13	90.8	22.2	58.9	29.1	45.5	54.9	46.9	53.4	24
厦门	2000—2021	4.98	105	13.3	49.2	9.5	24.6	79.7	42.5	40	—
珠海	2000—2021	4.96	52.8	17.9	52	9	56.6	76.9	35.5	59.9	—

资料来源：程昳璇等，2024.

思考题

1. 阐述城市气候的主要特点，并说明城市气候与非城市气候有哪些不同。
2. 你认为气候变化对城市气候和非城市气候，哪个的影响更大？
3. 城市气候形成的主要原因有哪些？
4. 什么是城市的“热岛效应”？热岛效应是如何影响一个城市的大气温度的最高值和

最低值的？

5. 为什么城市气候会呈现“热岛”和“干岛”特征？

6. 如何改良城市的局部气候或者个别气候因素？

7. 用具体事例描述你所熟悉的城市中人类活动对某个气候因素的影响和结果。

8. 城市的形成是否导致降水量的增加或者减少？为什么？

9. 阐述城市湿地在调节城市气候方面的作用。

10. 解释城市立体绿化建设与城市气候调节的关系。

彩图

第5章　城市土壤

城市土壤环境是指城市区域内土壤的物理、化学和生物特性及其与生态系统、人类健康和城市发展之间的相互作用。相比于自然土壤，城市土壤受到人类活动的强烈影响，其形成过程和性质与原生土壤存在较大差异。城市土壤通常具有较高的机械扰动程度，受建筑、交通、工业排放和人类活动的影响，表现出结构破碎、紧实度高、有机质含量较低、营养元素失衡等特点。此外，城市化进程导致地表覆盖率增加，土壤透水性下降，影响地下水的补给和污染物的扩散。城市土壤的空间异质性较强，在同一城市区域内，由于土地利用方式不同，土壤性质可能有很大差异。例如，公园和绿地的土壤通常有较高的有机质含量，而道路旁的土壤则可能富集重金属和其他污染物。城市土壤还具有较强的累积性和承载性，长期暴露在污染源影响下，会导致污染物积累并影响土壤生态功能。因此，研究和管理城市土壤环境对于改善城市生态系统、提高土地利用效率和保障居民健康具有重要意义。

城市土壤污染主要来源于工业、交通、建筑、生活垃圾等人类活动，导致重金属和有机污染物积累、养分失衡及固体废弃物堆积等问题。重金属污染源包括工业排放、交通尾气和建筑垃圾，这些污染物难以降解并长期滞留土壤中，威胁生态系统和人类健康。石油化工、塑料制品和生活垃圾等产生的有机污染物，会影响土壤微生物，甚至通过地下水扩散，扩大污染范围。此外，过量的化肥使用和污水灌溉可能导致土壤富营养化或盐碱化，影响植物生长。固体废弃物堆积会使土壤理化性质恶化，局部区域土壤功能丧失。污染物不仅影响土壤质量，还可能通过水、空气等途径扩散，造成多方面的生态和健康风险。因此，如何有效治理和保护城市土壤环境，是实现城市可持续发展的关键。

为改善城市土壤环境，城市土壤修复与保护措施应综合采用物理、化学和生物手段。物理修复方法包括换土、深翻和土壤覆盖，通过去除污染物或增加土壤通透性来降低污染浓度。化学修复则利用石灰、磷酸盐等化学试剂，调整土壤 pH、固定污染物，减少其生物有效性。生物修复技术通过植物和微生物的作用，如植物萃取和微生物降解，有效去除或降解土壤中的污染物。此外，生态修复通过城市绿化、透水铺装和雨水花园等措施，优化土壤生态系统，增强其自净能力和生态功能。政府在其中发挥着重要作用，需加强土壤环境质量监测，制定污染防治政策，并推动生态农业和绿色建筑等可持续发展措施。通过政策、技术和公众参与的共同作用，城市土壤污染有望得到有效治理，实现绿色、低碳和可持续发展。

第1节　城市土壤概念

土壤是地球上赖以生存的主要自然资源之一，同时也是生物地球化学循环的储存库，对环境变化具有高度敏感性。城市土壤是在地带性土壤背景下，在城市化过程中受到人类活动影响而形成的一种特殊土壤。尽管一些土壤已经被人工彻底破坏，地表被建筑材料覆盖，但仍然暴露的土壤，也因人类活动的影响而发生了物理性质、化学性质和生物组成等方面的变化。

城市土壤是指受到人类活动强烈影响的、非农用的，由于土地的混合、填埋或污染而形成的厚度大于或等于 50cm 的城市或郊区土壤。这些土壤广泛分布于公园、道路、体育场、城市河道、城郊、垃圾填埋场、废弃工厂、矿山周围，或被建筑和工业设施所覆盖的区域。城市土壤的特性可以描述为城市污染源和输入形式的集合体。不同类型的城市土壤可能受到不同程度的人类活动影响，具有特定的污染模式。城市土壤污染物有多种典型的污染源和输入形式。城市土壤的性质可以用三种类型来描述：挑战自然土壤的城市化土壤、技术基质土壤和封闭土壤。因此，城市土壤的成因具有一定的典型性，与天然土壤的成因有所不同。

城市土壤是城市生态系统的重要组成部分，具有多重功能，包括自然功能、档案功能和土地利用功能。通过对城市土壤景观的推导，可以绘制城市土壤图，以便更好地了解土壤的分布和特性。城市土壤主要分为城市原土（未被人类活动显著改变的自然土壤）和城市人为土（因人类活动如填垫、扰动形成的人工或改造土壤）。城市土壤的形成受到多种因素的影响，包括土地利用方式、废弃物处理方式、城市规划和建设活动等。在城市化过程中，土地被大规模改造和开发，原有的土壤被移除、覆盖或污染，导致城市土壤的特殊性质和污染问题。城市土壤的污染主要源自工业排放、交通尾气、垃圾填埋、化学品和化肥的使用等人类活动。这些污染物会渗入土壤中，影响土壤的物理、化学和生物特性，进而影响城市环境和人类健康。

在城市土壤的管理和保护方面，需要采取一系列措施，包括土壤修复、环境监测、污染治理、合理利用土地资源等。此外，加强公众环境意识、加强环境法规和政策的制定与执行也是保护城市土壤的重要举措。总之，城市土壤作为城市生态系统的重要组成部分，其质量和健康状况直接影响城市环境和人类居住的舒适度和安全性。因此，加强城市土壤的管理和保护，促进城市土壤的健康发展，对于实现可持续城市发展和人类福祉具有重要意义（图 5-1）。

图 5-1　城市化影响土壤动物多样性和群落组成的主要途径（姚海凤等，2022）

第 2 节　城市土壤特点

城市在发展过程中，一般是从土地的开发开始的。由于人类在城市中的活动方式和内容多样化，城市土壤的形态也多样。有的被剥去了表土，心土露在外面；有的如路旁树木周围的土壤，仅仅是土壤物质的堆积。经过人为活动的影响形成土壤，是城市土壤的一大特点。管东生等（1999）对广州城市绿地土壤特征开展了较为详细的研究。研究结果表明，行道树周围的土壤与公园和大学校园树林土壤有明显的不同。前者由于人为压实降低了土壤的孔隙度，从而降低了土壤的持水能力和通气性能，增加了植物根系生长的阻力；同时普遍存在 pH 高及有机质、氮和磷含量低等特点。

北京市中心城区城市森林研究结果整体表现为随土壤深度的增加而土壤 pH 递增，0～20cm 和 40～60cm 深度土层间差异显著（$P<0.05$）（表 5-1）。土壤有机质和有效磷的含量在 0～20cm 土层分别与 20～40cm 和 40～60cm 土层均存在显著差异，土壤全氮和碱解氮在 0～20cm 和 40～60cm 土层间差异显著，且随土壤深度的增加而显著递减。各土层土壤容重、电导率、有效钾在不同样方间不存在显著差异。

表 5-1　北京市中心城区城市森林土壤理化性质统计分析

土层深度 /cm	容重 /（g/cm^3）	pH	EC /（μS/cm）	有机质 /（g/kg）	全氮 /（g/kg）	碱解氮 /（mg/kg）	有效磷 /（mg/kg）	有效钾 /（mg/kg）
0～20	1.17 ± 0.15^{a}	7.81 ± 0.13^{c}	144.74 ± 44.30^{a}	26.73 ± 8.29^{a}	1.28 ± 0.55^{a}	75.99 ± 28.17^{a}	27.99 ± 8.79^{a}	284.40 ± 77.06^{a}
20～40	1.18 ± 0.15^{a}	7.89 ± 0.12^{ab}	131.44 ± 27.36^{a}	20.30 ± 8.22^{b}	1.02 ± 0.66^{ab}	61.27 ± 30.85^{ab}	22.81 ± 6.97^{b}	284.47 ± 89.03^{a}
40～60	1.21 ± 0.15^{a}	7.97 ± 0.13^{a}	139.16 ± 44.81^{a}	19.24 ± 6.66^{b}	0.77 ± 0.39^{b}	53.81 ± 19.79^{b}	20.58 ± 6.78^{b}	235.00 ± 66.29^{a}

资料来源：向珩等，2024

注：表中同列不同小写字母表示差异显著（$P<0.05$）

城市土壤具有以下特点。

（1）土壤污染严重　根据性质不同，土壤污染物可分为物理、化学和生物污染物。这些污染物对环境产生多方面影响，包括水质、大气、固体废弃物、生物和综合污染。

（2）土壤的坚实度较高　在城市地区，土壤的坚实度明显高于郊区。通常，越靠近地表，土壤的坚实度越高。然而，这种增加的坚实度导致土壤通气性下降，氧气供应不足，对树木根系的呼吸和其他生理活动产生不利影响，甚至可能导致根组织窒息死亡。

（3）土壤贫瘠化现象普遍存在　市区内植物的枯枝落叶被清除，中断了土壤营养元素的循环，降低了土壤有机质含量。城市垃圾中的养分有限且难以被植物吸收，因此土壤的总养分供应相对减少。此外，城市中铺装混凝土和沥青等封闭地面也严重影响了土壤与大气之间的气体交换，使土壤缺乏氧气，不利于有机物质的分解，减少了养分的释放。

（4）土壤含水量较低　城市地面的硬化铺装减少了降水后土壤的水分补给。另外，城市热岛效应导致的土壤水分过高蒸发也进一步减少了城市土壤的含水量。

（5）土壤的酸碱度受到影响　城市内工业排放、交通尾气及人为活动产生的化学物质会改变土壤的 pH，使其更加酸性或碱性，影响土壤中微生物的活动和植物的生长。

（6）土壤结构破坏严重　城市建设和人类活动破坏了土壤的结构，如挖掘、填埋和建筑工程等，导致土壤层次混乱、孔隙度减少，影响土壤的通气性、保水性和根系生长空间，进而影响植物的生长和生态系统的稳定性。

（7）土壤中重金属和有机污染物含量高　城市内的工业废水、废气及生活垃圾等排放物中含有大量的重金属和有机污染物，这些物质长期积累于土壤中，对土壤生态系统和人类健康构成潜在威胁。综上所述，城市土壤的特点受到多种因素的影响，需要采取有效措施保护和修复城市土壤，以维护城市生态环境的健康和可持续发展。

乌鲁木齐市核心城区不同类型绿地土壤中 6 种重金属元素的分析结果如表 5-2 所示。通过与乌鲁木齐市区域土壤背景值比对分析可知，城市公园绿地土壤重金属的平均含量均超过了背景值。除 Ni 含量与背景值含量相接近外，Cr 和 Cu 含量高出背景值近 1.5 倍，而 Cd、Pb 和 Zn 含量高出背景值近 2 倍。交通枢纽绿地土壤除 Ni 含量与背景值含量相接近外，Cr、Cu 和 Zn 含量高出背景值近 2 倍，Cd 含量高出背景值近 2.5 倍，而 Pb 含量高出背景值超过 3.5 倍。这表明交通枢纽绿地土壤已表现出较强的 Pb 和 Cd 富集特征。

表 5-2　乌鲁木齐市核心城区不同类型绿地土壤重金属含量及土壤重金属背景值　（单位：mg/kg）

重金属元素	Cd	Cr	Cu	Pb	Zn	Ni
城市公园绿地	0.24	78.30	35.05	37.92	128.46	31.01
交通枢纽绿地	0.31	90.23	56.62	68.91	155.37	34.20
背景值	0.12	49.30	26.70	19.40	68.80	26.60

资料来源：梁樑等，2023

第3节　城乡土壤的比较

1. 污染程度　城市土壤由于工业排放、交通尾气等因素的影响，污染程度较高。根据污染物的性质，可将土壤污染物分为物理污染物、化学污染物和生物污染物，其影响包括水质污染、大气污染、固体废弃物污染、生物污染和综合污染。城市土壤中常含有重金属、有机物等有害物质，这些物质对人类健康和生态环境构成潜在威胁。相比之下，农村土壤通常没有那么严重的污染问题，但也面临着农药、化肥等农业活动带来的污染挑战，尤其在大规模农业生产地区，土壤污染问题也逐渐显现。因此，加强城乡土壤环境监测和治理工作，是保护土壤生态环境、维护人类健康的重要举措。

2. 植被覆盖率　城市土地被大量建筑物覆盖，植被覆盖率较低。这导致城市土地表面暴露在阳光下，容易受到热岛效应的影响，土壤水分蒸发速度增加，同时降雨时土壤的保水能力较差，易造成城市内部的洪涝灾害。而农村土地通常有较高的植被覆盖率，植被能够保持土壤表面的覆盖，减少水分蒸发，防止土壤侵蚀，促进土壤水分的渗透和循环利用，有利于土壤的保水和保持肥力。因此，在城市规划和建设中，应当注重增加绿地覆盖率，引入绿色景观和生态廊道，以改善城市环境、减轻气候变化对土壤的影响。

3. 土壤湿度　城市土壤通常比农村土壤更干燥，这是由于城市建筑物和道路的大量铺设，使地表水循环量减少。城市地面的硬化铺装限制了雨水的渗透和土壤的水分补给，导致降水后土壤水分含量仍然减少。与此同时，城市热岛效应使得土壤表面温度升高，加速了土壤水分的蒸发，进一步降低了土壤的含水量。这种情况不仅影响了城市植物的生长和生态系统的稳定性，也增加了城市的干旱和水资源管理的挑战。因此，需要通过增加绿地、改善排水系统等措施来缓解城市土壤的干燥问题，提高土壤的湿度和水分利用效率，保障城市生态环境的可持续发展。

4. 土壤肥力　城市土壤中通常含有大量的重金属等有害物质，这些物质会降低土壤的肥力和生产力。市区植物的枯枝落叶作为垃圾被清除运走，使土壤营养元素循环中断，降低了土壤有机质的含量。除此之外，城市生活垃圾中的养分往往难以被植物有效吸收，加剧了土壤肥力的减少。此外，城市行道树周围铺装混凝土、沥青等封闭地面，严重影响了土壤与大气之间的气体交换，导致土壤中氧气含量降低，不利于有机物质的分解和养分的释放，进一步削弱了土壤的肥力。相比之下，农村土壤相对较为天然，肥力较高，更适合农业生产。然而，近年来农村地区也面临着化肥、农药过量使用等问题，这些因素也对土壤肥力和生态系统造成一定程度的影响，需要采取综合性的土壤保护和改良措施来确保土壤的持续肥沃和农业的可持续发展。

5. 土壤坚实度　在城市地区，土壤坚实度明显大于郊区和农村的土壤。这主要是由于城市建设中的大量人工填筑和铺设，以及车辆和行人频繁通行所致。一般来说，土壤的坚实度随着深度增加而增加，即越靠近地表，土壤坚实度越大。然而，土壤坚实度的增加会导致土壤孔隙空间减少，通气性下降，氧气供应不足，对树木根系的呼吸和其他生理活动产生不利影响，严重时可导致根组织窒息死亡。总的来说，城市土壤与农村土壤相比存在显著差异。城市土壤往往受到更严重的污染和人为干扰，其坚实度、肥力、湿度等特性受到更多影响。在城市建设中，应加强对土地利用的规划和管理，采取有效措施减少土壤污染，保护城市土壤资源，以维护城市生态环境和人类健康。

第 4 节　城市土壤的污染

土壤污染是指污染物通过各种途径进入土壤，并超出土壤的自净能力，导致土壤的组成、结构和功能发生改变。这些有害物质在土壤中逐渐积累，并通过食物链进入人体，最终危害人体健康。经过相关调查发现，土壤污染主要源自生活、工业和农业污染。同时，一些地区的地表水也受到了重金属元素的超标污染。因此，环境管理应强化对土壤污染的管控与修复，以改善土壤环境质量、防控土壤环境风险、保障农产品和人居环境安全为目标，严控新增土壤污染。为了加强土壤保护，应鼓励工业企业集聚发展，提高土地节约和集约利用水平，减少土壤污染。同时，加强未利用地的环境管理，防范建设用地新增污染；加强工业固体废弃物的处理处置与综合利用，防止污染地下水；防治农业面源污染，严控新增土壤污染。此外，应建立土壤污染治理修复的全过程监管制度，并依法对土壤污染治理修复责任方实施终身责任追究。

城市化和工业化对城市地表覆盖的土壤进行改造，不仅破坏了自然土壤的物理、化学属性，改变了原有的微生物区系，还导致一些人工污染物进入土壤，引发农作物受害和减产。城市土壤污染的来源主要包括三个方面。首先，水污染是造成土壤污染的重要来源之一。城市内的工业废水、生活污水及农业排放物可能含有各种有害物质，如重金属、化学物质和有机污染物，这些物质通过地表径流或渗透进入土壤，造成土壤的污染。其次，大气污染也是城市土壤污染的重要原因之一。城市中的工厂排放废气、汽车尾气等大量有害气体在空气中传播，随着降雨或风的作用，这些污染物可能沉积到土壤表面，引起土壤污染。最后，固体废弃物也是导致城市土壤污染的重要因素。城市生活和工业活动产生的废弃物，如垃圾堆填、废弃建筑物等，可能含有各种有毒化学物质和有机物，这些废弃物长期堆积在土壤中，渗出的液体可能对周围土壤造成污染。综上所述，水污染、大气污染和固体废弃物是城市土壤污染的主要来源，对这些污染源进行有效管理和控制至关重要，以保护城市土壤环境和人类健康。

近年来，城市土壤污染问题备受关注。研究表明，与非城区的自然土壤相比，城市土壤的全氮和水解氮含量较低，但磷含量显著偏高，且磷的富集现象较为严重。这可能是由于城市中人为活动和大量含磷废水及垃圾的混入，使城市土壤中全磷和有效态磷的含量明显高于森林土壤和农田土壤水平。

1. 根据污染物进入土壤的方式，城市土壤污染可分为以下类型

（1）水污染型的土壤污染　水污染造成的土壤污染主要是由污水灌溉引起的。这种污染在空间上表现为靠近污水源头和城市工业区的灌溉区域土壤污染较重，而远离这些区域的土壤几乎不受污染。长期以来，很多地区采用污水进行灌溉，尤其是在缺乏清洁水资源的情况下。然而，许多地方的污水处理设施未能达到适当的处理标准，甚至存在完全未经处理的情况，导致污水中的有害物质直接进入绿地、林带等区域的土壤中。这些有害物质包括重金属、有机物、细菌和其他污染物，对土壤和作物系统造成了严重污染。长期以来，土壤中的有毒物质积累，影响了土壤的肥力和健康状况，同时也对乔木、灌木等植物的生长产生了负面影响，限制了它们的生长和发育。此外，污染的土壤还容易导致病虫害的频繁暴发，进一步损害了作物的生长和产量。因此，加强对污水处理和合理利用的管理是减轻水污染对土壤的影响、保护土壤环境和促进农业可持续发展的关键举措之一。

（2）大气污染型的土壤污染　城市工业生产、交通运输等活动排放的废气，以飘尘、降尘等形式沉积到土壤中，导致土壤污染。大气污染造成的土壤污染主要源自工业或民用燃烧排放的废气，其中包括二氧化硫（SO_2）、颗粒物（包括飘尘）及来自特定工业过程的有害气体，如含氟废气等。这些废气中常含有铅、镉等重金属，以及其他污染物。这些污染物以气溶胶的形式悬浮于大气中，在自然过程中沉降到地面，包括土壤表面。在土壤中，重金属等污染物通常具有较小的移动性，不容易被水淋滤，也不易被微生物降解。然而，它们可能在土壤中长期残留，对土壤生态系统产生不利影响。此外，这些污染物也可能通过食物链进入人体，潜在危害极大。因此，减少大气污染源头的排放、加强大气环境的监测和管理，以及采取有效的土壤修复和保护措施，对于减轻大气污染对土壤的影响至关重要。

（3）固体废弃物型的土壤污染　固体废弃物，通常称为垃圾，是指在生产建设、日常生活和其他活动中产生的污染环境的固态、半固态废弃物质。这些废弃物包括生活垃圾、工业废料、建筑废弃物等，其中可能含有各种有害物质，如重金属、有机物、化学物质等。固体废弃物经过简单处理、堆填或焚烧等之后，如果未经妥善处理，可能导致其内部有害物质渗透到土壤中，造成土壤的污染。这种污染不仅影响土壤的肥力和生态系统的稳定性，也会对周围的水体和生物造成不利影响。因此，妥善处理和管理固体废弃物，避免其对土壤环境造成污染，是环境保护和可持续发展的重要举措之一。

2. 土壤污染可导致以下几种类型的污染

（1）重金属污染　不同土地利用状况、人类活动强度、污染累计时间和与污染源的距离等因素导致不同程度的重金属污染。城市污灌区土壤和作物受害程度主要取决于污水中污染物的性质、浓度、灌溉方式，以及土壤的背景值和环境容量。重金属污染是城市土壤资源面临的严重问题之一，它影响了土地资源的可持续利用和生态环境的健康。在城市建设和发展过程中，城市内部污水处理系统的不完善，导致废水中含有大量的重金属等有害物质。这些污水未经充分处理就被排放，或者渗漏到土壤中，进而污染了城市土壤资源。重金属物质在土壤中难以降解，长期积累导致土壤中重金属含量不断升高。尽管自然的净化过程会逐渐降低重金属污染物的浓度，但这需要漫长的时间。同时，采用人工手段治理城市土壤重金属污染也面临着巨大的难度和成本。因此，城市土壤重金属污染问题不仅威胁着土地资源的可持续利用，也给城市环境和人类健康带来了严重的风险。应对城市土壤重金属污染，需要加强污水处理系统的改善，严格控制重金属污染物的排放，以及采用有效的土壤修复技术，以保护城市土地资源的可持续利用和人类健康。

广州市城市公园表层土壤重金属含量结果如表 5-3 所示。通过与广东省区域土壤背景值的比对分析可知，所有重金属的平均含量均超过了背景值。其中除了 Cr 和 Ni 的含量与背景值相接近外，Pb 和 Cu 的含量高出背景值近 2 倍，Zn 的含量高出背景值近 3 倍，而 Cd 的含量高出背景值近 10 倍。

表 5-3　广州市城市公园表层土壤重金属含量　（单位：mg/kg）

重金属元素	Cd	Cr	Cu	Pb	Zn	Ni
含量分布	0.04～1.18	22.48～106.40	14.13～109.42	43.29～107.19	48.67～217.58	11.67～41.59
平均值	0.54	58.55	37.59	64.71	131.04	23.16
背景值	0.056	50.5	17.0	36.0	47.3	18.2

资料来源：谢邵文等，2022

（2）*有机物污染*　土壤有机物污染已经成为全球各国关注的焦点之一，在各种环境污染中占据重要位置。大多数有害有机污染物都属于挥发性有机化合物（volatile organic compound，VOC），它们通过挥发、淋溶和浓度梯度扩散等方式在城市土壤中迁移或释放到空气和水体中，对人类的健康和环境造成严重威胁。多环芳烃（polycyclic aromatic hydrocarbons，PAHs）等有机物被广泛列为优先控制对象。城市土壤中的有机物污染形成一定的空间结构，受到土壤理化性质和环境因素的影响。研究发现，PAHs 的浓度在不同地点存在中度或强烈的变异性，这表明城市土壤中的 PAHs 含量受到人为或自然因素的显著影响，呈现明显的空间差异。

有机物污染是城市土壤面临的一个严重的现实问题，其主要原因之一是化学农药的不合理使用。有机氯农药、有机磷农药等化学农药在农业生产中的大量使用导致了城市土壤的严重有机物污染。这些化学农药在土壤中残留时间较长，不仅影响了土壤生物多样性和生态系统的稳定性，还可能通过径流和渗透进入地下水，对城市内部的水环境造成不利影响。有机物污染还严重破坏了城市土壤的生态服务功能，影响了土壤的肥力和透水性，从而影响了城市的绿化和农业建设。此外，苯类物质和甲烷等有机污染物也是城市土壤有机污染的常见来源，它们进一步降低了城市土壤的质量，影响了城市的商业规划和可持续发展。因此，采取有效措施减少化学农药的使用、加强土壤修复和保护工作，对于减轻城市土壤有机物污染的影响至关重要。

土壤中 PAHs 的含量往往随城市化水平的不同而呈现差异。我国城市土壤中 PAHs 的平均含量为 2802ng/g，明显高于农村地区土壤（158ng/g）。我国表层土壤中 PAHs 的含量沿城乡梯度逐渐下降，呈现城市（1243ng/g）>郊区（525ng/g）>农村（278ng/g）的特点。

（3）*病原微生物污染*　病原微生物污染是城市土壤面临的另一个严重问题，主要源于生活污水中的病原微生物。生活污水未经适当处理就被排放，其中携带的病原微生物可能渗透到土壤中，对土壤环境和人体健康构成威胁。尤其是在部分地区，污水处理系统不完善或者生活污水未经充分处理就直接排放，导致了水系和土壤的严重污染。尽管近年来，对环境治理的关注度不断提高，许多城市开始完善污水处理系统并加强工业废水的处理与排放管理，但仍有一些地区存在污水未经处理就排放的问题。这种现象对生态环境造成了破坏，也严重威胁了人们的身体健康。

针对病原微生物污染问题，城市管理部门应加强污水处理设施的建设和维护，确保污水得到适当处理后再排放。同时，加强对工业生产过程中污水的治理和监管，防止工业废水对土壤和水环境造成污染。此外，加强对污染源的监测和治理，提高人们的环境保护意识，对于减少病原微生物污染、保护城市土壤环境和维护人民健康至关重要。

土壤微生物群落组成与土壤环境紧密相关。城市化发展过程造成土壤环境变化，进而影响城市土壤微生物群落组成及分布特征。随着高通量测序技术的广泛应用，当前我们对城市土壤微生物群落组成已有了深刻的认识。基于已有的研究，研究发现城市土壤细菌的优势菌门是变形菌门、酸杆菌门、拟杆菌门、放线菌门、芽单胞菌门和疣微菌门，土壤真菌的优势菌门（相对丰度>1%）主要包括子囊菌门、担子菌门和接合菌门（表 5-4）。

表 5-4 城市土壤微生物群落组成

研究区域	研究对象	环境梯度	微生物类群	优势菌门
中国 16 个城市	公园土壤	—	细菌	变形菌门、放线菌门、酸杆菌门、浮霉菌门、绿弯菌门、拟杆菌门
中国广东东莞	公园土壤	城市-郊区-农村	细菌	变形菌门、酸杆菌门、放线菌门、疣微菌门、WPS-2、浮霉菌门、绿弯菌门、拟杆菌门
			真菌	子囊菌门、担子菌门、接合菌门
美国纽约	绿色基础设施土壤/生长介质	街边绿地-城市森林	细菌	变形菌门、酸杆菌门、拟杆菌门、放线菌门、疣微菌门、浮霉菌门、绿弯菌门
西班牙加利西亚	海滩沙丘	城市海滩-自然海滩	细菌	变形菌门、放线菌门、酸杆菌门、拟杆菌门
美国纽瓦克	树木根际土壤	城市-郊区-农村	细菌	浮霉菌门、变形菌门、绿弯菌门、酸杆菌门
中国北京	公园土壤	现代公园-古典公园	细菌	酸杆菌门、变形菌门、绿弯菌门、放线菌门
中国福建	草坪土壤	城市-郊区-自然区域	细菌	变形菌门、酸杆菌门、放线菌门、装甲菌门、厚壁菌门、疣微菌门
美国芝加哥	公园/街道/居民区绿地土壤	人口密度/绿地类型	细菌	变形菌门、酸杆菌门、拟杆菌门、疣微菌门、放线菌门
芬兰赫尔辛基、拉赫蒂	公园土壤	公园年龄：10 年，50 年，>100 年	细菌	变形菌门、酸杆菌门、放线菌门、绿弯菌门、芽单胞菌门、硝化螺旋菌门
			真菌	子囊菌门、担子菌门、接合菌门、球囊菌门、壶菌门
中国北京	公园/街道/居民区绿地土壤	城市环路：2 环、2～3 环、3～4 环、4～5 环、5 环	细菌	变形菌门、酸杆菌门、拟杆菌门、放线菌门、芽单胞菌门、疣微菌门
中国北京	公园土壤	公园年龄：10 年，30 年，>100 年	细菌	变形菌门、酸杆菌门、拟杆菌门、放线菌门、芽单胞菌门、疣微菌门、浮霉菌门
美国纽约	绿色基础设施土壤/生长介质	绿色屋顶-街旁洼地-非工程化绿色基础设施	细菌	变形菌门、放线菌门、酸杆菌门、拟杆菌门、浮霉菌门、疣微菌门、厚壁菌门、绿弯菌门、芽单胞菌门
			真菌	子囊菌门、担子菌门、被孢霉门、球囊菌门、油壶菌门
中国北京	公园/居民区/街道绿地土壤	公园-街道-居民区-工业区绿地	细菌	变形菌门、酸杆菌门、绿弯菌门、放线菌门、芽单胞菌门、拟杆菌门
中国北京	公园土壤	公园年龄	真菌	子囊菌门、担子菌门、被孢霉门、壶菌门、隐真菌门

资料来源：闫冰等，2022

第 5 节　城市土壤污染修复及保护措施

针对城市土壤污染问题，需要实施一系列的修复和保护措施，以确保城市土壤的健康和生态环境的稳定。

（1）*土壤修复技术*　利用物理、化学或生物方法对受污染的土壤进行修复。物理方法包括土壤挖掘、覆盖和拔除等；化学方法包括化学还原、氧化、酸洗等；生物方法则利用植物、微生物等生物体修复土壤污染。

（2）*污水处理设施改善*　加强城市污水处理设施的建设和运行管理，确保污水得到适当处理后再排放，减少对土壤的污染。

（3）*工业废水治理*　严格监管工业废水的排放，采取有效的治理措施，如建设废水处理厂，以减少对土壤的污染。

（4）*污染源控制*　对城市污染源进行监测和管理，采取措施减少污染物的排放，防止其进入土壤环境。

（5）*土壤保护政策*　制定和执行相关土壤保护政策和法规，加强对土壤资源的保护和管理，确保城市土壤资源的可持续利用。

（6）*公众教育和意识提升*　加强对公众的环境保护意识和知识教育，引导人们采取环保行动，共同保护城市土壤和生态环境。

（7）*监测和评估*　加强对城市土壤污染的监测和评估工作，及时发现和解决土壤污染问题，防止其进一步恶化。

综上所述，通过实施土壤修复技术、改善污水处理设施、控制工业废水排放、加强污染源控制、制定土壤保护政策、加强公众教育和环保意识提升及加强监测和评估等措施，可以有效修复和保护城市土壤，保障城市的可持续发展和生态环境的健康。

城市土壤是城市生态系统的基础，对于城市的建设、发展、管理和利用有着十分重要的作用。然而，在城市的建设、发展、管理和利用中，在城市居民的日常生活生产活动中，城市土壤受到了严重的干扰和污染，我们必须采取行之有效的方法措施，对城市土壤及其生态环境进行保护。

1. 绿地改良措施　在城市内部应用绿地改良措施，是提升城市土壤质量的重要手段之一。这些措施不仅可以满足城市建设与发展的需要，还可以有效地改善城市土壤环境，减轻土壤污染和资源浪费的问题。

通过科学规划和设计城市内部的绿地，可以选择适合当地气候和土壤条件的植物种类，如耐旱、耐寒、抗污染的植物，以提高绿地的生态效益和土壤的质量。同时，合理利用有机肥料，如堆肥、腐殖土等，可以增加土壤的有机质含量，改善土壤结构，提高土壤保水保肥能力，促进土壤生态系统的健康发展。在某些地区，城市绿地建设还可以利用植被覆盖来减少土壤侵蚀，保护土壤的肥力和结构。同时，绿地还可以促进土壤微生物的多样性和活性，加速有机物的分解和养分循环，为土壤生态系统的良性循环做出贡献。

总的来说，科学规划和合理设计城市内部的绿地，结合合理的土壤管理和肥料利用，可以有效地提升城市土壤质量，改善城市生态环境，为城市的可持续发展和人民的生活品质提供良好的土壤基础。

2. 宣传推广措施　通过积极的宣传推广措施，可以为城市现代化建设调动社会公众和舆论的力量，提高对城市生态环境保护工作的认知和支持度。在现代化城市建设和管理中，单靠政府的力量难以实现对城市生态环境的全面、系统和深刻规划，因此需要借助社会各界的参与和支持。

特别是在现代科技和通信技术的支持下，政府可以利用互联网、移动通信等多种途径，加强城市生态环境保护工作的宣传与推广。例如，政府可以通过建立官方网站、社交媒体平台、手机应用程序等渠道，发布生态环境保护政策、宣传环保知识、分享环保实践经验，吸引公众参与和关注。同时，政府可以与教育和宣传机构建立合作关系，共同开展生态环境保护宣传活动。通过学校教育、社区活动、宣传展览等形式，向公众传达生态环境保护的重要性，引导人们积极参与环保行动。例如，某地区政府与当地教育和宣传机构合作，开展了一系列生态环境保护宣传活动，包括举办环保知识讲座、开展环保主题活动、制作宣传资料等。这些活动不仅增强了公众对生态环境保护工作的认知和理解，也提高了社会各界对城市生态环境保护的支持度，为城市生态环境保护工作的推进提供了有力的支持和保障。

3. 污染源控制措施 污染源控制措施对于城市生态环境保护至关重要，可以有效减少或遏制污染物进入土壤的途径，从根本上保护城市土壤环境的健康。以下是一些可能的污染源控制措施。

（1）推行无铅汽油和大气环境治理 通过推行无铅汽油和实施大气环境治理措施，减少机动车尾气中的有害物质排放，降低大气污染物对土壤的沉降，从源头上减少了土壤污染的可能性。

（2）垃圾分类处理 将含有重金属元素及其他污染元素的垃圾与普通垃圾分类处理，确保危险垃圾得到专门处理，不与普通垃圾混合处理。这样可以有效遏制有害物质进入土壤的途径，减少土壤污染的风险。

（3）禁止焚烧或填埋含重金属垃圾 对于含有重金属元素的垃圾，禁止采用焚烧或填埋等方式处理，以免释放有害物质到土壤中，减轻重金属对土壤的污染。

（4）加强工业废水处理和排放管控 对工业企业排放的废水进行严格监管和治理，确保废水经过合适的处理后再排放，减少工业废水对土壤的污染。

（5）加强环境监测和执法力度 加强对污染源的监测和执法力度，及时发现并处置违法排放行为，防止污染物进入土壤环境，保护城市土壤的健康和生态环境的稳定。

综上所述，通过推行无铅汽油和大气环境治理、垃圾分类处理、禁止焚烧或填埋含重金属垃圾、加强工业废水处理和排放管控及加强环境监测和执法力度等措施，可以有效控制城市土壤的污染源，保护城市土壤环境的健康。

思考题

1. 阐述城市土壤的特点。
2. 城市土壤的生态功能有哪些？
3. 影响城市土壤形成过程的主要因素有哪些？
4. 城市土壤与非城市土壤在结构形成和服务功能方面有哪些主要差异？
5. 什么是城市土壤质量？你认为用哪些指标评价城市土壤质量更加合理？
6. 什么是城市土壤污染？污染土壤是怎样自净的？
7. 如何改良城市土壤？
8. 如何控制城市土壤的污染来源？
9. 阐述城市土壤重金属污染的修复途径。

第6章　城市水文

水文是指自然界中水的变化、运动等各种现象。水文学则是一门研究自然界水的时空分布和变化规律的学科，其中，“文”指的是自然界的现象，类似于“天文”。水环境是构成环境的基本要素之一，是人类社会赖以生存和发展的重要场所。然而，由于长期以来的污染和浪费，21世纪已经面临世界范围内的缺水问题。这不仅直接威胁经济的稳定和发展，还将危及整个人类的生活。特别是在城市化和工业化程度较高的城市地区，这一问题尤为突出。

城市化的主要特征之一是人口的集中和建筑物密度的增加。城市地表被不透水的混凝土或沥青覆盖，如路面和屋顶，这导致城市与郊区在降雨分配方面存在显著差异。同时，河道整治和排水管网的建设直接改变了雨水形成径流的条件。城市社会经济的发展增加了对水资源的需求，产生了更多的废水和污水，从而影响了水的流动、循环、分布，以及水与环境之间的相互关系。城市水循环的主要组成部分，以及大气、地表和地下之间发生的过程都应该在土地利用特性的背景下加以解释，特别是降水、蒸发、渗透、土壤水分输送和地表径流等基本物理过程。根据城市地表的入渗和径流特性，人们需要明确铺面和未铺面区域的雨水保持能力差异，分析典型城市表面的特定水平衡成分的年度特征值，并计算不同降雨事件的径流系数。这些数据与研究成果不仅能深化我们对降雨条件影响城市大气环境的认识，还可为揭示城市化地区水文循环各要素的相互作用机制提供科学依据。

城市水文学研究发生在大中型城市环境内部和外部、受到城市化影响的水文过程，为城市建设和改善城市居民生活环境质量提供水文依据。该学科又称为都市水文学，是水文学的一个分支。其主要内容包括城市化的水文效应、城市化对水文过程的影响、城市水文气象的观测实验、城市供水与排水、城市水环境、城市的防洪除涝、城市水资源、城市水文模型和水文预测及城市水利工程经济等方面。城市水文学是一门综合性较强的边缘学科，对城市发展规划、城市建设、环境保护、市政管理、工商企业的发展和居民生活都具有重大意义。城市水文效应是指在快速城市化区域，由于屋顶和硬质地面等不渗透面积的大幅增加，使该地区的雨水汇流特征改变的现象。其表现为洪水总量增多，洪峰流量增大，洪水汇流时间缩短。简单来说，城市化产生的不渗透地面阻碍了部分雨水渗入土中，导致更易发生洪灾。城市水文效应是城市人类活动与水相互关系的重要问题，对局部水分循环和水量平衡各个要素都有明显的影响。在理论上，它与城市的气候效应、环境效应、社会经济效应密切相关。对城市水文效应的研究涉及多种学科的理论问题，并可为城市建设提供服务。

第1节　人工化的城市水系

1. 地表水系的特点　人类的开发活动，尤其是城市的建设与发展，对地表水系产生了深远影响。城市化进程中，为了满足水资源利用、洪水防治和环境保护的需求，经常对河道进行直线化修缮、修建水库和其他水利设施，以及开凿人工河道等。这些措施导致了大部分天然河道受到闸、坝、堤防等工程的控制，从而改变了地表水的自然分布状态。形成的人工河道具有泄洪、排污、输水等特定功能，与天然河湖并存、彼此连通、相互影响，构成了复杂的地表水系统。这些系统受到人工整治和高度控制，对地表水的流向、水质和生态环境产生重要影响。

2. 地下排水系统　地下排水系统是城市排水系统的重要组成部分，由人工建造的各种不透水通道和地下水道组成，用于引导水流。除了排除日常生活和生产废水外，地下排水系统还能迅速排走城市地表积水，有助于保护城市设施，避免洪水灾害的发生。这些地下通道和水道通常由排水管道、排水渠、地下蓄水池等构成，通过合理布局和设计，能有效地管理城市内的水流，维护城市的正常运行和生活环境的稳定。地下排水系统的建设和维护对于城市基础设施的健康发展和水资源的合理利用至关重要。

第2节　城市水文特征

1. 城市化对大气降水的影响　城市化使城市气温明显升高。一般来说，城市中心的气温最高，然后逐渐向周围乡村递减，而郊区的递减速度最快。这种城市热岛效应对水气蒸发和空气对流运动产生了显著影响。近年来，随着城市建设的高速发展，城市大规模建筑群对空气运动的阻碍作用、人工热源的影响及城市下垫面热力属性的改变等因素使得城市热岛效应越来越明显，主要表现在城区降雨增多。

城市化对大气降水的影响比较显著。城市地区的年降水量一般比农村地区高5%～15%，雷暴雨增加10%～15%。在地面水流入量中，除了径流流入量外，还有来自下水道的进水量，有时可高达降水量的数倍以上。城市中地下水的提取量也较高，特别是在一些缺水的城市中。城市中地下水位下降，地下径流及土壤含水量减少，可供蒸发的水量也减少。加之植被稀少、风速小，城市中的蒸发量和蒸腾量都比农村地区少。由于城市中耗水量一般较大，径流流出量比郊区小，因此增加了人工管道中的排水量。从表6-1中可以明显地看出，城市地区的降水量、径流总量、地表径流量及地表径流系数均明显大于周围农村地区，而蒸发量、地下径流量及地下径流系数则明显小于周围农村地区。

表6-1　北京城市中心区与郊区平原水文特征比较

地区	降水量/mm	径流总量/mm	地表径流量/mm	地下径流量/mm	蒸发量/mm	地表径流系数	地下径流系数
中心区	675	405	337	68	270	0.50	0.10
郊区平原	644.5	267	96	171	377	0.15	0.26

资料来源：杨凯和袁雯，1993

2. 城市化对蒸发的影响　由于城市范围内不透水面积的增加，地表下渗能力逐渐减弱。城市地表下渗能力的减弱直接导致地下水补给量减少，地下径流及土壤含水量降低，蒸发量也相应减少。同时，城市地区建筑物密度增加，下垫面糙度显著增大，使得城市市区风速比郊区低、无风日增加，这些都直接影响蒸发速度，使蒸发量减小。

3. 城市化对径流的影响　城市化进程改变了原来的自然地貌和天然排水系统，对径流过程产生了较大影响。首先，大规模建造房屋、铺设道路，使得下垫面不透水层增加，从而导致下渗量和蒸发量减少，地表径流和总径流量增加，径流系数增大，并使洪峰流量加大。其次，城市排水系统的管网化增加了城市排水能力，使暴雨径流很快排入管网，从而改变了城市原先的集水区域形状，使得城市径流的流态、洪水过程线形状及洪峰流量均发生变化，导致洪水汇流速度增加，洪量集中。最后，城市发展侵占了天然河道洪水滩地，减少了洪水滩地的储洪容量和泄洪能力，使得城市遭遇大洪水时河道的调蓄能力减弱。

4. 城市水文的主要特点

（1）综合性　城市水文学是一门综合性很强的交叉学科，涉及水文科学、水利工程科学、环境科学和城市科学等多个学科领域。它需要综合考虑城市地区的水文循环、水资源利用、水环境保护及城市规划等方面的知识和技术，以应对城市化进程中的各种挑战和问题。

（2）动态性　城市水文学具有很强的动态性，因为城市地区的人类活动频繁、变化快速。因此，城市水文学不能仅仅关注长时间内的准平衡状态，还必须着重考虑随时间变化的动态过程。城市水文状况会受到城市化进程、气候变化、土地利用变化等因素的影响而不断发生变化。因此，需要及时跟踪、分析和应对这些变化，以保障城市水资源的可持续利用和生态环境的健康发展。

5. 城市水文研究的基本问题

（1）城市水文气象　研究城市气候对水文过程的影响，包括城市地区的降水量、蒸发量、温度等气象要素对水文循环的影响。

（2）城市暴雨径流及防洪　研究城市暴雨引发的径流产生机制、洪水的形成和演变规律，以及相应的防洪措施和工程设计。

（3）城市排水　研究城市排水系统的构建、管理和优化，以确保城市内部的降水及废水得以有效排除，减少洪涝灾害和水资源浪费。

（4）城市水资源及供需平衡　研究城市水资源的来源、利用和管理，以及城市水需求与供给之间的平衡关系，包括城市的供水和污水处理。

（5）城市水质评价及水污染控制　评估城市水体的质量状况，分析水质受到的污染来源和影响因素，制订相应的水污染控制策略和管理措施，以保护城市水资源和生态环境。

6. 城市水文探讨的具体课题

（1）设计标准问题　在城市防洪和排水工程的规划设计中，首先需要解决安全性和经济性的关系。过去通常使用超过某一量级的洪水流量发生的频率或重现期作为设计标准。近年来的研究认为，设计标准不仅要考虑重现期，还要考虑风险率和可靠度。风险率是某一重现期的水文要素在工程运行期间可能出现的概率。可靠度可用安全因素来反映，即设计值与实际观测值之比值。由于局部短时间内大强度的暴雨是形成洪水的主要原因，因此，城市区域设计暴雨一般只需要研究超过短时间（5～60min）的点暴雨规律。但对于较大的城市集水区，或者研究城市非点污染源的迁移扩散，则还应确定计算暴雨的时空分布。

（2）城市流域暴雨径流模拟　城市中的道路、屋顶和飞机场跑道都是不透水的，因此处理这些地区的降雨损失比较简单。城市排水系统一般由管网和排水河网组成。城市面积上产生的暴雨洪水通常先排入管网，然后排入河网，排水系统较为优良。用于城市流域暴雨洪水计算的模型可分为三类。第一类只给出洪峰流量，如合理化公式。第二类不仅给出洪峰流量，还给出洪水过程线，如芝加哥方法。第三类是多用途模型，如美国环保局暴雨径流管理模型（storm water management model，SWMM）。

（3）城市供水及优化调度　城市中的工业和居民用水量庞大，其用水规律具有自身特点，并对水质有一定要求。城市供水通常依赖于地表水和地下水等水源。有些城市依赖单一水源供水，而另一些则采用联合供水方式，即多个水源共同供水。不论采用何种水源供水方式，都需要解决水资源量的估算、水质评价、供需平衡分析等问题。同时，还需要考虑水资源的再利用，包括废水处理和水循环利用等措施，以及寻求最佳的供水方式，通过合理的调度和管理，确保城市供水的可靠性和稳定性，并最大程度地节约和保护水资源。

（4）城市污水排放及处理　城市中的工业废水排放和居民生活垃圾都是造成水污染的主要来源。城市污染源主要可分为点源污染和非点源污染两类。点源污染是指废水在离散点上的集中排放，如污水处理厂的排放口。而非点源污染则是由人类活动产生的污染物在地表积聚，随着降雨径流运输至河流、湖泊等水体而形成。非点源污染是城市污水处理中需要重点研究和解决的问题之一，因为其影响范围广泛，治理难度较大。因此，城市污水排放及处理需要综合考虑不同类型的污染源，采取有效的控制和处理措施，以减少对水环境的不良影响，保护水资源和生态环境的健康。

第3节 城市洪水

1. 城市河流和径流　城市河流曾是自然水道，流经人口密集地区。然而，这些河流经常受到城市径流和污水综合排放的污染影响。水资源的匮乏，导致了城市河流流量管理问题的突显。为了应对河流工程可能带来的局部洪水风险，政府可能采取改变流量或流向的措施。例如，可以通过在河床铺设混凝土或其他硬质材料，将河流引导至涵洞和雨水下水道，或采取其他类似的方法。一些城市的河流甚至完全地处于地下流动状态，如伦敦的地下河。这些改变通常会减少鱼类和其他物种的栖息地，改变洪水泛滥区的分布，并加剧水质恶化。为解决这些问题，一些社区已经开始了河流恢复项目。这些项目试图利用采光和修复暴雨径流所导致的河岸侵蚀等技术，来减轻这些改变所带来的负面影响。增加河流的流量，以恢复栖息地和美学特征，也是一种选择。再生水可以用于这一目的，从而降低对地下水和自然河流的依赖，同时提高城市河流的生态可持续性。

在城市开发过程中，建造的道路、停车场、屋顶和人行道等不透水表面，会在暴雨和其他降水事件中将受污染的雨水排入雨水渠，而不是让雨水渗入土壤。大多数城市的雨水排水系统会将未经处理的雨水排入小溪、河流和其他水体，这些径流携带着沉积物、肥料、细菌、金属等污染物的混合物。由于不透水表面减少了径流渗入土壤的量，城市开发往往会导致地下水位下降（由于地下水补给减少），并增加洪水风险。过量的水还可能通过地下室的倒灌和建筑物的墙壁、地板的渗漏进入住宅。因此，在城市规划和开发过程中，需要考虑采取措施来减少不透水表面的使用，促进雨水的自然渗透，以及在雨水排放过程中实施合适的处理和过滤，以减少对水体环境的污染和对地下水资源的影响。

城市洪水的主要原因之一是城市径流。通常是由于降雨超过排水系统（如雨水下水道）的能力，土地或建筑环境被这种洪水淹没。城市洪水可能由突发洪水、风暴潮、溢满的河流或湖泊及融雪等事件引发，其特点是对社区产生重复、代价高昂和系统性的影响，无论这些社区是否位于正式指定的洪水危险区或靠近任何水体。雨水进入建筑物的方式多种多样：通过下水道、厕所和水槽进入建筑物；渗入建筑物的墙壁和地面；在财产和公共道路上积聚水；从河流和湖泊等水体中溢出的水等。在具有地下室的地方，城市洪水是地下室洪水的主要原因之一。为减轻城市洪水造成的损失，需要加强排水系统的设计和管理，提高排水能力，采取适当的防洪措施，并加强洪水预警和应急响应能力。

尽管洪水事件发生已有许多世纪，但对城市环境中洪水流的研究相对较晚。一些研究人员提到了城市区域的水文存储效应。有几项研究调查了暴雨期间街道的流量模式和再分配情况，以及洪水模型的影响。最近的一些研究关注了个人安全疏散标准。然而，在2010—2011年昆士兰洪灾期间的一些现场测量显示，仅基于流速、水深或特定动量的标准无法解释由流速和水深波动引起的危害。这些考虑进一步忽略了与洪水流动夹带的大型碎片相关的风险。

传统的城市排水设计主要基于卫生考虑，旨在通过市政排水系统迅速将城市雨水和污水排放到远离城市的地方，以避免水源污染。然而，这种做法导致许多城市水域逐渐消失，加剧了城市的“干化”现象。二战后，许多西方国家的城市迅速扩张，导致原有的排水系统无法承载新增雨水的负荷，进而出现了排水不畅、交通受阻等问题。为解决这些问题，出现了一系列替代技术，包括雨水渗透、雨水蓄滞和场地规划等方法。这些技术于20世纪60年代末至70年代初开始应用，并已发展成为一项相当成熟的产业。采用这些新技术使水域重新出现在城市中，成为城市景观的一部分。例如，位于巴黎东部的新城Marne la Vallee采用了蓄滞水系统。在新城设计初期，传统的排水技术计算出的排水工程成本高昂，影响了新城建设方案的经济可行性。为此，排水系统设计者SAUVETERRE工程咨询公司寻求采用蓄滞水系统等新技术方案，并修改了居住区的规划布局以适应这一方案。该蓄滞水系统结合了起伏较大的地形，设计了20多个大小不等的蓄滞池，嵌入在森林绿地和居住区之间，形成了优美的景观线路。这种分散布局有助于蓄滞水系统随着新城的扩展而分期施工，从而增强了建设的经济性。一些卫生专家曾对蓄滞池可能带来的蚊虫滋生等卫生问题表示担忧，但由于设计者精心打造了适合食蚊幼虫的鱼类生态环境，成功地避免了这一问题。对建成20多年后运行的监测结果表明，该蓄滞水系统对雨水的净化效果显著。

2. 城市径流水质　从这些不透水的表面流出的水会带走许多污染物，包括汽油、机油、重金属、垃圾和其他污染物，以及草坪上的化肥和农药。道路和停车场是多环芳烃（PAHs）的主要来源，这些PAHs是汽油、其他化石燃料，以及镍、铜、锌、镉和铅等重金属的燃烧副产品。屋顶径流提供了高水平的合成有机化合物和锌（来自镀锌水槽）。在居民区的草坪、公园和高尔夫球场使用化肥是城市径流中硝酸盐和磷的一个可测量来源，当化肥使用不当或者草坪过度施肥时，会导致土壤侵蚀，这些场地或者维护不善的建筑工地往往会增加径流中沉积物的数量。沉积物通常会沉积到水体的底部，直接影响水质。水体中沉积物含量过高会通过土壤中存在的高水平营养物质增加感染和疾病的风险。这些高水平的营养物质会减少氧气，促进藻类生长，同时限制原生植被的生长。有限的本地植被和过多的藻类有可能破坏整个水生生态系统，因为光穿透减少、氧水平降低和食物储备减少。过量的沉积物和悬浮固体也可能破坏现有的基础设施。沉积作用可能通过堵塞地下注入系统增加径流，从而增加地表径流。沉积物水平的增加还会减少水库的储水量。水库库容的减少会增加公共土地机构的开支，并影响水上娱乐场所的质量。径流还可能导致海洋生物中的重金属中毒。少量的重金属通过径流进入海洋，被海洋生物吸收。由于这些金属无法被处理，它们在动物体内积累。随着时间的推移，这些金属会积累到有毒的水平，导致动物死亡。这种重金属中毒也会影响人类。如果我们食用了受污染的动物，也有可能中毒。当雨水被引导到雨水沟和地表水时，接收水域的自然泥沙负荷减少，但水流速度增加。事实上，一个典型城市中不透水地面产生的径流量是同等面积的典型林地的5倍。

城市径流是水质问题的主要来源。如果不解决土地使用变化等更广泛的污染源，水质可能会进一步下降。这些活动包括农业、造林、城市、工业和建筑活动等对土地的干扰，这些活动在潮湿天气期间产生难以监测的污染物。这些景观的污染几乎被公认为是对全国范围内水体和水生生态系统恢复最紧迫的挑战。径流还会增加河流的温度，伤害鱼类和其他生物。

暴雨中突然冒出的径流可能会对鱼类造成致命的热冲击。此外，用于融化人行道和道路上的积雪的道路盐会污染河流和地下水。

城市径流的一个显著影响是导致在干旱天气期间历史上很少或没有水的水道（通常称为短命河流）也产生不自然的全年流动，这损害了植被、野生动物和水道的河床。与历史上水中泥沙比例相比，城市径流中含沙量很少或者根本不含沙，这会冲刷河道，破坏自然地貌，如蜿蜒曲折的河道和沙洲，并在河口造成严重侵蚀，增加泥沙负荷，同时严重侵蚀上游的河床。例如，许多位于南加利福尼亚河口的海滩上，城市径流携带着垃圾、污染物、过多的淤泥和其他废弃物，并可能对健康造成中度至严重的危害。由于城市径流常常携带肥料和有机废弃物，受到这种径流影响的水道经常发生富营养化。暴雨过后，水道中的有机物含量相对自然水平高，这刺激了藻类大量繁殖，很快消耗了大部分氧气。一旦水中的氧气耗尽，藻类会大量繁殖死亡，其分解会导致进一步的富营养化。藻类的大量繁殖主要发生在静水区域，如溪流池和水坝、堰及一些水滴结构后面的池塘。富营养化通常会给鱼类和其他水生生物带来致命的后果。

过度的河岸侵蚀可能导致洪水和财产损失。多年来，政府经常通过河流工程来应对城市河流侵蚀问题，方法是用混凝土和砖石材料建造加固的堤坝和类似的控制结构。但使用这些硬材料破坏了鱼类和其他动物的栖息地。这样的一个工程可能会稳定直接受到洪水破坏的地区，但它通常只是把问题转移到河流的上游或下游。

城市洪水具有重大的经济影响。在美国，行业专家估计，潮湿的地下室会使房产价值降低10%～25%，被列为不购房的首要原因之一。几乎40%的小企业在洪水灾害后没有重新开业。在英国，城市洪水估计每年在英格兰和威尔士造成2.7亿英镑的损失；8万个家庭处于危险之中。对伊利诺伊州库克县的一项研究发现，从2007—2011年的五年间，该县96%的地区共发生了17.7万起财产损失保险索赔。这相当于该县六分之一的房产提出了索赔。在所有类型的索赔中，每项索赔的平均赔付额为3733美元，五年内的总索赔额为6.6亿美元。尽管进行了协调一致的努力，但许多社区缺乏充分解决这些问题的资金，往往从别处寻求资金。美国加利福尼亚州洛杉矶县尽管每年花费1亿美元用于清洁水项目，以应对城市径流等问题，但许多分水系统不符合州水质标准。为了解决这一问题，官员们推出了一项措施，对业主和当地企业征收费用，以筹集2.9亿美元用于有效的城市径流管理。

3. 城市径流的预防和缓解 城市径流的有效控制包括降低雨水的流速和流量，以及减少污染物的排放。各种雨水管理措施和系统可用于减少城市径流的影响。其中，一些技术侧重于水量控制，另一些则侧重于改善水质，而有些则兼有这两种功能。

污染防治措施包括英国的低影响开发或绿色基础设施技术——被称为可持续城市排水系统（sustainable urban drainage system，SUDS），以及澳大利亚和中东地区的水敏感城市设计（water sensitive urban design，WSUD），如绿色屋顶的安装和改进的化学处理（如管理汽车燃料和石油、化肥和农药）。径流缓解系统包括渗透盆地、生物保持系统、人工湿地、保留盆地和类似设备。提供有效的城市径流解决方案通常需要适当的城市规划来考虑社区的需求和差异。城市的平均温度、降水水平、地理位置和空气污染物水平等因素都可能影响城市径流的污染率，并对管理提出独特的挑战。城市化率、土地利用趋势及不透水表面选用的建筑材料等人为因素往往加剧了这些问题。实施城市范围的维护策略，如街道清扫计划，也可以是提高城市径流质量的有效方法。清扫街道的真空吸尘器会收集灰尘颗粒和悬浮固体颗粒，这些颗粒通常出现在公共停车场和道路上，最终往往汇入径流。

教育项目也可以成为管理城市径流的有效工具。地方企业和个人可以通过他们的实践在减少城市径流污染方面发挥不可或缺的作用，但他们往往不了解法规。就城市径流和有效处理家庭用品的重要性进行富有成效的讨论，有助于鼓励采取环境友好的做法，同时降低城市和地方经济的成本。

思考题

1. 城市水文的特点有哪些？
2. 城市水文学主要研究哪些内容？
3. 城市水系与自然水系有哪些不同之处？
4. 解释城市水文循环与非城市水文循环的相同和不同之处。
5. 描述城市的径流过程。影响城市径流的主要因素有哪些？
6. 如何理解城市水文效应？
7. 如何调节和管理一个城市的水资源？
8. 阐述城市化建设过程是如何影响水循环的。
9. 怎样设计合理高效的城市排洪泄洪体系？

第7章　城市环境污染

城市环境污染是指在人类生产和生活活动中，因排放各种污染物到自然环境，超出了环境的自净能力，从而导致污染物残留，进而改变自然环境中各要素的性质与功能，破坏生态平衡，对人类健康、生产和生活带来负面影响。随着科技进步和人民生活水平提高，城市化进程加速，环境污染问题日益严重。环境污染不仅局限于局部区域，随着污染物的扩散，它给各国带来了共同的挑战，备受世界各国关注，成为全球社会性问题之一。环境污染按污染源和污染性质的不同可以进行多种分类，主要包括大气污染、水污染、噪声污染、固体废弃物污染、新型环境污染物污染等。每种污染形式都会对城市生态系统、公共健康和经济发展造成不同程度的影响，成为影响社会可持续发展的重大问题。

大气污染是城市污染中最为普遍和突出的问题之一。城市化进程中的工业排放废气、汽车尾气、建筑施工及能源消耗导致了大量污染物的排放，如二氧化硫、氮氧化物、碳氢化合物和颗粒物等。这些污染物不仅直接危害人体健康，导致呼吸道疾病、心血管病等，还可能引发酸雨、雾霾等环境问题。水污染是城市环境污染的另一个重要问题。工业废水、生活污水及农业活动中使用的化肥和农药，随着河流、湖泊和地下水的流动，导致水体富营养化、重金属污染和有毒有害物质的积累，严重影响水质，威胁饮用水安全。噪声污染则由于交通、建筑施工和工业生产等原因日益严重，长期的噪声干扰不仅影响城市居民的生活质量，还可能对心理健康和生理健康造成损害。此外，固体废弃物污染主要来源于城市垃圾、建筑废弃物和工业固体废弃物。这些固体废弃物未经有效处理和回收利用，常常堆积在城市周边，影响土壤质量和生态环境，增加了环境治理的难度。新型环境污染物如塑料微粒、电子废弃物中的有毒物质、抗生素残留等，已成为新的污染威胁。这些污染物不仅对环境造成危害，还可能通过食物链影响人类健康，成为无法忽视的隐形威胁。

我国政府已经认识到城市环境污染的严重性，并采取了一系列应对措施。首先，政府加大了对环境治理的财政投入，通过政策引导和资金支持，推动实施环境污染防治。针对大气污染，政府出台了一系列措施，如限制高污染车辆上路，推广新能源车辆，加强工业排放监控等；对于水污染，实施更严格的排放标准，推行水资源的循环利用和水污染治理项目；对噪声污染，制定了噪声污染防治标准和措施，要求工业、交通等领域采取有效措施减少噪声污染；在固体废弃物污染方面，推动垃圾分类和回收利用，倡导绿色消费；针对新型环境污染物的治理，政府加强了对废弃电子产品和塑料制品的回收与处置，制定了相关的环境保护政策。其次，我国还加强了环境监测体系建设，通过数据收集和分析，及时掌握环境污染现状，为政府决策提供依据。此外，环境保护法律和政策的完善，确保了环境治理工作的顺利推进。在公众层面，政府通过媒体和教育提高了居民的环保意识，倡导绿色生活方式，从源头减少污染物排放。通过这些综合措施，我国力求通过可持续的方式实现环境保护与城市发展的和谐共生，推动城市的绿色低碳转型。

第 1 节　城市大气污染

所谓大气污染（air pollution），是指大气中污染物质的浓度达到有害程度，破坏生态系统和人类正常生存和发展条件，对人和物造成危害的现象。大气污染由污染源、大气圈和受影响者三个环节组成。城市中大气污染物的来源主要有两种：一是固定源，二是流动源。固定源指污染物从固定地点排放，如各种类型的工厂、火电厂、钢铁厂等。流动源主要指汽车、火车、轮船、飞机等交通工具，虽然它们相比于工厂来说规模小、分散、流动，但由于数量庞大、活动频繁，排放的污染物也不可忽视。

进入城市空气中的污染物种类繁多，已经产生危害或引起人们关注的有十余种，概括分为气体污染物和颗粒状污染物两大类。气体污染物主要包括硫氧化物、氮氧化物、碳氧化物及碳氢化合物等，它们从多方面影响城市乃至全球的环境。这些物质在一定温度和湿度条件下，通过光化学反应和催化氧化反应生成硫酸和亚硫酸。这些酸性物质不仅以气态形式存在，还可能附着在小微粒上或溶解于云或雨滴中，随着降水落至地面，也称之为“湿沉降”。当降水的 pH 低于 5.6 时，称为酸雨。

我国长期以来能源结构主要依赖煤炭，导致大气污染主要表现为煤烟型污染。然而，近年来随着人们生活水平提高和城市化进程加快，汽车保有量的增加给城市大气环境带来了巨大压力，使得我国的大气污染从单纯的煤烟型向煤烟和交通混合型转变。大气污染特征也发生了相应变化，不仅二氧化硫和颗粒物污染程度上升，与机动车尾气密切相关的氮氧化物污染也逐渐加剧，使得原本严重的大气污染问题更加恶化。因此，城市的大气污染问题逐渐引起了社会各界的关注。根据世界卫生组织对全球 53 个国家 272 个城市的大气监测数据显示，中国有 8 个城市进入全球十大污染城市之列。在我国城市大气污染中，煤气燃烧污染、工业废气、工地扬尘及机动车尾气排放已成为主要原因。

当前，大气环境污染是城市环境污染的主要问题，也是人们最迫切解决的问题之一。然而，由于大气环境中的污染范围广泛，废气污染物种类繁多且成分复杂，因此处理起来困难重重，这也是城市环境污染处理的重点和难点之一。一般来说，空气中的大气污染物主要包括二氧化硫（SO_2）、氮氧化物（NO_x）、颗粒物（TSP）、臭氧（O_3）及一氧化碳（CO）等。其中，颗粒物中的 PM_{10} 和 $PM_{2.5}$ 两种可吸入颗粒物对人们的身体健康造成的危害尤为严重。在我国城市大气环境污染中，悬浮颗粒物含量普遍超标。根据对 340 多个城市的调查显示，超过国家空气质量二级标准规定浓度的城市占 64%，而有 30%的城市颗粒物平均浓度超过三级标准规定浓度。二氧化硫排放主要源自煤炭消费量的增长，其中工业二氧化硫排放量占总量的 86%。资料分析结果显示，北方多数大型城市大气中的首要污染物是总悬浮颗粒物。这些颗粒物主要来自本地粉尘和沙尘暴，而本地粉尘主要源自城市建设中的拆迁工地、建筑工地和市政管线工地等。近年来，我国沙尘暴现象也逐渐频繁，大规模的沙尘天气严重影响了空气质量，给人民生活环境和交通运输带来了一定的影响。

研究表明，2022 年，青藏高原 $PM_{2.5}$ 年均值为 14.8μg/m^3，其浓度低于全国 $PM_{2.5}$ 浓度平均值（95.9%）；远低于国内典型重污染地区，如京津冀、长三角和汾渭平原（浓度分别为 197.3%、115.7%、210.8%）；但仍远高于全国 16 个背景监测点 $PM_{2.5}$ 平均浓度（68.2%）（表 7-1）。

表7-1 2022年青藏高原城市与其他地区 $PM_{2.5}$ 和 O_3-8h 90Per 浓度对比 （单位：$\mu g/m^3$）

地区	$PM_{2.5}$	O_3-8h 90Per
青藏高原	14.8	126.6
全国	29	145
京津冀	44	179
长三角	31	162
汾渭平原	46	167
背景监测点	8.8	119.8

资料来源：李灿然等，2024

在工业企业生产过程中产生的废气污染物是城市大气环境污染物的主要源头。这主要是由于工业生产的飞速发展使得矿物燃料的使用率逐步增加，而矿物燃料在焚烧后会形成大量的有害物质。其中，当颗粒物进入高空后，会成为很多有毒有害物质的载体，甚至有些颗粒物能通过呼吸道进入人体，严重影响人们的身体健康。此外，随着城市居民可支配收入的提高，城市中机动车的保有量逐渐增加，而汽车尾气的排放量也随之持续增加，对城市大气环境造成了日益加剧的压力。同时，随着城市居民对空气质量感知的提高，停车场、加油站等区域的汽车尾气投诉问题成为了城市居民关注的焦点。自20世纪80年代以来，我国汽车数量呈直线上升趋势。自2009年起，中国已成为世界第一大汽车生产和销售国，全国机动车保有量超过1.7亿辆。随着经济的发展和汽车数量的增长，机动车尾气排放的一氧化碳和氮氧化物的总量也逐年上升。汽车主要集中在人口密集的城市，这导致了汽车尾气污染在城市大气污染中的比例不断增加。

第2节 城市水污染

城市水污染（water pollution）通常指人类在生产、生活等活动中直接或间接向水体排放的有害物质数量达到破坏城市水资源、使其丧失使用价值或对环境和生物造成不利影响的现象。它可以分为五大类：①无机物污染；②有机物污染；③生物污染；④热污染；⑤放射性物质污染。

城市水污染具有多种来源。首先，城市降水可能会将空气中的许多污染物，如尘埃、废气、重金属等，带到地面。其次，城市径流（含有大量工业生产和日常生活中的污染物）会污染城市水体。城市径流污染主要来自工业废水和生活污水的点源排放，这些废水集中在若干地点排入受纳水体，因此也称为点源污染。这些污染物在时间上的变化通常较小，对水质污染最严重的时刻通常发生在小流量的枯水期，因此点源污染排放的污染物进入受纳水体的位置比较固定，一般容易监测和控制。最后，城市降水淋洗大气和冲刷地面，导致各种污染物进入水体。这些污染物也被称为非点源污染，它们来自广阔的区域，在经过长途地面迁移后以分散的形式间歇性地向受纳水体汇集，因此也被称为面源污染。这些污染物的数量随时间变化较大，受各种自然和社会因素的影响。非点源污染面广、量大、不稳定，因此难以找到确切的污染物排放点，监测和控制都较为困难。

水污染问题在我国社会经济发展过程中逐渐凸显，主要源于工业废水和生活污水的排放。工业废水对水环境污染影响显著，由于工业生产的不断扩张，各个环节产生的废水成为主要污染源之一。尤其是在冶金、电镀、造纸、印染、制革等行业，一些未经有效处理的工业废水直接排放至水环境中，严重污染了水质。为了减少工业企业的废水排放，国家采取了一系列措施，包括实施总量控制制度和排污许可制度等。此外，城市居民生活污水也对水环境产生影响。城市化进程快速发展导致城市基础设施滞后，部分地区污水管网不完善，居民生活污水无法有效处理而直接排入环境，加剧了水污染问题。

我国城市污水排放量居高不下，严重污染了城市水资源。工业废水和生活污水是主要污染源，据统计，近年来我国污水排放量已超过400t，其中工业废水和生活污水排放量几乎相等。工业水污染主要来自造纸、冶金、化学和采矿等行业。在一些城市和农村周边，一些违规农产品加工和食品工业，如酿酒、制革、印染等小作坊，其污水排放量也占据一定比例。生活污水排放量逐年增加，城市污水集中处理率仅为13.6%。各地生活污水对水体化学需氧量和生物需氧量造成严重影响，例如，重庆市生活污水产生了当地水体中68%的化学耗氧量和85%的生物耗氧量。

第3节　城市噪声污染

噪声污染在城市中影响着人们的正常休息、学习和工作，这个问题不容忽视。城市中的噪声主要来自工业、交通、建筑施工和社会生活等方面。在建筑施工噪声中，一些机械设备引起的噪声甚至可达到80～125dB，长期暴露在这种高噪声环境中会导致听力损伤。因此，需要加强建筑噪声的监督管理和执法，并建立健全现场噪声管理责任制。对于工业噪声污染，可以采取消声、吸声和隔声等措施进行防治，以有效改善城市区域重点工业的噪声污染。当前，城市交通噪声污染也十分严重，可通过建设声屏障、安装降噪装置、种植绿化带等措施来减轻污染；也可以通过使用低噪路面材料、进行破损道路降噪改造工程及推广多空隙排水降噪沥青路面等措施来治理交通噪声。除了交通噪声和工业生产噪声外，商业服务、游戏、娱乐等社会活动中产生的噪声也会对周围环境造成危害，因此，也需要加强对商业网点、娱乐场所等社会生活噪声源的管理，力争从源头削减社会生活噪声污染。

1. 噪声的来源　噪声是指人们不需要的声音，其来源多种多样。噪声污染严重影响人们的休息和工作，长期处于噪声环境中会对身体健康造成危害，降低劳动生产率，损害听力。根据城市噪声的来源，噪声可以分为交通噪声、工业噪声、社区生活噪声和施工噪声等几种类型。在我国，城市噪声的30%以上来自交通噪声（而根据国外统计资料，交通噪声占比高达70%），其中的噪声源包括汽车、火车、飞机等各种交通工具。而工业噪声和施工噪声约占我国城市噪声的27%，主要来自生产过程中机械振动、摩擦、撞击及气流扰动等。据不完全统计，2021年，全国地级及以上城市12345市民服务热线及涉噪声监管部门合计受理的噪声投诉举报约有401万件。其中，社会生活类噪声占57.9%；建筑施工类噪声占33.4%；工业类噪声占4.5%；交通运输类噪声占4.2%。

2. 噪声的危害　噪声的危害主要表现在以下几个方面。

1）噪声危害听力，长期在90dB以上的高噪声环境下工作的人有50%～80%患噪声性耳聋。

2）噪声危害神经系统，引起头晕、耳鸣、失眠等症状，影响人的注意力和记忆力。

3）噪声危害心脑血管系统，导致血压升高、心跳加快等现象，增加心血管疾病的发病率。

4）噪声引起消化系统疾病，如胃溃疡和十二指肠溃疡。

5）噪声干扰人们的睡眠和休息，影响人们的工作效率和身体健康。

6）噪声影响母体中胎儿的正常发育和儿童的智力发展。

7）噪声降低人们工作学习的效率，增加工伤事故的发生。

8）噪声对动物也有影响，如使鸟类羽毛脱落，影响生长繁殖。

3. 对策　城市政府应依据《城市区域环境噪声标准》，结合本地城市总体规划，制定可行的、操作性强的地方规章或规范性文件，为相关部门提供执法依据。城市规划和建设部门应充分考虑建设项目区域开发和改造所产生的噪声对周围生活环境的影响，统筹规划，合理安排功能区和建设布局。在资金不足的情况下，应重点控制生活区噪声源的数量和规模。

第 4 节　固体废弃物污染

固体废弃物污染是指固体废弃物在产生、收集、储存、运输、利用、处置的过程中产生的危害环境的现象。城市固体废弃物的产生源分散、产量巨大、组成十分复杂，并且有的城市固体废弃物还具有很强的毒性、易燃易爆性、放射性、腐蚀性等危险特性，如处理不当，就会对水、空气和土壤造成严重的危害，破坏生态环境，甚至危害人类的身心健康和国家的社会经济发展。目前我国城市固体废弃物污染源主要来自城市生活废弃物、工业废渣或工业垃圾。而这些垃圾在处理方式上并没有得到有效的解决，主要体现在以下几点。

1. 城市垃圾填埋　我国大多数城市采用的是露天堆放、自然填沟和填坑等方式来处理城市垃圾，不但浪费了土地资源，而且对环境造成了影响和危害。特别是填埋场的城市垃圾渗沥水，没有进行收集和处理，导致环境被严重污染的现象普遍存在。

2. 城市垃圾堆肥　目前我国城市垃圾堆肥是用混合收集的城市垃圾生产出来的堆肥，但其肥效低、杂质多、成本高，不能用于农田，也影响其市场的发展。在堆肥过程中产生的气味及污水等未进行有效处理，对周围环境影响较大。

3. 城市垃圾焚烧　与发达国家相比，我国的城市垃圾焚烧处理技术才刚刚兴起，目前还不能满足日益增长的需要，而且国内的技术设备大多处于较低的水平，难以正常运转和满足污染控制标准。

随着我国城市化的快速推进及城市经济的快速发展，我国的各类生产企业逐渐增多，城市固体废弃物的种类和数量逐年增加。根据我国国家环保部门的数据显示，2018 年，全国 200 个大中城市共产生生活垃圾为 21 147.3 万 t，处置垃圾 21 028.9 万 t。城市固体废弃物产生量最高的城市是上海，城市固体废弃物产生量最高的前十名城市排名和产生量见表 7-2。

表 7-2　2018 年我国城市固体废弃物产生量最高的前十名城市及产生量

序号	城市名称	产生量/万 t
1	上海市	984.3
2	北京市	929.4
3	广州市	745.3
4	重庆市	717.0
5	成都市	623.1
6	苏州市	550.0
7	东莞市	462.9
8	杭州市	420.5

续表

序号	城市名称	产生量/万 t
9	西安市	416.8
10	武汉市	406.7
合计		6256.0

资料来源：吴立臻，2021

第 5 节　城市新型环境污染物

1. 抗生素污染　抗生素（antibiotic）指由细菌、霉菌或其他微生物在生活过程中产生的一类次级代谢产物，具有抗病原体或其他活性的作用。自 1928 年发现青霉素以来，抗生素的种类已达几千种，主要包括磺胺类、四环素类、β-内酰胺类、氟喹诺酮类、大环内酯类等。抗生素广泛应用于医疗、农业生产、畜牧及水产养殖等领域。然而，抗生素的滥用和乱用导致微生物的耐药性持续提升，加剧环境中抗生素抗性基因（antibiotic resistance gene，ARG）和抗生素抗性细菌（antibiotic resistance bacteria，ARB）的广泛传播，严重威胁着人类健康与生态安全。由于 ARG 是 ARB 存在耐药性的根本原因，即使 ARB 死亡，携带 ARG 的裸露 DNA 仍会长期存在于环境中，因此 ARG 在环境中的持久性残留、传播和扩散危害巨大。据统计，全世界每年抗生素的消费量可达 10 万～20 万 t，我国是抗生素的最大生产国和消费国。以 2003 年为例，我国青霉素产量达 2.8 万 t，占世界总产量的 60%；土霉素占世界总产量的 65%。2013 年，我国抗生素的使用量达到 16 万 t，其中 52%用于畜牧业；2018 年，我国约 70%的住院病人和 20%的门诊病人使用抗生素类药物，约为发达国家使用率的两倍。到 2019 年，我国的抗生素生产量和消费量分别达到 21.8 万 t 和 13.1 万 t。

抗生素是由微生物或人工合成的有机化合物，主要用于治疗和预防人畜细菌感染疾病，也可用作生长促进剂。抗生素在不同领域得到广泛应用，但目前污水处理工艺对抗生素的去除效率较低，导致抗生素不断释放到环境中，形成“假持续”释放现象。抗生素的选择压力会导致细菌产生抗生素抗性基因，加剧细菌感染治疗的难度。近年来，抗生素抗性基因作为一类新的环境污染物受到广泛关注，在水体、沉积物、水生生物等环境介质中已经检测到抗生素抗性基因的存在。抗生素抗性基因的扩散和传播已经开始威胁到全球人群的健康，其危害往往比抗生素本身所带来的环境危害更大。

抗生素进入环境后会干扰生态系统的物质循环过程，改变微生物群落结构，降低微生物群落的多样性，影响动植物的生长，从而威胁到生态系统的稳定性和多样性。此外，抗生素也会影响微生物的硝化、反硝化和氨化等生态过程。对中国七大主要河流进行的抗生素污染评估发现，海河和黄河中的抗生素污染对无脊椎动物和藻类造成了较高的风险。除了诱导细菌产生抗性基因外，残留在不同环境介质中的抗生素也可能通过多种途径进入人体，对人体健康构成潜在风险。饮用水源、食品等介质中存在一定量的抗生素残留，虽然这些微量水平的抗生素不会产生危害，但人类持续摄入、不间断地暴露于环境中残留的抗生素会对健康造成威胁。例如，β-内酰胺类抗生素代谢物可能引起过敏，部分抗生素可能导致肠道功能紊乱等疾病。全球抗生素抗药性导致的死亡率约为每年 70 万人次，预计到 2050 年将增加到每年 1000 万人次。

中国是全球最大的抗生素生产国和消费国。据统计，2013 年中国 36 种常用抗生素的使用总量为 9.27 万 t，其中约有 5.40 万 t 抗生素被人类和动物排出体外，最终有 5.38 万 t 抗生素通过各种废水处理进入水环境。中国药物总用量中，抗生素占比为 30%～40%，远高于其他各类药物的比例，而欧美等发达国家的比例仅在 10%左右。2020 年，中国使用的全部抗菌药总量为 32 776.30t，使用量排名前三位分别为四环素类、磺胺类及增效剂、β-内酰胺类及抑制剂。

河流是污水处理厂出水及周边农用抗生素的主要受体，因此，河流中抗生素检出情况也不容乐观。对中国七大典型河流的抗生素污染情况进行汇总发现，共检出 16 种抗生素，主要为大环内酯类、氟喹诺酮类、磺胺类和四环素类（表 7-3，表 7-4）。

表 7-3　中国典型河流抗生素污染情况　（单位：ng/L）

种类	抗生素	海河	珠江	辽河	黄河	长江	松花江	淮河
大环内酯类	红霉素	60.0～380.0	30.0～636.0	—	ND-102.0	0.4～45.4		—
	罗红霉素	80.0～370.0	16.0～169.0	ND-741.0	ND-95.0	5.0～20.0	ND-11.0	—
氟喹诺酮类	诺氟沙星	ND-466.0	13.0～251.0	ND-256.0	46.0～327.0	ND-14.2	0.6～5.3	—
	氧氟沙星	ND-202.0	11.0～439.0	ND-632.5	37.0～264.0	ND-74.0	3.4～13.9	—
	环丙沙星	ND-383.0	ND-459.0	ND-185.1	—	N-5.0	—	—
	恩诺沙星	ND-117.0	—	ND-70.0	—	ND-4.8	—	—
磺胺类	磺胺甲噁唑	ND-3900.0	20.0～350.0	ND-670.3	3.0～68.0	3.5～56.8	0.6～26.9	—
	磺胺甲嘧啶	ND-1080.0				0.5～89.1		
	磺胺嘧啶	ND-280.0	3.0～336.0	1.0～30.5	ND	ND-71.8	3.6～8.2	ND-0.7
	磺胺吡啶	—		ND-1.0	—	ND-219.0	—	ND-0.8
	磺胺噻唑	—	—	ND-7.5	—	ND-5.2	—	ND-0.4
	磺胺氯哒嗪	120.0～385.0	—	ND-13.5	—		—	0.4～7.7
四环素类	四环素	30.0～270.0	—	ND-28.7	—	ND-5.0	—	ND-1.7
	土霉素	—	—	—	—		—	ND-3.9
其他	氯霉素	—	11.0～266.0	—	ND	ND-8.6	—	—
	甲氧苄啶	70.0～140.0	—	2.9～976.1	—	6.0～8.0	—	—

资料来源：李雅等，2023

表 7-4　中国典型湖泊抗生素污染情况　（单位：ng/L）

种类	抗生素	白洋淀	博斯腾湖	太湖	鄱阳湖	巢湖	洞庭湖	滇池
磺胺类	磺胺嘧啶	0.9～505.0	2.9～37.3	—	ND-56.2	ND-45.6	ND-61.3	—
	磺胺甲嘧啶	ND-16.1	1.1～13.3	ND-654.0	ND-22.2	ND-4.7	ND-14.9	—
	磺胺甲噁唑	ND-940.0	—	ND-114.7	ND-14.5	ND-137.9	ND-47.4	17.6～499.2
氟喹诺酮类	诺氟沙星	ND-156.0	—	ND-6.5	—	ND-34.8	ND-1.7	—
	氧氟沙星	0.4～32.6	1.3～32.4	ND-82.8	—	ND-50.6	ND-0.5	ND-713.6
	环丙沙星	ND-60.3	17.3～112.3	ND-43.6	ND-8.6	ND-23.2	ND-36.2	—
	恩诺沙星	ND-4.4	ND-15.2	—	ND-5.5	ND-81.7	ND-4.6	—
四环素类	土霉素	4.6～90.3	ND-6.6	ND-72.8	ND-48.7	ND-4.9	—	ND-20.0
	四环素	8.1～85.2	ND-2.8	ND-87.9	ND-10.8	ND-17.8	ND-21.5	—
	金霉素	—	ND-3.1	ND-142.5	ND-18.1	ND-4.4	ND-6.5	—
	强力霉素	—	ND-4.9	—	ND-39.7	ND-42.3	—	—

续表

种类	抗生素	白洋淀	博斯腾湖	太湖	鄱阳湖	巢湖	洞庭湖	滇池
大环内酯类	红霉素	ND-121.0	ND-1.0	ND-624.8	ND-10.7	—	—	—
	罗红霉素	ND-155.0	0.7～5.9	ND-218.3	ND-11.1	—	—	0.9～314.2
其他	洁霉素	—	—	—	ND-16.5	—	—	—
	甲氧苄啶	—	—	ND-40.8	—	—	ND-2.3	—

资料来源：李雅等，2023

2. 多环芳烃污染　多环芳烃（PAHs）是指两个或两个以上芳环稠合在一起的一类化合物，广泛存在于环境中，是一种持久性有机污染物，具有致癌、致畸和致突变等特性，且能在多种介质中进行累积和迁移。城市作为人类活动的主要集聚地，具有高度密集的人口和频繁的社会经济活动，这导致了城市生态环境的剧烈变化。城市的各个部分，如城市公园、街头绿地、居住区绿地、道路绿化带、单位绿地、城市人工林及城郊的天然林地等，都受到较强烈的人为干扰。

目前有关城市环境中 PAHs 的文献报道主要集中在 16 种优先控制物 PAHs 上，即萘（naphthalene，Nap）、苊（acenaphthene，Acy）、苊烯（acenaphthylene，Ace）、芴（fluorene，Flu）、蒽（anthracene，Ant）、菲（phenanthrene，Phe）、荧蒽（fluoranthene，Flt）、芘（pyrene，Pyr）、苯并[a]蒽[benzo(a)anthracene，BaA]、䓛（chrysene，Chry）、苯并[b]荧蒽［benzo(b)fluoranthene，BbF］、苯并[a]芘［benzo(a)pyrene，BaP］、苯并[k]荧蒽［benzo(k)fluoranthene，BkF］、苯并[g,h,i]苝［benzo(g,h,i)perylene，BghiP］、二苯并[a,h]蒽［dibenzo(a,h)anthracene，DahA］和茚并[1,2,3-cd]芘［indeno(1,2,3-cd)pyrene，IcdP］。这 16 种 PAHs 具有持久性污染物的普遍特性，即持久性、生物积聚性、高毒性、半挥发性和长距离迁移性。

根据苯环的数量，PAHs 可分为含有 2～3 个苯环的低分子量 PAHs 和含有 4～6 个苯环的高分子量 PAHs。PAHs 具有较高的沸点和低的蒸气压，化学性质稳定，能够在水体和大气中远距离传输，因此广泛分布于各种环境介质中，如沉积物、土壤、水和大气。研究表明，PAHs 具有致畸、致癌和致突变性，美国环保局已将其中 16 种 PAHs 列为优先控制物，受到国内外学者的广泛关注。

环境中的 PAHs 主要来源于天然和人为两部分。天然源包括森林火灾、火山喷发、生物合成及成岩作用等，这些自然来源的 PAHs 构成了其在环境中的背景值。随着自然环境的开发与利用，人类生产与生活过程中的过度排放已成为当前土壤 PAHs 污染的主要原因。这些人为来源包括工业生产中高分子化合物的不完全燃烧、石油精炼和天然石油渗漏；农业活动中木材和秸秆等有机质的燃烧；以及城市居民生活中烹饪和取暖等。排放至环境中的 PAHs 通过干湿沉降、污水灌溉、废水排放和垃圾填埋等途径进入土壤系统，使得土壤成为污染物的主要汇聚地。土壤中过量的 PAHs 会导致土壤生态功能退化，并通过直接接触、呼吸及摄入等方式威胁居民健康。有研究表明，焦化厂产生的焦炉烟气中含有大量 PAHs 及其衍生物，该厂的工人肺癌发病率显著增加。通过摄入进入人体的 PAHs 还会诱发生殖发育毒性，导致新生儿发育迟缓和智力低下。随着城市扩张和产业转型，不断增加的城市人口和交通压力给城市环境带来了新的重金属和 PAHs 来源。

（1）城市环境 PAHs 的来源　城市中，老煤气厂旧址、石油精炼厂、加油站等各类点源污染场地的土壤中，PAHs 主要来源于工业排放，并与企业的生产活动和各车间的生产工艺密切相关。对农药厂生产场地的研究认为，农药生产过程中生产原料、动力燃料、润滑油的“跑、冒、滴、漏”等现象是导致该场地土壤多环芳烃积累的主要原因；而焦电厂、煤矿、冶炼类场地土壤中的 PAHs 则主要来源于废弃物的排放。城市非点源污染土壤中的 PAHs 则主要来自煤炭、石油、天然气及生物质的燃烧（表 7-5）。对广州市公园土壤的研究发现，土壤中 50.53%的 PAHs 来自交通排放，49.46%来自煤的燃烧。对江苏南部小镇土壤 PAHs 的研究发现，2009 年生物质燃烧源占 42%，煤炭燃烧源占 32%；到了 2014 年，该镇煤炭、生物质及天然气燃烧源占 35%，柴油燃烧源占 33%。这表明导致 PAHs 污染的来源会随着经济发展而发生改变。葡萄牙首都里斯本市土壤中 PAHs 的主要来源是陆地和空中交通的排放，交通排放日益成为城市土壤中 PAHs 的主要来源。城市土壤中 PAHs 各组分含量随着污染源的不同而发生改变。骆永明和章海波（2007）研究香港土壤的污染特征发现，城区土壤以高分子量 PAHs（5 环以上的 PAHs）为主，尤其是（b+k）荧蒽、芘和荧蒽等高分子量 PAHs 的含量明显高于郊区土壤，（b+k）荧蒽的含量是郊区的 36 倍，主要来自汽车的排放。目前用于分析土壤中 PAHs 污染源的方法主要包括相对丰度法、同分异构体比值法、轮廓图法、污染物特征指数法、^{13}C 同位素法和多元统计法等。其中，相对丰度法、同分异构体比值法和污染物特征指数法常用于 PAHs 来源分析。

表 7-5　不同来源的多环芳烃排放因子

排放源	排放因子
柴油燃烧	Flu、Phe、Acy、Ant、Pyr、IcdP、Flt、BaP、BkF、BbF、BaA
汽油燃烧	Pyr、Phe、Flt、Acy、BaP、Chry
木材燃烧	Acy、Ant、BaP、Pyr、Flt、BkF、BbF
燃煤	Chry、BkF、BbF、Flt、Pyr、Phe、BaA、BaP
灰尘	BkF、BbF、BaA、Flt、BghiP、BaP、Pyr、Chry
汽车轮胎磨损	BghiP、IcdP、BeP、BaP

资料来源：骆亮等，2024

相对丰度法：该方法认为当土壤中 2 环和 3 环 PAHs 的比例超过 50%时，表明土壤中多环芳烃主要来自石油源；反之则为燃烧源。

同分异构体比值法：该方法以不同同分异构体的比值作为指标，细化了各种来源。例如，当 IcdP/（IcdP+BghiP）<0.2 时，表示石油源；0.2< IcdP/（IcdP+BghiP）<0.5 时，表示液体化石燃料燃烧源；IcdP/（IcdP+BghiP）>0.5 时，则表示草、木材等生物质或煤炭燃烧。

污染物特征指数法：该方法以一系列特征指标如 BaA/Chry、BbF/BkF、IcdP/BghiP、Phe/Ant 和 BaP/BghiP 为基础，细化了燃烧源的判别。例如，BaA/Chry 在 0.3～0.5 范围内，表示汽油燃烧源；在 0.5～1.0 范围内，表示柴油燃烧源；在 1.0～1.2 范围内，表示煤炭燃烧源。

除了上述方法外，还有主成分分析法常用于 PAHs 来源解析。该方法通过综合性特征指标对样品进行分类识别，不需要设定污染源特征信息，能够推测出一个或多个综合性的污染源信息。

（2）*影响城市环境中 PAHs 含量及分布的主要因素*　除了污染源本身的影响外，城市土壤中 PAHs 的含量和分布还受到外界环境因素、土壤理化性质、土壤微生物作用及地表植被种类的影响。

外界环境因素对土壤 PAHs 的影响主要表现为 PAHs 在大气-水体-土壤多界面的迁移转化上。气态和颗粒状态的 PAHs 通过大气循环、干湿沉降、挥发等途径在大气、土壤和水体中进行长途运输，并形成全球土壤 PAHs 背景值。其中，大气的干湿沉降是环境因素中影响土壤 PAHs 累积量的主要因素之一。低环 PAHs 的水溶性和挥发性相对较高，易在大气-土壤-水体介质中进行交换，并能够随大气流动进行长距离扩散。而高环 PAHs 具有较高的辛醇-水分配系数（octanol-water partition coefficient，K_{OW}），容易保持在污染源附近并在土壤中长期积累。气候变化会影响 PAHs 在大气中的沉降速率和在土壤中的降解速率，季风影响 PAHs 在土壤中的累积。温度对土壤中微生物的降解能力和 PAHs 的挥发速率也有影响。

此外，某些地区土壤中 PAHs 的含量还与当地的海拔高度表现出相关性，如在欧洲 Tatra 山脉高海拔土壤中 PAHs 的含量比较高，这可能是由于挥发性 PAHs 的浓度较高的原因。城市环境中 PAHs 的含量和分布还受土壤物理化学性质的影响。截存是土壤积累 PAHs 的主要机制，土壤中 PAHs 的浓度与土壤有机碳（soil organic carbon，SOC）含量存在显著的正相关。这可能是因为大气中的 PAHs 容易被有机质含量高的土壤吸附，同时有机碳高的土壤中 PAHs 的降解速率较低，因而导致了土壤中 PAHs 的积累。但是在距离污染源较近的城市中心地带，土壤中 PAHs 的含量与黑碳（black carbon，BC）的含量存在显著的相关性，尤其是 4 环、5 环和 6 环的高环芳烃。这可能是因为高环 PAHs 随大气沉降迁移能力弱，更容易在污染源附近沉积。此外，PAHs 与重金属含量的来源比较相似，因而两者在土壤中的含量也存在显著的相关性。研究表明，在饱受交通排放污染的老城区，PAHs 和重金属的含量都呈现最大值。

土壤微生物降解活性对 PAHs 含量的影响很大。一部分土壤微生物直接以菲等 PAHs 作为碳源，随着疏水性增加，高环 PAHs 的生物可利用性降低，更容易在土壤中积存。微生物群落结构会受到根部分泌物的影响发生改变，而且在有机质含量较少的土壤中微生物会和植物根系发生营养竞争。室内实验发现土壤中的 PAHs 大多被吸附在粒径小于 1mm 的土壤颗粒上，对不同深度不同粒径土壤中 PAHs 的研究也发现所有样品中粉粒（2～20μm）中 PAHs 的含量最高。PAHs 浓度的变化可能是由于土壤有机物质的吸附作用及各种 PAHs 的性质所决定。除此之外，土壤养分含量、pH、土壤湿度、氧气含量等也会影响土壤中 PAHs 的含量。

城市土壤由于人为扰动大，土壤特性不同于农业土壤。在城市建设过程中，各种固体杂物进入土壤，导致土壤结构复杂，土壤层次混乱，表土压实，空隙减少并含有很多侵入体。这些都会导致城市土壤中 PAHs 的含量及组成的改变。土壤中 PAHs 的含量还受到地表植物的影响。森林对于净化空气中亲脂性有机化合物并将其沉积在土壤中十分有效。树木通过叶片上的气孔将空气中的气态污染物吸附在蜡质层中，同时林冠能够阻截大气中的颗粒污染物，并最终随雨水或者落叶沉积在表层土壤中。林冠覆盖面以下的空间则能够减少土壤中 PAHs 的挥发，而且有植被的土壤中 PAHs 一旦挥发，马上就会被植物吸附并开始新一轮的循环。城市林分对于城市环境中 PAHs 的影响很大，主要表现在可以减少其半衰期，并能将其从大气转移到土壤中。开放性的城市绿地空间能够调节 PAHs 在土壤中的积累，植物可以吸收积累在土壤中的 PAHs 从而减少土壤中的含量。更重要的是，植物能够输送养分和氧气、释放有益于土壤微生物生长的酶到根际土壤中，为土壤微生物的新陈代谢提供有益环境。乔-灌-草的植物配植形式和城市森林要比单纯的草地能转移更多的 PAHs 到土壤中。

（3）城市环境中 PAHs 的修复　　修复工作目前面临着严峻的挑战，尤其是城市、市郊及工矿企业周边土壤中高浓度 PAHs 的污染。因此，PAHs 污染土壤的修复工作备受关注，各地已经开始采用物理化学修复和生物修复等方法，并已经取得了一定的成效。

Motamedimehr 和 Gitipour（2019）采用 100～180℃的热水处理受 PAHs 污染的土壤，并证实热水对于修复 PAHs 污染土壤是有效的。Falciglia 等（2019）则利用微波技术成功去除人为 PAHs 污染土壤中的 Flu，并将土壤中 Ant 和 Phe 的含量降低到 2mg/kg。Sánchez-Trujillo 等（2013）在 PAHs 污染的老化土壤中添加不同种类的环糊精后发现 HP-β-CD 和 RAMEB 能够提取土壤中绝大部分的 PAHs，是一种有效的化学修复方法。同时，葵花油也被证实能够有效溶解天然气厂土壤中的 PAHs，可用于土壤原位修复。

生物修复是目前广泛采用的修复方法，通过植物或微生物的代谢活动来降解有机污染物，是土壤有机污染物修复的主流方向。芸薹属植物、悬钩子、紫花苜蓿、玉米、大豆、黑麦草、柳树等植物均已被证实对于降低土壤中的 PAHs 有效。而微生物，如植物内生细菌、丛枝菌根真菌、根瘤菌等，也通过实验被证实具有降解 PAHs 的作用。此外，微生物-植物联合修复 PAHs 的效果也受到了关注。刘鑫等（2017）的研究表明，利用紫花苜蓿与 PAHs 降解菌株 *Rhizobium petrolearium* SL-1 联合修复土壤中的 PAHs，其效果明显优于单独种植苜蓿或只接菌处理。Guo 等（2018）的研究结果显示，植物在修复中起到了重要作用，种植高羊茅加菌群、紫花苜蓿加菌群、三叶草加菌群处理土壤中 PAHs 的去除率分别为 41.8%、34.5%和 27.1%，且植物体内有高分子量 PAHs 的积累，4 环 PAHs 的含量高于 5 环 PAHs。Eskandary 等（2014）通过实验发现，高羊茅+地衣芽孢杆菌和高羊茅+摩加夫芽孢杆菌的联合作用都能有效清除土壤中的 PAHs。

因此，城市土壤中 PAHs 的修复应该以绿化植物为主，并结合其他物理化学措施，以达到绿色有效的修复效果。

3. 微塑料污染　塑料已经存在了 100 多年，并且被广泛应用于工业、农业和人类日常生活中。2016 年，全球生产了约 3.35 亿 t 的塑料制品。紫外线、机械作用和水解作用都会破坏环境中的塑料，导致形成微小的塑料碎片，即微塑料（microplastic，MP）。微塑料作为新兴污染物已经迅速成为环境领域的热点问题。MP 通常指的是尺寸上限为 5mm 的纤维、碎片、薄膜等不同类型的聚合物。根据粒径的不同，MP 又可以分为微米塑料（1μm～5mm）、亚微米塑料（100nm～1μm）及纳米塑料（NP，1～100nm）。环境中塑料的形态主要包括泡沫、颗粒、碎片、纤维、薄膜和海绵等，其类型包括聚乙烯（PE）、聚苯乙烯（PS）、聚丙烯（PP）、聚酰胺（PA）、聚甲基丙烯酸甲酯（PMMA）、丙烯腈丁二烯苯乙烯（ABS）、聚碳酸酯（PC）、聚氯乙烯（PVC）、聚对苯二甲酸乙二醇酯（PET）等。

1990 年，Ryan 和 Moloney 针对南非海岸的塑料污染进行了研究，并首次提出了微塑料的概念。学术界普遍将直径小于 5mm 的塑料碎片或颗粒定义为微塑料。微塑料性质稳定，可以广泛且长期存在于不同环境介质中。由于体积微小，微塑料可被生物（如浮游动物、鱼及海洋哺乳动物）误食而堵塞器官和生物组织，干扰生物体内分泌功能，甚至导致死亡。微塑料还可以通过呼吸道和消化道进入人体，目前已有研究在人类粪便、结肠、胎盘及血液中发现了微塑料。此外，由于微塑料是重金属和持久性有机污染物的重要载体，因此微塑料及其复合污染物最终可能对生态环境和人类健康产生不可预测的损害。近年来，探究微塑料污染特征及其毒性并进行风险评估已成为微塑料研究的重要内容。

对微塑料的研究始于国外海洋。研究显示，80%的海洋微塑料由陆地系统输送。Zhao 等（2014）首次检测了我国长江口表层水体中微塑料的分布特征，认为微塑料可由城市排放至河流系统，并最终通过河口输送至海洋，因此城市水系可能是微塑料的重要来源。城市地表水体，特别是人口密度和工业化程度较高的流域，微塑料的含量远高于其他水体，且污染程度与城市中心距离呈正相关，对生态环境和人类健康造成了极大威胁。此前有研究综述了不同国家和地区城市水系统中微塑料的来源、丰度、迁移途径及毒性风险，综合全球的微塑料污染现状，显示我国地表水体中微塑料含量属较高水平。因此，对我国城市地表水中微塑料的空间分布、污染特征、生态风险评估及来源进行分析，对深入了解与控制微塑料污染风险至关重要。

中国是世界上最大的塑料生产国，每年产生超过 882 万 t 的塑料垃圾，为全球最高。微塑料作为新型污染物，在我国各环境介质中的存在情况近年来也受到诸多关注。2017 年，有研究者首次分析了中国内陆水系统中的微塑料污染。Fu 等（2019）综述了我国淡水生态系统中微塑料的分析方法、来源及迁移途径。Sun 等（2022）采用物种敏感度分布法对我国陆域水体中微塑料的生态风险进行了综述。这些研究为我国内陆水体及生态系统中微塑料污染的控制奠定了基础，但由于缺少标准化采样、预处理、特征分析及风险评估方法，对我国城市地表水中微塑料污染特征及生态风险的了解仍然有限。

研究表明，我国城市地表水中普遍存在微塑料污染，平均丰度为（27 540.00 ± 114 914.05）个/m^3，且污染分布有显著的空间异质性，干流和近海河口丰度高于支流。在形状和尺寸方面，以纤维和碎片为主，尺寸多为 0.5～1mm，以聚丙烯和聚乙烯为主。

第 6 节　城市环境污染防治

污染物是一种污染空气、水或土壤的废弃物。决定污染物严重程度的有三个因素：化学性质、浓度和持久性。城市污染是指污染物进入城市环境，引起不利变化。污染一般以化学物质或能量的形式出现，如噪声、热或光。污染物是污染的组成部分，可以是外来物质/能量，也可以是自然产生的污染物。污染通常分为点源污染和非点源污染。2015 年，全球有 900 万人死于污染。城市污染的主要形式有：大气污染、光污染、生活垃圾、噪声污染、塑料污染、土壤污染、放射性污染、热污染、视觉污染、水污染等。

1. 历史　文明总是伴随着空气污染。污染始于史前时代，那时人类创造了第一堆火。根据 1983 年《科学》杂志上的一篇文章，在史前洞穴的天花板上发现的“煤烟”提供了充足的证据，表明与明火通风不足有关的高污染水平。金属锻造似乎是造成户外空气严重污染的关键转折点。格陵兰冰川的核心样本表明，与希腊、罗马和中国的金属生产相关的污染在增加。

2. 城市环境污染　煤炭和木材的燃烧，以及集中地区大量马匹的存在，使城市成为主要的污染源。工业革命将未经处理的化学物质和废弃物注入当地的溪流，作为水源。英格兰国王爱德华一世在 1272 年的伦敦颁布了禁止燃烧煤粉的法令，但烟雾问题仍然存在。工业革命导致了我们今天所知道的环境污染。伦敦还记录了 1858 年泰晤士河上的“臭味”，这是早期水质问题的一个极端案例，随后不久伦敦便修建了污水处理系统。随着人口增长远远超过社区处理垃圾问题的能力，污染问题逐步升级。改革者开始要求建立下水道系统和提供干净的水。

1870 年，柏林的卫生条件是欧洲最差的。奥古斯特 · 贝尔克回忆了 19 世纪 70 年代末建造现代下水道系统之前的情况：“房屋里的废水被收集到路边的排水沟中，散发出一股可怕的气味。街上或广场上没有公共厕所。游客，尤其是女性，在自然召唤时常常变得绝望。公共建筑中的卫生设施简陋得令人难以置信。作为一个大都市，柏林直到 1870 年后才从野蛮状态走向文明。”原始条件对于一个世界性的国家首都来说是无法忍受的，德意志帝国政府请来了它的科学家、工程师和城市规划者，不仅解决了这些不足之处，而且把柏林打造成了世界模范城市。一位英国专家在 1906 年总结道，柏林代表了“科学、秩序和公共生活方法的最完整应用”，并补充道，“它是市民管理的奇迹，是世界上最现代、组织最完善的城市”。大型工厂的出现和大量煤炭的使用导致了前所未有的空气污染，工业化学物质的大量排放增加了未经处理的人类垃圾的负担。1881 年，芝加哥和辛辛那提成为美国最早颁布法律确保空气清洁的两个城市。20 世纪初，随着燃煤造成的大气污染（如伦敦的烟雾、匹兹堡的工业排放）、水污染（如德国鲁尔区的黑水、东京的隅田川）及全球城市中约 300 万匹马所产生的大量排泄物引发的问题日益严重，污染问题成为纽约、伦敦、东京等快速扩张的工业城市的主要关注点。正如历史学家马丁・梅洛西（Martin Melosi）所指出的，第一代见证汽车取代马匹的人认为汽车是“清洁的奇迹”。然而到了 20 世纪 40 年代，汽车引起的烟雾成为了洛杉矶的一个主要问题。

在 20 世纪早期，空气污染办公室在美国内政部的领导下成立。20 世纪 40 年代末，美国宾夕法尼亚州的洛杉矶和多诺拉等城市也曾发生过严重的雾霾天气，这是又一次引起公众注意的事件。空气污染问题一直存在于英国，特别是在工业革命后期。二战后，人们对大气污染的认识得到了广泛传播，有关原子战和核试验的放射性沉降物的报道引发了人们的担忧。随后，一场非核事件——1952 年伦敦的大雾——导致至少 4000 人死亡。这促成了第一批重要的现代环境立法：1956 年的《清洁空气法》。20 世纪 50 年代中期到 70 年代初，随着国会通过了《噪声控制法案》《清洁空气法案》《清洁水法》《国家环境政策法案》，污染开始引起美国公众的广泛关注。

严重的污染事件有助于提高人们的意识。1974 年，多氯联苯被倾倒在哈德逊河，导致美国环保署颁布了禁止食用多氯联苯的禁令。20 世纪 70 年代末的国家新闻报道——尤其是拉夫运河事件——导致了 1980 年的超级基金立法。工业用地的污染导致了“棕地”这个名字的出现，这个词现在在城市规划中很常见。核科学的发展带来了放射性污染，这种污染在数十万年的时间里都具有致命性的危险。卡拉恰伊湖被世界观察研究所命名为地球上“污染最严重的地方”，在 20 世纪 50 年代和 60 年代，它一直是苏联的废弃物处理场。俄罗斯车里雅宾斯克被认为是“地球上污染最严重的地方”。核武器在冷战期间持续进行试验，特别是在其发展的早期阶段。受影响最严重的人口死亡数及对放射性严重威胁人类健康的认识增长，也是与核能有关的一个令人望而却步的复杂问题。尽管该行业非常谨慎，但三哩岛（Three Mile Island）、切尔诺贝利（Chernobyl）和福岛（Fukushima）等事故暗示了灾难可能性，仍是公众无法忽视的问题。全世界都在密切关注这些灾难。广泛支持禁止核试验条约已经结束了几乎所有的大气层核试验。

1978 年在布列塔尼海岸附近发生的阿莫科・卡迪兹号油轮的失事和 1984 年的博帕尔灾难等国际灾难表明了这类事件的普遍性和解决这些事件所需的努力规模。大气和海洋的无国界性质不可避免地导致了全球变暖问题在全球范围内的污染影响。最近，持久性有机污染物（persistent organic pollutant，POP）一词被用来描述一类化学物质，如多溴二苯醚和全氟化合物等。尽管由于缺乏实验数据，人类对它们的影响仍然不太了解，但它们已在远离工业活动的各种生态生境中被发现，如在北极已经显示出扩散和生物积累。

最近发现的一个问题是太平洋大垃圾带，大量的塑料、化学污泥和其他垃圾被北太平洋环流收集到太平洋的一大片区域。这是一个不太为人所知的污染问题，但仍然有多种严重的后果，如野生动物死亡率的增加、入侵物种的传播和人类摄入有毒化学物质。夜晚的灯光带来的污染正在成为一个全球性的问题，在城市中心更为严重，同时也污染了远离城镇的大片地区。随着时间的推移，越来越多的地方性和全球性污染的证据，以及越来越多的公众信息披露，导致了环境保护主义和环境运动的兴起，它们通常寻求限制人类对环境的影响。

3. 污染的形式　以下列出了主要的污染形式，以及与每种污染有关的特定污染物。

（1）*空气污染*　化学物质和微粒释放到大气中。常见的气体污染物包括一氧化碳、二氧化硫、含氯氟烃（CFCs）及工业和机动车排放的氮氧化物。光化学臭氧和烟雾是氮氧化物和碳氢化合物对阳光起反应而产生的。颗粒物中的PM_{10}和$PM_{2.5}$对人体健康危害最为严重。

（2）*电磁污染*　人们经常接触到过量的非电离形式的电磁辐射，如无线电波等，特别是在大城市。然而，这些类型的辐射是否对人类健康有任何影响仍是未知的。

（3）*光污染*　包括光侵入、过度照明和天文干扰。

（4）*乱扔垃圾*　将不适当的人造物品扔到公共和私人财产上的犯罪行为。

（5）*噪声污染*　包括城市交通噪声、工业噪声、社区生活噪声和施工噪声等。

（6）*塑料污染*　指塑料制品和微塑料在环境中的累积，对野生动物、野生动物栖息地或人类产生不利影响。

（7）*土壤污染*　当化学物质通过溢出或地下泄漏被释放时发生。其中最重要的土壤污染物是烃类、重金属、甲基叔丁基醚（MTBE）、除草剂、杀虫剂和氯化烃类等。

（8）*放射性污染*　20世纪原子物理学活动造成的放射性污染，如核能发电和核武器的研究、制造和部署。

（9）*热污染*　在自然水体中由于人为的影响而引起的温度变化，如在电厂中使用水作为冷却剂。

（10）*视觉污染*　指架空电力线、高速公路广告牌、伤痕累累的地形（如露天开采）、露天存放垃圾、城市固体废弃物或空间碎片等。

（11）*水污染*　工商业废弃物（故意或透过溢出物）排放至地表水造成水污染；排放未经处理的生活污水，以及经处理的污水所含氯等化学污染物；向流入地表水的地表径流排放废弃物和污染物，包括城市径流和农业径流（其中可能含有化肥和农药），还包括人类露天排便的粪便——这在许多发展中国家仍然是一个主要问题；废弃物处置和渗入地下的地下水污染，包括坑式厕所和化粪池造成的污染；富营养化和乱扔垃圾。

4. 污染的成本　污染是有代价的。造成空气污染的制造活动给整个社会带来了健康风险和清理费用。造成空气污染的制造业活动是生产负外部性的一个例子。当一个公司的生产降低了没有得到公司补偿的其他人的福利时，生产的负外部性就会发生。举例来说，如果一家洗衣店靠近一家产生污染的钢铁制造企业，由于钢铁制造企业产生的灰尘和烟雾，洗衣店的成本就会增加。如果存在外部成本，如由污染造成的成本，制造商将选择生产比被要求支付所有相关环境成本时更多的产品。如果存在外部利益，如公共安全方面的利益，那么生产出来的商品可能会比生产者从他人那里获得的外部利益要少。然而，在生产中涉及负外部性的商品和服务，如那些产生污染的商品和服务，往往是生产过剩和价格偏低的，因为外部性并没有被市场定价。

污染也会给制造污染的公司带来成本。有时，企业会选择，或迫于监管，来减少它们所产生的污染。这样做的相关成本被称为减排成本，或者用每增加一个单位来衡量的边际减排成本。2005年，美国的污染治理资本支出和运营成本接近270亿美元。

5. 污染水平　社会从污染中获得一些间接的效用，否则就没有污染的动机。这种效用来自产生污染的商品和服务的消费。因此，为了达到一个有效的结果，政策制定者试图平衡这些间接收益和污染成本，这是很重要的自由市场和社会最优结果的直观比较。利用环境经济学来确定哪个污染水平被认为是社会最优是可能的。对经济学家来说，污染是一种“外部成本，只有当一个或多个个人遭受福利损失时才会发生”，然而，存在一个社会最优污染水平，在这个水平上福利才会最大化。这是因为消费者从所生产的产品或服务中获得效用，在达到一定程度之前，这些效用将超过污染的社会成本。在这一点上，一个额外的污染单位对社会的损害，即污染的边际成本，正好等于多消费一个单位的商品或服务的边际。

在有污染的市场，或生产中的其他负外部性，自由市场的均衡将不考虑污染对社会的成本。如果污染的社会成本高于企业的私人成本，那么真实的供给曲线会更高。社会边际成本与市场需求的交点为社会最优污染水平。在这一点上，与自由市场均衡相比，数量会更少，价格会更高。因此，自由市场的结果可以被认为是市场失灵，因为它“没有使效率最大化”。

6. 污染来源　空气污染来自自然源（如沙尘暴、火山喷发）和人为源。近年来，燃烧（化石燃料、生物质）、工业（建筑、采矿）、农业（化肥、秸秆焚烧）和军事活动（战争）产生的全球人为污染物已成为空气污染的主导因素。根据《全球大气污染排放清单》（EDGAR，2024）数据，中国（2021年数据）、美国、印度、俄罗斯、日本和墨西哥是全球人为空气污染物（如$PM_{2.5}$、SO_2）排放量最大的国家，其中机动车排放是城市空气污染的主要来源，而工业燃煤在发展中国家占比更高。

主要的固定污染源包括化工厂、燃煤发电厂、炼油厂、石化厂、核废料处理活动、焚化炉、大型养殖场（奶牛、猪、家禽等）、金属生产厂等。农业空气污染来自现代的做法，包括自然植被的砍伐和燃烧，以及喷洒杀虫剂和除草剂。每年全球大约产生4亿t危险废弃物。仅美国就生产大约2.5亿t。美国人口不到世界人口的5%，但生产的二氧化碳约占世界的25%和产生约30%的世界废弃物。2007年，中国超过美国成为世界上最大的二氧化碳生产国，虽然在人均污染方面仍远远落后——在世界各国中排名第78位。

2007年2月，政府间气候变化专门委员会（IPCC）发布了一份报告，代表了来自120多个国家的2500名科学家、经济学家和政策制定者的工作成果。报告称，自1950年以来，人类一直是全球变暖的主要原因。一份重要的气候报告总结道，人类有办法减少温室气体排放，避免全球变暖的后果。但根据IPCC 2023年的第六次评估综合报告，要改变气候，从煤炭和石油等化石燃料的转变需要在几十年内完成。

一些比较常见的土壤污染物是氯代烃（CFH）、重金属（如铬、可充电电池中发现的镉、铅涂料中发现的铅、航空燃料，在一些国家还有汽油）、甲基叔丁基醚、锌、砷和苯。2001年，一系列的媒体报道在一本名为《命运的收获》的书中达到了高潮，书中披露了一种广泛的做法，即把工业副产品回收成肥料，导致土壤被各种金属污染。普通的城市垃圾填埋场是许多化学物质进入土壤环境（通常是地下水）的来源，这些化学物质来自被广泛接受的各种垃圾，特别是在那里被非法丢弃的物质，或者来自1970年以前的垃圾填埋场，这些填埋场在美国或欧盟可能很少受到管制。也有一些不寻常的多氯二苯二氮的释放，为简单起见通常称为二噁英，如 TCDD。

污染也可能是自然灾害的后果。例如，飓风经常涉及污水造成的水污染，以及破裂的船只或汽车造成的石化泄漏。当涉及沿海石油钻井平台或炼油厂时，更大规模的环境破坏并不罕见。一些污染源，如核电站或油轮，在事故发生时可能产生广泛的潜在危险的排放。就噪声污染而言，最主要的噪声源是机动车，它产生了全世界 90%的有害噪声。

7. 污染的影响

（1）对人类健康的影响　有害的空气质量会导致包括人类在内的许多生物死亡。臭氧污染会导致呼吸道疾病、心血管疾病、咽喉发炎、胸痛和充血。水污染每天造成大约 14 000 人死亡，主要是由于发展中国家未经处理的污水污染了饮用水。据估计，印度有 5 亿人没有合适的厕所。2013 年，印度官方统计有超过 1000 万人患上水传播疾病，至少 1535 人因此死亡，约 70%为 5 岁以下儿童（National Centre for Disease Control，2014），而独立研究推测实际死亡人数可能更高。近 5 亿中国人缺乏安全的饮用水。2010 年的一项分析估计，中国每年有 120 万人因空气污染而过早死亡。中国长期面临的高雾霾水平会对人类身体造成损害，并引发各种疾病。根据世界卫生组织官方研究（World Health Organization，2014），印度 2007 年因室外空气污染导致的死亡人数约为 62.7 万；同期美国研究（United Nations Environmental Protection Agency，2011）显示该国年均相关死亡 5 万～8 万人。需注意这些估算会随研究方法更新而变化。

石油泄漏会引起皮肤刺激和皮疹。噪声污染会导致听力丧失、高血压、压力和睡眠障碍。汞与儿童发育缺陷和神经症状有关。由空气污染引起的疾病对那些有心脏或肺部疾病的人有额外的风险，儿童和婴儿也面临严重风险。铅和其他重金属已经被证明会导致神经问题。化学和放射性物质会导致癌症和先天缺陷。《柳叶刀》杂志 2017 年 10 月发表的一项研究发现，全球污染，特别是有毒的空气、水、土壤等，每年杀死九百万人，这相当于人类战争和其他形式的暴力造成的死亡人数 的 15 倍。这项研究的结论是："污染是人类世面临的重大生存挑战之一。污染危害地球支持系统的稳定，威胁人类社会的持续生存。"

（2）对生存环境的影响　污染已广泛存在于环境中，对生态系统产生了多种影响。生物放大现象描述了毒素（如重金属）可能通过营养级，在此过程中呈指数级富集的情况。二氧化碳排放导致海洋酸化，即地球海洋的 pH 持续下降。温室气体的排放导致全球变暖，对生态系统产生多方面的影响。入侵物种可以超越本土物种，减少生物多样性。入侵的植物会产生碎片和生物分子（化感作用），改变土壤和环境的化学成分，通常会降低本地物种的竞争力。氮氧化物被雨水和肥沃的土地从空气中清除，从而改变了生态系统的物种组成。雾霾会减少植物进行光合作用所接受的阳光量，导致对流层臭氧的产生，对植物造成损害。二氧化硫和氮氧化物会引起酸雨，降低土壤的 pH。土壤会变得贫瘠，不适合种植植物，这将影响食物网中的其他生物。水道的有机污染会耗尽水体的含氧量，减少物种多样性。

8. 环境卫生信息　美国国家医学图书馆（NLM）的毒理学和环境卫生信息计划（TEHIP）维护一个全面的毒理学和环境卫生网站，其中包括访问由 TEHIP、其他政府机构和组织提供的资源。该网站包括数据库、参考书目、教程和面向消费者的资源的链接。TEHIP 还负责毒理学数据网络（TOXNET），该网络是毒理学和环境卫生数据库的综合系统，可在网上免费获得。

污染控制是环境管理中的一个术语。它的意思是控制排放和废水进入空气、水或土壤。没有污染控制，来自过度消费、加热、农业、采矿、制造业、运输和其他人类活动的废弃物，无论其积累还是分散，都会使环境退化。在控制层次上，预防污染和尽量减少废弃物比控制污染更可取。在土地开发领域，低影响开发是一种类似的防止城市径流的技术。

9. 实践　实际应用的技术方法和设施包括：回收、重用、废弃物最小化、减轻、防止、堆肥、污染控制设备、空气污染控制、热氧化剂、集尘系统、袋式除尘器、飓风、静电除尘器、洗涤塔、挡板喷淋洗涤器、气旋喷淋洗涤器、推文丘里洗涤器、机械辅助式洗涤器、喷雾塔、湿式洗涤器、污水处理、沉降（一级处理）、活性污泥生物处理（二级处理，也用于工业废水）、充气水池、人工湿地（也用于城市径流）、工业废水处理、API 油水分离器、生物过滤器、溶气浮选（DAF）、粉状活性炭处理、超滤、蒸汽回收系统、植物修复等。

10. 视角　由生命形式产生的污染的最早前兆可能是它们存在的一种自然功能。随之而来的对生存能力和种群水平的影响属于自然选择的范畴。这些可能包括当地种群的消亡或最终物种的灭绝。那些无法适应的过程会导致变化和适应带来的新平衡。在极端情况下，对于任何形式的生命来说，对污染的考虑都被生存的考虑所取代。

对人类而言，技术因素是一种区别性和批判性的考虑，既是促成因素，又是副产品的额外来源。除了生存，人类的担忧还包括从生活质量到健康危害的一系列问题。由于科学认为实验证明是决定性的，现代毒性或环境损害的处理涉及确定一个水平，在这个水平上，效应是可以观察到的。实际测量至关重要的领域的常见例子包括汽车排放控制、工业暴露、毒理学（如 LD_{50}）和药物（如药物和辐射剂量）。“污染的解决办法是稀释”是一句格言，它总结了传统的污染管理方法，即充分稀释的污染是无害的。它非常适合于其他一些现代的、局部范围的应用，如实验室安全程序和危险物质释放应急管理。但是它的局限之处在于假设稀释剂的应用几乎是无限的供应，或者在所有情况下产生的稀释是可接受的。

在更早的几个世纪里，这种在更大范围内处理环境污染的简单方法可能有更大的价值，因为在那个时候，生存往往是最高的要求，人口和密度更低，技术更简单，副产品更无害。但这种情况往往已不复存在。此外，先进技术使浓度测量成为可能，这在以前是不可能的。在评估结果时使用统计方法使可能损害的原则得到认可，这种原则适用于有理由进行评估但诉诸确定性模型是不切实际或不可行的情况。此外，除了对人类的直接影响之外，对环境的考虑也得到了重视。然而，在没有替代原则的情况下，这种较旧的方法主导了全世界的实践。这是衡量合法排放的污水浓度的基础，超过这个浓度就会受到处罚或施加限制。发达国家的现代危险废弃物法中就包含了这种替代原则，因为将危险废弃物稀释成无害废弃物的过程通常是一种受管制的处理过程。在许多情况下，从污染稀释到消除的迁移会遇到经济和技术上的障碍。

（1）温室气体和全球变暖　尽管二氧化碳对光合作用至关重要，但有时也被称为污染，因为大气中二氧化碳含量的增加正在影响地球的气候。对环境的破坏也会凸显通常被单独分类的污染区域之间的联系，如水和空气。最近的研究调查了大气中二氧化碳含量长期上升可能导致海水酸度轻微但关键的增加，以及这种增加对海洋生态系统的可能影响。

（2）污染最严重的行业　国际非营利组织“纯净地球”（Pure Earth）致力于消除对发展中国家生命构成威胁的污染，每年发布一份世界上污染最严重的一些行业的名单。其中包括铅酸电池回收、工业采矿和矿石加工、铅冶炼、制革厂操作、手工小型金矿开采、工业/市政垃圾、工业区、化工制造、产品制造和染料工业。农业与贸易政策研究所 2018 年的一份报告指出，肉类和乳制品行业将超过石油行业，成为世界上最严重的污染制造者。“纯净地球”发布了一份世界上污染最严重地区的年度名单，包括 Agbogbloshie（加纳）、切尔诺贝利（乌克兰）、Citarum 河（印度尼西亚）、Dzershinsk（俄罗斯）、孟加拉国、卡布韦、赞比亚、加里曼丹（印度尼西亚）、Matanza Riachuelo（阿根廷）、尼日尔河三角洲（尼日利亚）和诺里尔斯克（俄罗斯）。

11. 我国防治环境污染的对策　为了防治环境污染，我国相继颁布了《中华人民共和国环境保护法》《中华人民共和国水污染防治法》等一系列法律。1983 年，我国政府宣布把环境保护列为一项基本国策，提出在经济发展过程中经济效益、社会效益和环境效益相统一的战略方针。1994 年，我国政府制定了今后中国环境保护工作的行动指南——《中国 21 世纪议程》，指出“通过高消耗追求经济数量增长和‘先污染后治理’的传统发展模式已不再适应当今和未来发展的要求，而必须努力寻求一条人口、经济、社会、环境和资源相互协调的、既能满足当代人的需要而又不对满足后代人需求的能力构成危害的可持续发展的道路”。为了做好环境污染的防治工作，我们每一个公民必须努力增强环境保护意识。

（1）*主要污染防控措施*　城市化造成的突出环保问题已对社会稳定和经济发展产生了很大的负面影响。因此，为了全面掌握当前城市的环境状况，查明环境污染成因，需要及时制订科学可行的保护措施进行预防，以促进城市环境工作更快更好地进展。

（2）*加强环境监测体系建设*　随着我国经济的快速发展，城市化建设的步伐也在加快。以往传统的城市环境监测系统已不能适应当前的环境形势。因此，为了充分反映当前城市的环境质量变化，有必要建立高密度、全方位的监测体系，主要包括固定监测站、移动监测站和在线监测系统。应用新监测系统可以保证全方位、大范围地全天候进行环境质量监测，这不仅可以反映当前的环境污染情况，还可以提高监测数据的准确性。同时，还需要将物联网的感知、传播、智能等特点与环境监测应用结合，以构建高密度的环境监测系统，这样就可以实现不同地点、不同方向的监测设备可以兼容，监测数据可以得到有效处理，管理和控制能力也可以提高。此外，还可以将大气污染源、气象、水质等方面的环境数据上报到物联网大数据环境监测系统，以便对环境污染实施及时、有针对性的预防和管理。

（3）*合理应用环境监测设备*　环境监测技术在不同情况下采取的技术方法也有所不同。例如，实验室应用较多的是原子吸收光谱、紫外-可见原子吸收光谱、红外光谱、ICP 和等离子体，以及透射光谱。而部分比较特殊的监测设备也在不断更新，主要包括环境水体在线监测设备、COD 精密测量仪器等，且每种设备都有不同的用法，以满足不同需求。此外，国外在监测 CO、NO、COD 等基础污染物方面的便携式仪器比较全面，便携式气相色谱仪（GC）也作为现场分析仪器，在环境应急中扮演着不可或缺的角色。近几年，随着我国在环境监测设备方面投入的大量资金，环境监测设备的合理应用也达到了一个新的水平。

（4）*构建环保大数据共享处理平台*　随着环境监测设备、法规的不断完善，环境数据信息的总量和类型越来越多样化。城市发展规划、政府发展决策及环境治理方向都需要对环境数据信息进行共享。然而，管理如此海量信息的方式必须具备高存储容量的大数据平台。因此，构建环保大数据平台不仅能够处理海量数据，还能对现有数据进行管理，并系统整合环保相关信息和数据，有效提高了数据处理能力。这在很大程度上增加了环保大数据共享平台的灵活性。

（5）*采用科学合理的处理技术*　针对当前的城市环境污染问题，需要针对工业点源污染和城市面源污染采取科学合理有效的治理措施，以改善城市环境质量。因此，应从以下方面着手：提高区域污染物的排放标准，督促工业企业在工业废气排放和工业废水排放的末端治理。加大资金投入和技术投入，实现深度治理污染物排放，提高治理效果，从而减少污染物排放总量。加大深化城市面源的污染整治，提升施工扬尘防治水平，如可发挥房屋建筑工地远程视频和扬尘在线监测系统的作用。为了强化道路扬尘污染治理，还要大力推进道路清扫保洁机械化作业，加大渣土运输车辆执法管控力度，提高城市道路机械化清扫和洒水比例，以深入推进城市道路深度保洁。加强裸露土地的绿化，做好全区裸露地块监管，定期开展裸露土地核查，加快推进实施裸露地块的复绿工程。并借助空气微站、雷达走航监测等手段，查找工地扬尘、裸露土地等污染问题。

（6）深化工业污染物治理　在加强城市污染治理措施的过程中，应实现排污许可“一证式”管理，以增强对企业持证排污的监管力度。加强工业企业污染物排放治理，对于不符合环保管理要求的工业污染源要进行提标改造，以确保污染物稳定达标排放。强化工业企业无组织排放管理，完成重点行业无组织排放的深度治理。加强有毒有害气体治理，以及消耗臭氧层物质的管理。此外，还应强化挥发性有机物污染控制，加强挥发性有机物和氮氧化物协同控制，实施挥发性有机物排放综合整治。可持续开展挥发性有机物排放源清单调查，实施挥发性有机物排放总量控制，以推进挥发性有机物排放源的监测监控体系建设。同时，还应深化工业涂装、包装印刷和油品储运销等重点领域的专项整治。

（7）健全环境风险防控体系　在城市环境保护措施中，应以工业固体废弃物、化学品和辐射环境风险为重点，通过适度控制风险源总量、增加处理处置能力、提高应急处置能力，来确保全区域环境安全。同时，还需加强危险废弃物源头控制，引导企业采用低毒低害和无毒无害原料，促进企业从源头减少或避免危险废弃物产生。此外，还需深入开展辐射安全风险排查，加强放射性物品转让、储存和运输过程的安全监管。另外，要加快推进城乡生活垃圾源头减量，推广垃圾分类收集、分类转运和垃圾资源回收。还要健全环境应急协调联动机制，完善应急指挥系统，推进环境应急领域的智慧化和信息化建设。

（8）引导居民树立环境保护意识　环境保护意识在城市环境管理中起着积极作用。众所周知，人们向往的是绿水青山、蓝天碧水的良好居住环境。政府部门可以通过环保公益广告、倡导居民参与环保公益活动等方式，培养居民的环境保护意识，鼓励更多的社会大众参与环境保护，为环境保护尽责出力。

思考题

1. 什么是城市环境？城市环境有什么特征？
2. 我国城市目前存在的主要环境问题有哪些？
3. 城市环境污染主要表现在哪几个方面？
4. 简述城市环境污染的主要污染形式。
5. 论述城市环境污染是如何影响人类的生活和生产的。
6. 城市水环境有什么特点？
7. 什么是城市环境容量？
8. 解释为什么在城市地区容易产生逆温现象。
9. 如何预防城市环境污染？
10. 如何修复城市环境污染？

第 8 章　城市建筑和交通

城市建筑和交通是城市化进程中不可或缺的重要组成部分，直接影响着城市功能、居民生活质量和环境的可持续性。随着城市化进程的加快，建筑和交通发展面临着诸多挑战，尤其是在资源节约和环境保护方面。如何在满足城市发展的同时实现生态可持续性发展，已成为当今城市规划和设计的核心议题。

建筑即城市，城市即建筑。城市建筑是指在城市区域内为满足人类居住、办公、商业、文化、娱乐等各类活动需要而建造的各种建筑物和设施。城市建筑的特点通常体现在高密度、功能多样化、结构复杂性及与周围环境的紧密联系等方面。与乡村建筑相比，城市建筑往往在建筑规模、层数和功能布局上更加密集和多样化。在形式上，现代城市建筑不再单纯追求传统的功能性和美观性，更注重建筑的节能环保、绿色设计和可持续发展。例如，绿色建筑设计提倡使用环保材料、节能技术及优化能源利用，减少对环境的负面影响。与此同时，随着城市化的推进，城市建筑的高度不断增加，城市天际线的形态也逐渐发生变化，这给城市的空间布局、交通流线及生态环境带来了新的挑战。

城市交通是指在城市内部及其周边区域内，人们通过各种交通工具进行人员、物资运输的活动。它包括了道路交通、公共交通、非机动车道及步行系统等多种形式。城市交通的特点之一是高度密集和复杂，尤其是在大城市中，交通拥堵、污染和能源浪费已成为常见问题。城市交通的形式多样，包括私家车、公共汽车、地铁、轻轨、出租车、共享单车等。在现代城市中，公共交通系统是缓解交通拥堵和减少环境污染的关键。与此同时，随着电动汽车和共享出行的兴起，智能交通系统逐渐成为未来城市交通发展的重要方向。智能交通通过实时数据分析、交通流量控制和智能导航，优化交通运行效率，减少能源浪费和空气污染。

在城市建筑与交通的规划设计中，必须实现功能与生态的平衡。合理的城市建筑规划应注重空间布局、绿色生态和人性化设计，以提高居民的生活舒适度和安全性。交通规划则需要减少拥堵、提高效率、降低污染，重点推动公共交通和绿色出行方式，进一步促进步行和骑行等低碳出行方式。如今，许多城市都开始重视“以人为本”的设计理念，推动无障碍环境建设，提升城市交通的安全性和舒适性。然而，城市建筑和交通对生态环境的影响不可忽视。建筑行业的能耗和排放是全球碳排放的主要来源之一，尤其是老旧建筑能效低、节能措施不足，造成较大的环境负担。交通工具的排放、噪声污染及道路建设带来的生态破坏，也给城市生态带来压力。因此，城市建筑与交通的发展应注重生态影响，推动绿色、低碳的交通系统和绿色建筑设计，减少对环境的负面影响。通过优化城市道路设计、智能交通管理及普及绿色交通工具，城市可以实现更加高效、环保的交通系统，并推动人类、城市与自然环境的和谐共生。

第 1 节　城市建筑群的规划设计

1. 城市景观的总体规划设计　通常将城市中心建筑群（包括市中心、区中心和其他公共活动中心的建筑群）作为“点”，将城市干道建筑群作为“线”，将住宅建筑群作为

“面”。既要分清主次和突出重点，又要将“点”“线”“面”相互结合和相互协调起来，使城市景观达到较佳的整体效果。

2. 满足使用功能要求的规划设计　功能要求对于建筑群体的组合造型有重大影响。例如，工业建筑群要满足生产技术和工艺流程的要求；住宅建筑群要满足合理安排居民生活的需要。现代城市建筑群的设计还必须组织好各种人流和车流的交通路线，使建筑群与外界有便捷的联系。此外，在建筑群的规划设计中，还要考虑通风、日照、防火、防震及埋设各种地下工程管网等方面的要求，注意照明、绿化和城市建筑小品的布置。

3. 与周围自然环境有机结合的规划设计　在规划设计上，要有利于排除地面水、减少土石方工程以降低建筑造价；并且要充分利用地形、地貌为建筑群设计提供有利条件，创造出丰富、生动的艺术形象。例如，古希腊的雅典卫城建立在陡峭的山顶上，建筑群突出主体神庙，并沿周边布置，与山形浑然一体，成为杰出的建筑作品。处于不同地形环境的街道，其两侧建筑群可以采取不同的布置方法：地势平坦的街道，其两侧建筑群的布置，或严谨规整，或高低错落，处理上较为自由；山区丘陵地带的街道，高低起伏较大，两侧或一侧的建筑群多顺沿等高线错落布置，一般应在多变之中探索群体的统一和协调，力求取得和谐与完整的效果。

4. 美化城市景观的规划设计　多座个体建筑物按照不同的形式组合成各种尺度和形状的空间，会给人以不同的感受。如果高度相同的建筑物沿街道排成直线，并且立面造型雷同、色彩相近，往往显得单调；而如果两侧建筑物又较高，会给人以压抑、封闭的感觉。如果沿街建筑群在空间轮廓线和平面布置上有起伏和变化，建筑色彩多样而又和谐，则能产生一种节奏感，使街景丰富多彩。在规划设计中还可因地制宜采取开敞的手法，加强建筑群与周围环境的有机联系。例如，将建筑物所围成的空间的一面或两面敞开，通向绿地、森林、山岗、河流、湖泊、海面，或在敞开面展现附近的古迹、风景点、重要建筑物等，都能形成形式和层次上丰富多样的景观。

5. 体现历史文化传统的规划设计　世界各个国家和民族具有不同的历史和文化传统，在地理、气候和生活习惯等方面存在着差别，城市建筑群的空间形式必然具有各自的民族特色。中国传统的城市建筑群在空间形式上比较注重院落的组织和群体空间构图上的严整、对称。而 15～16 世纪文艺复兴时期意大利的城市建筑群，则具有造型丰富、空间开朗的特点。在城市新建筑群的规划设计中，既要继承和发扬优秀的历史文化传统，又要努力创新。

第 2 节　城市建筑的生态影响

随着城市化进程的逐步加快，城市建筑也在日新月异地发生变化。整个大生态环境本是一个有机的整体，城市建筑的不断发展，极大地改变了原有的自然特征，使生态平衡遭到破坏，从而给城市带来了很大的负面效应。城市建筑过密及对地表理化性质的改变是导致城市气候改变的重要原因，同时城市建筑过大和过高所造成的局部气候改变，也直接影响着城市局部环境和生态系统（Sukopp，2008）。此外，城市建筑对降水和城区地表径流也有较大的影响。其中，城市高层建筑对城市生态造成的影响最为严重。

1. 城市建筑对环境的影响　城市建筑对环境造成的污染主要有三种形式：光污染、施工噪声污染、建筑物污染与建筑物相关疾病等。

（1）光污染　玻璃幕墙往往采用高反射率的玻璃材料，逐渐成为城市建设的时尚，这就带来了负面效应——光污染。除了视觉上的直接污染外，反射光照射处温度升高，影响人们的正常生活。据不完全统计，目前我国玻璃幕墙总面积已超过 $5\times10^6m^2$，如果现在仍不对日益增多的玻璃幕墙建筑加以限制并采取措施，光污染很可能成为又一大污染源。

（2）施工噪声污染　现代建筑物绝大多数采用钢筋混凝土框架结构，混凝土需要搅拌、运输、浇注，这些是施工中的主要噪声源。其中最主要的是来自振捣棒的噪声，在混凝土的浇注过程中，为了排除混凝土中的空气，这种离心式结构中心的空心棒转速高达每分钟1万转，施工中发出的噪声震耳欲聋；其次，混凝土搅拌过程中随着搅拌机的转动，也发出很大的轰隆声；再次，现代高层建筑施工中，混凝土向高处运输往往采用泵送的方法，泵送的过程也会产生噪声。

（3）建筑物污染与建筑物相关疾病　建筑物污染与建筑物相关疾病是指由建筑物引发的对环境的污染及由此而产生的各种疾病，包括“病态建筑物综合征”（sick building syndrome，SBS）、“建筑物相关症”（building related illness，BRI）、“多重化学物质过敏症”（multiple chemical sensitivity，MCS）。这三种疾病在20世纪80年代初期就出现在美国、加拿大、日本和欧洲等发达国家和地区。在我国虽未正式提出并给予足够的重视，但实质上已经存在，并产生较大的危害。

2. 城市建筑的生态系统观　生态建筑将建筑视为一个生态系统，既能满足大量居民的居住生活需要，又能够降低建筑能源消耗。与现有的火柴盒样式的“板楼”民用住宅、高耗能的有机玻璃幕墙摩天大楼不同，生态建筑设计师不仅要设计建筑体，还要对建筑体的材料、功能、能源消耗、设计、建造、后期维护、持续发展等进行整体设计。充分利用植物、水、太阳能和风能等自然资源，以及当地的地形、地貌、气候和人文特征，让物质和能源在建筑体内有机循环利用，形成一种高效、低耗、无废、无污、生态平衡、可持续发展、逐步实现自给自足的生态建筑群体。

（1）节能技术　节能技术旨在将建筑能耗的一部分转化为可再生资源，如风能、太阳能和地热能等，使其成为一个可调控的整体技术系统，以减少对不可再生资源的消耗。例如，太阳能光伏板可以安装在建筑物的屋顶或外墙上，将太阳能转化为电能，供建筑物使用；风力涡轮机可以安装在适宜的高层建筑上，利用风能发电；地热能系统可以用于建筑物的供暖和制冷。此外，智能建筑管理系统能够实时监控和调节能源使用，提高能源利用效率，减少浪费。通过整合这些技术，建筑物可以实现更高的能源自给率和可持续性，大幅减少对化石燃料的依赖，降低碳排放，促进绿色建筑的发展。

（2）循环与绿化技术　重点是水循环的再生，包括垃圾分类等循环系统内容。在实际应用中，立体绿化是一种重要的节能方法，如在建筑物表面进行绿化，让植物成为建筑外围护结构的有机组成部分，以减少能耗。这种技术不仅可以美化城市环境，还能通过植物的蒸腾作用降低周围空气的温度，减少空调的使用，从而节约能源。此外，屋顶绿化和墙面绿化也能提高建筑的隔热性能，减少冬季的热损失，进一步提升建筑物的能源效率。循环与绿化技术的结合在改善城市生态环境、节约资源及提升居民生活质量方面具有重要意义。

（3）环保与智能建材　除了传统的环保建材外，智能建材技术也日益重要。环保建材通常指的是那些在生产、使用和回收过程中对环境影响较小的材料，如再生木材、低 VOC 涂料和绿色混凝土等。而智能建材则利用仿生学原理和先进技术，能够根据环境变化自动调整自身性能。例如，智能玻璃可以根据光照强度自动调节透明度，从而降低建筑物的能源消耗；智能涂料能够根据温度变化调节颜色或热导率，以提高能效。此外，还有一些智能建材可以调节湿度、降低电磁辐射，甚至具备自我修复能力，从而延长建筑物的使用寿命和提升居住舒适度。通过结合环保与智能建材，建筑物可以更好地适应环境变化，提升可持续性和居住质量。

（4）*适宜人居的空间环境*　生态建筑的行业规范和标准的制定需要多学科专业人员的协作，共同处理好人、建筑和自然三者之间的关系。这包括建筑设计师、城市规划师、环境科学家、工程师等多方参与，确保在设计和建造过程中综合考虑生态效益和人居需求。通过应用生态建筑原则，可以创造出既舒适又可持续的居住空间。例如，利用自然通风和采光技术减少对人工能源的依赖，设计室内绿化和屋顶花园提升空气质量和美观度，使用低能耗和低污染的建筑材料，增强建筑物的环境友好性。此外，还应注重室内空气质量、噪声控制、温湿度调节等因素，为居民提供一个健康、舒适的居住环境。同时，生态建筑应融入周围的大环境，通过绿色基础设施如雨水花园、渗透铺装和城市森林等措施，维护和提升城市的生态系统服务功能，推动人与自然和谐共存。

（5）*适合养老也适合高科技 BIM 协作发展*　在解决人类居住问题时，需要将多样化的功能融入生态建筑和城市规划中。为适应养老需求和高科技发展的趋势，可以将幼儿园、科普场所、会议中心和展览馆等活动空间安排在绿地环境中。这不仅能为孩子们提供一个亲近自然、培养热爱自然天性的环境，还能为各种社交和教育活动提供一个舒适和健康的场所。此外，这种布局有助于推动远程协作的可能性，使不同年龄段的人都能享受高质量的生活和工作环境。

建筑信息模型（building information model，BIM）技术在现代城市建设中发挥着重要作用。通过 BIM 技术，可以实现建筑设计、施工、运营等各个环节的高效协作和管理。BIM 技术提供了一个数字化的平台，能够在设计阶段整合各类信息，进行虚拟建模和仿真分析，从而优化建筑的性能和可持续性。在施工阶段，BIM 技术有助于提高施工精度，减少材料浪费和工期延误。在运营阶段，BIM 技术还能支持建筑的智能化管理，实现能耗监测、设备维护和应急响应等功能。

结合养老和高科技发展的需求，BIM 技术还可以用于设计适合老年人的无障碍设施和智能家居系统，提高老年人的生活质量和安全性。同时，BIM 技术的应用可以推动跨部门、跨专业的协同工作，提升城市建设的整体效率和品质，助力实现可持续发展的目标。

第 3 节　城市交通的特点、功能与影响

城市交通是指在城市（包括市区和郊区）道路（地面、地下、高架、水道、索道等）系统中进行的公众出行和客货输送等活动。在人类将机动车辆作为交通工具之前，城市公众出行主要依靠步行、畜力或乘坐轿子等方式。随着科学技术的进步和工业的发展，城市交通量激增，传统的交通方式已不能满足需求；同时，城市交通工具的增加加速了城市交通事业的发展。通常来说，城市交通越发达，城市的进步程度就越高。

1. 城市交通的特点　城市交通的特点因城市规模、性质、结构、地理位置和政治经济地位的不同而有所差异，但其主要特点是相似的。

（1）*城市交通的重点是客运*　城市交通系统的主要功能是满足市民的出行需求，因此客运在城市交通中占据主导地位。公共交通、出租车、私家车和共享交通工具等都集中在客

运服务上。

（2）*早晚时段是城市客运的高峰期*　城市居民的通勤需求导致早晚高峰期的交通流量显著增加。这些时段通常是上下班时间，交通拥堵问题尤为严重。

（3）*每个城市的客流形成都有其规律*　城市的客流分布和流动具有一定的规律性。这些规律与城市的地理布局、商业区和住宅区的分布、公共交通网络等因素密切相关。

（4）*城市客运量与城市的总体规划和布局直接相关*　城市的规划和布局直接影响交通需求和交通流量。例如，紧凑型城市规划有助于减少交通压力，而分散型城市规划可能增加交通需求和出行距离。城市公共交通系统的设计和覆盖范围也会影响客运量和交通流量。

2. 城市交通的功能　城市生态系统是人工生态系统，与其他自然生态系统不同，其自给自足能力有限，对外界的依赖性较高。城市生态系统以消费者为主，消费者生物量远远超过初级生产者。生物量结构呈倒金字塔形，需要大量的能量、物质和信息的输入和输出，因此需要大规模的运输系统。城市交通系统的高效运作保证了各种生态流的流动，维持了城市的正常功能。城市交通是维持城市功能的重要组成部分，承担着物质、能量和信息的转运功能，保障城市生产与消费的平稳进行。

3. 城市交通对生态环境的影响　随着城市交通的迅速发展，路网里程和交通量不断增加，城市交通建设与环境保护之间的矛盾日益突出。城市交通对生态环境的影响包括对土地、水体、大气的污染，以及噪声和振动的产生。道路交通设施的建设需要占用土地，会影响土地的物理和生态特性，包括对绿地和树林的破坏。当道路设施经过水体时，会对水体生态系统产生影响，包括水质和水生动植物。城市交通还会导致空气污染，交通工具排放的废气中含有大量的有害物质，如二氧化氮、碳氢化合物和颗粒物，对大气环境和人类健康造成严重威胁。数据显示，城市中50%以上的一氧化碳和65%的碳氢化合物来自汽车尾气。此外，城市机动车辆的增加也加剧了城市的噪声污染，城市居民经常受到严重的噪声干扰。虽然市区工厂和其他静态噪声源相对较容易控制，但机动车辆产生的噪声污染控制难度较大。交通噪声和振动不仅影响居民的生活质量，还会对周围的动植物产生不利影响。

第4节　城市交通形式与运输方式

1. 城市交通形式

（1）*私人交通*　第二次世界大战结束后，以轿车、摩托车、自行车为工具的私人交通得到迅速发展。它方便了人们出行，机动灵活，行止随意，可以“从门到门”。然而，这些自用交通工具的载量小、运送效率低、道路利用率不高。私人交通工具（尤其是轿车）的发展导致了城市交通面临一系列问题，主要包括：①交通拥堵和阻塞，导致城市平均车速日益下降；②交通事故增加；③噪声和空气污染日益严重；④能源消耗量激增；⑤停车场地严重不足。为了解决这些问题，一些工业发达的国家致力于改善道路系统，如加宽地面道路、修建高架路和高速路、开辟地下交通等。此外，采用了计算机等新技术进行交通管理和系统控制。尽管这些措施提高了道路通过能力，但无法解决私人交通流不断增加导致的道路阻塞问题。货运交通的问题虽然不如客运交通突出，但也受到了交通阻塞的影响，出现了紧张局面。人们从中得到了宝贵经验：解决大中型城市的交通问题，应特别重视优先发展城市公共交通和货物专业运输；私人交通和非专业货物运输只能作为公共交通和专业运输的辅助方式，并应适当控制其发展。这样可以使城市交通更加灵活方便，是解决大中型城市交通阻塞问题的经济合理途径。在工业不集中的小型城市，由于公众出行距离较短、客流量较小而分散等原因，发展私人交通工具仍然可行。

（2）公共交通　在中小城市，公共汽车、有轨电车、无轨电车等通常是主要的客运工具。在现代大城市中，快速有轨电车、地下铁道等系统逐渐成为城市交通的主要组成部分。公共交通工具具有载量大、运送效率高、能源消耗低、污染相对较小和运输成本低等优点，特别在交通干线上表现突出。在中国的一些城市中，一些机关团体自备客车为本单位职工提供上下班接送服务，这在客观上已成为城市公共交通的辅助力量。

（3）专业运输　货物专业运输企业（公用运输企业）拥有相当数量的专业运输工具，其运用效率高、货物损坏率低，并能保证运输安全。发展货物专业运输有利于因货配车，并能通过合理的计划调度，减少空驶，提高行程利用率和设备利用率。这不仅可以节约运力投资，还可以有效减少城市交通车流、节约能源、降低货运成本。货物专业运输企业一般配备有货场、货仓和冷库等设施，可进行货物分类、编组和集散。它可以直接将货物运送到目的地，还可提供联运、保险等服务。货物专业运输企业的服务范围越来越广，不仅在城市内提供服务，还可以跨省跨市进行货物运输。

2. 城市主要运输方式

（1）铁路运输　铁路运输具有运量大、速度快、运费相对较低、受自然因素影响较小、连续性较好等特点，特别适用于大量、远距离的货物运输。铁路运输系统的高运输能力和较高的速度，使其能够有效地承担大批量货物的长距离运输任务，为经济发展和物流运输提供了可靠的支持。此外，由于铁路线路相对固定，不易受到自然因素的影响，因此具有较高的运输连续性和可靠性。然而，铁路建设的造价较高，需要占用广阔的土地，并且消耗大量金属材料，这使得铁路建设和维护成本较高。尽管如此，由于其运输效率高、运输成本低的优势，铁路运输在全球范围内仍然扮演着重要的角色，尤其是在大宗货物运输和远距离货运领域。

（2）公路运输　公路运输具有机动灵活、适应自然条件范围广、周转快、装卸方便等特点，特别适用于小量、近距离的货物运输。由于道路网络的广泛覆盖和车辆的灵活性，公路运输能够灵活地穿越城乡，适应各种地形和道路条件，为货物提供快速、直达的运输服务。然而，公路运输的运量相对较小，一辆车的运载能力有限，在大批量货物运输方面存在局限性。此外，与其他运输方式相比，公路运输的成本较高，主要包括燃料成本、人工成本及车辆维护和管理成本等。由于这些成本的存在，公路运输的运费相对较贵，特别是对于长途运输和大宗货物来说。尽管如此，公路运输仍然是现代物流体系中不可或缺的一部分，其快速、灵活的特点使其在短途、及时性要求高的货物运输中具有重要地位。

（3）水运（包括河运和海运）　水运，包括河运和海运，是一种运量大、成本低的运输方式，特别适用于大量、远距离的货物运输。通过水路运输可以有效地承载大批货物，其运输成本相对较低，这使得水运成为长距离货物运输的重要选择。然而，水运的速度通常较慢，因为船舶的航行速度受到多种因素的影响，包括海况、水流、天气等。同时，水运的灵活性和连续性相对较差，船舶的行程受到运输线路和航行计划的限制。另外，水运受自然条件影响较大，如海浪、风暴等天气因素和河道深浅、结冰等地理因素都会影响航行的安全和效率。尽管如此，水运仍然是全球贸易和物流体系中不可或缺的重要组成部分，对于长距离、大批量货物的运输具有独特的优势。

（4）航空运输　航空运输的优势在于速度最快，能够快速运送货物到目的地。然而，与其他运输方式相比，航空运输的投资成本较高，且运载量有限，运费也相对较高。因此，航空运输特别适合运输急需、价值高且运载量不大的物品，如高科技产品、医疗急救物资和珍贵文件等。航空运输也被广泛用于国际贸易和快递服务，以满足快速交付的需求。尽管航空运输的成本较高，但其快速、安全的特性使其在全球物流中扮演着重要角色。

（5）管道运输　管道运输具有损耗小、连续性好、运量大等特点，特别适用于气态和液态货物的运输。由于管道运输基本上是在封闭的管道系统中进行，货物在运输过程中几乎不会受到外界环境的影响，因此具有较低的损耗率和良好的运输连续性。此外，管道运输能够承载大量的货物，能够满足大规模运输的需求。然而，管道运输系统的建设和投资成本较高，需要大量资金用于管道的铺设和维护，因此具有较高的投资门槛。另外，由于管道系统通常是固定的，其灵活性较差，不能适应频繁变化的运输需求。尽管如此，管道运输在气态和液态货物的长距离运输方面具有独特的优势，在石油、天然气、化工品等行业得到广泛应用。

第5节　我国城市交通状况

伴随中国经济社会的快速发展与城市化进程的深入推进，城市交通系统在过去四十多年取得了显著成就。机动化水平大幅提升，新能源汽车的普及推动了城市交通的绿色转型；公共交通系统，尤其是城市轨道交通系统，得到了大规模建设。随着城市群和都市圈战略的推进，市域（郊）轨道交通的建设为城市间的一体化发展注入了新的活力。随着城市化进入高质量发展阶段，居民的出行需求和出行特征发生了变化，出行类型日益多元化，通勤距离不断增长，这对未来城市交通的服务模式和服务能力提出了更高要求。交通信息化设施与应用系统的规模化建设促进了城市交通的智能化与信息化转型，催生了一系列新型出行方式和数字化服务平台，极大提高了城市交通的运行效率与服务质量。2024 年，中国的综合交通运输网络已覆盖超过 6×10^6km，总铁路营业里程达到 1.59×10^5km，其中高速铁路达到 4.5×10^4km；全国公路总里程为 5.441×10^6km，其中高速公路占 1.84×10^5km；内河航道通航里程为 1.28×10^5km，其中高等级航道为 1.7×10^4km；拥有近 2.2 万个港口生产性码头泊位，其中万吨级码头有 2883 个；民航运输机场已达到 259 个，其中 38 个机场年旅客吞吐量超过千万人次。交通运输部统计数据显示，2024 年 1—10 月，我国完成城市客运量 885.0 亿人次，同比增长 6.6%，其中公共汽电车、出租汽车、城市轨道交通和城市客运轮渡分别完成客运量 319.7 亿人次、297.9 亿人次、266.8 亿人次和 6560 万人次，同比分别增长 2.6%、增长 7.7%、增长 10.5%和下降 7.3%。

为应对全球气候变化，城市公共交通系统正加速向绿色低碳方向转型。政府将绿色低碳发展纳入国家战略，为行业的持续进步注入强劲动力。与此同时，新能源汽车、智能交通控制等领域的技术创新，为绿色低碳公共交通系统提供了多样化的解决方案。为了推动城市公共交通的可持续发展，政府不断加大支持力度，出台了一系列政策措施，包括加大资金投入、提供税收优惠、加强基础设施建设等。这些举措不仅有效促进了行业的发展，还加快了绿色低碳交通模式的推广与普及。

随着市场规模的扩大和行业竞争的日益激烈，政府对城市公共交通行业的监管也在逐步强化。通过完善行业监管体系和加大执法力度，确保公共交通的安全、可靠与高效运行。

国家“十四五”规划和党的二十大报告明确将“交通强国”作为经济社会发展的重要战略目标。在构建新发展格局、推动高质量发展的过程中，加快交通基础设施建设具有重要的战略意义。特别是在绿色低碳转型的背景下，公共交通系统的升级与完善将为实现可持续发展目标提供有力支撑。

1. 城市交通面临的挑战　我国城市交通在促进社会经济健康发展，保障城市各项功能正常运转等方面发挥了非常重要的作用。然而，当前城市交通系统面临诸多挑战。

首先，城市交通与城市空间发展的不协调问题日益突出。尽管城市轨道交通快速发展，但部分城市在规划和建设过程中未能与客流规模相匹配，导致服务效率不均衡，公共财政可持续性也受到压力。在一些超大城市中，轨道交通与城市空间布局及功能调整之间存在错位，延长了通勤距离，反而增加了居民的出行时间成本（张华等，2024）。与此同时，个体机动化交通需求持续增长，并呈现从城市中心向外围迁移的趋势，这使城市外围和新城区成为新的交通拥堵热点。城市空间结构、用地布局和产业分区是交通规划的重要前提，而交通条件又反作用于城市空间和功能布局。然而，长期以来，这两者的关系未得到充分厘清，导致一系列问题的出现。大多数城市在进行空间结构调整和功能布局时未能同步推进，中心区功能高度集中，居民出行距离不断加大，交通流的时空分布更加不均衡，潮汐现象愈发明显。

其次，交通对城市空间结构的引导和支撑作用也存在不足。实践表明，许多城市倾向于通过公路或城市快速干路来支持外围组团的发展，但这客观上加剧了对小汽车交通的依赖，不利于出行结构的优化与调整。自 20 世纪 90 年代后期以来，国内城市普遍面临中心城区交通拥堵日益加剧的问题，采取的一系列缓解措施却陷入了“拥堵缓解—更大强度的土地开发—更严重的拥堵”这一循环困境，难以有效疏解中心城区的功能，也未能为外围组团和新城的发展腾出空间。这种不协调的发展模式进一步加剧了城市交通系统的压力和城市空间布局的不合理性，亟需从整体规划和统筹发展的角度加以优化和改善。

再次，尽管“公交优先”被广泛提倡，但对其发展的客观环境及主要制约因素的认识并不充分。公共交通运营效益逐年下降。自 2010 年以来，全国公共汽电车的年客运量持续减少，特别是在新冠疫情之后，公共交通乘客量显著下滑。然而，许多城市尚未清晰认识到出行结构优化与“公交优先”之间的关系，也未明确调整的正确途径和时机。事实上，公交优先的核心问题在于如何在先天条件不占优势的情况下，与小汽车出行方式展开激烈竞争并占得先机。这并非仅仅依靠扩大服务网络、增加运力规模或优先路权即可实现。一些人误以为城市出行结构优化仅靠公交优先便可完成，甚至将二者等同，忽略了“公交优先”与“需求管理”相辅相成的关系。实际上，出行结构的优化调整还需与城市形态和空间结构相匹配。若忽视这一点，不仅会错失调整的有利时机，还可能导致战略规划的落空。因此，推动出行结构优化，需在“公交优先”基础上，综合考虑需求管理、城市空间布局及交通模式之间的相互关系，以实现更加高效、可持续的城市交通系统。

最后，城市交通系统的运行效益普遍不高，尤其是交通骨干系统在常态下的频繁故障，已严重影响了正常运行。中国城市交通治理面临着多重挑战，主要表现在法规体系不健全、价格调控手段受限及政策实施中的争议等方面。尤其在停车收费、交通资源价格调节等方面，国家与地方政府存在法律上的争议，市场化定价与政府定价之间的矛盾使得企业在定价上的自主权受限，且定价机制未能灵活地反映供需变化。小汽车限购和车牌拍卖等政策的有效性也受到质疑。

面向未来，中国的城市交通发展将以满足人民需求为核心，强调公共服务资源的高效配置与多元主体的协作。信息化时代的到来将推动城市交通供需模式和调控手段的变革，促进从基础设施扩张到精细化、智能化治理的转变。通过创新发展一体化出行服务，中国将构建更加高效、便捷、绿色的城市交通新格局。因此，深入分析中国城市交通的基础特征，精准识别问题并研判发展趋势，成为制定城市交通发展战略的关键任务。

2. 高铁成为影响世界的中国品牌　在我国城市化进程中，高铁的快速发展，完善了城市交通运输体系，进一步加速了城市化进程。经过十多年的建设发展，中国高铁已经逐步超越亚洲其他国家乃至欧洲国家，无论是技术水平还是运载能力都走在世界前列，成为影响世界的中国品牌（丁金胜，2021）。

高铁具有速度快、运载量大、正点率高、安全性高、低碳环保等优点，是适应现代化需求、满足社会进步和人们生活快节奏需要的高技术产物。截至 2019 年年末，我国高铁运营总里程超过 3.5×10^4km，超过世界高铁总里程的 2/3，覆盖全国 200 余个地级市。伴随着我国高铁网络的发展与完善，我国城市化建设呈现三个典型的合作圈。一是以中心城市为核心的大都市圈，即以大型城市为中心，通过高效的交通运输体系辐射周边区域的中小城市及乡镇农村，将中心城市与周边区域紧密结合起来，形成半小时经济合作圈。我国以省会、直辖市为核心辐射周边的城市化交通体系已经基本成熟。一些具有较好区位、资源和产业优势的省会、直辖市已经实现了较高的城市化水平。二是以若干个大型城市为依托的地域合作圈，即从资源互补、产业融合角度出发，强化城市群间的协同合作，利用快速的交通运输系统将具有战略协作关系的城市凝聚起来，形成一小时经济合作圈。我国的长三角、珠三角、京津冀、粤港澳大湾区等通过战略协同，区域内经济、科技、教育、文化等广泛而深入地交流，形成了具有雄厚发展潜力的区域城市群。三是以区域连接为主的战略经济圈，即不同的区域城市群之间市场和资源相互渗透，实现更广泛、更高水平的战略协同，各大城市群之间仍然要依托高效的交通运输系统，形成四小时经济合作圈。我国的山东半岛城市群、辽中南城市群、中原城市群等已经展现出良好的发展前景。高效的交通运输体系有效加速了我国城市化进程，尤其是高铁的发展极大地满足了城市化进程对中短距离高效运输体系的客观需求。

第 6 节　城市可持续交通

可持续的城市交通系统是指以较小的资源投入和环境代价，最大程度地满足交通需求的综合交通系统。这种交通系统不仅要考虑到经济效益和社会效益，还要兼顾生态环境和人民生活质量。在实现交通强国建设目标的过程中，建立可持续的城市交通系统是一个基本要求和必由之路，也是交通强国的重要特征之一。

随着社会经济的不断发展，城市交通拥堵等问题变得越来越严重，成为了“大城市病”的代表之一。因此，构建可持续的城市交通系统已成为城市发展的关键所在，是城市进入高质量发展新阶段的必然要求。这种交通系统不仅能够有效缓解交通压力，提高交通运输效率，还能减少能源消耗和污染排放，改善城市环境质量，提升居民生活品质。因此，推动城市交通系统向着更加可持续的方向发展，对于实现城市现代化和建设宜居城市具有重要意义。

1. 可持续交通的提出　二战以后，人口增加、资源日益枯竭让人们意识到必须将经济、社会发展同资源、环境结合起来，否则人类自身发展将难以为继。1972 年，联合国召开的《人类环境会议》让全球对环境问题引起了重视，并在随后的 1980 年提出了可持续发展（sustainable development）的概念。1994 年，世界经济合作与发展组织（OECD）召开的大会中首次提出了"可持续交通"。2002 年，联合国在约翰内斯堡峰会（Johannesburg Summit）进一步明确了发展目标：改变现有交通模式，减少交通污染对人类的伤害。

2. 可持续交通的定义与内涵　可持续交通强调满足交通需求的前提是节约资源、保护环境；每个人拥有同等交通权利，交通方式可选择；与周边土地利用深度融合，具备安全、便捷、畅通、舒适、环保、节能、高效率、高可达性、以人为本的基本特征。可持续交通是实现交通强国建设目标的基本要求和必由之路，它基于可持续发展理念，是综合交通系统规划建设的指导思想和原则。

3. 中国城市可持续交通的发展历程　根据不同时间可持续交通的发展特点，可将我国的可持续交通发展划分为以下 5 个阶段。

（1）*2000 年前雏形阶段*　在 2000 年前，中国城市交通供求关系矛盾不突出，属于不发达的绿色交通主导时期。主要矛盾是交通现代化发展和交通文明意识的矛盾，只有个别城市在高峰时段会出现交通紧张，可持续交通处于雏形阶段。

1983 年，在"中国城市交通运输的发展方向问题"研究中对交通技术政策进行了全面的分析论证，提出了大城市以公共交通为主、各种交通工具协调发展，限制社会团体车、公务车发展，控制高能耗、高污染的摩托车的发展，有条件的大城市应快速建设快速轨道交通，积极发展出租车等具体策略。在随后的 1985 年，《关于改革城市公共交通工作的报告》中再次强调了以上几点。城市交通规划成为城市规划编制体系中的专项规划始于 1990 年。城市综合交通体系也于同年在法律层面上第一次明确被城市总体规划所包含。

1992—1995 年，中国与世界银行合作开展了"中国城市交通发展战略研究"，形成了《北京宣言：中国城市交通发展战略》，奠定了城市交通绿色、可持续发展的思想基础。在此期间，各类会议再次强调了公共交通的必要性，同时指出在 100 万人口以上的大城市建设轨道交通，使之成为城市公共交通的重要组成部分。1994 年，《中国 21 世纪议程》正式将可持续发展确立为新时代中国各项事业发展的战略选择。

（2）*2000—2005 年起步阶段*　由于机动化迅速发展和城市道路基础设施建设的加强，道路交通供求不平衡的问题十分突出，交通拥堵初现端倪。在有关部门的引领下，各城市道路基础设施建设得到了迅速发展。2000 年，全国城市道路交通管理"畅通工程"启动，为推动中国城市交通管理科学化、现代化进程创造了平台载体。2003 年 8 月，为促进"畅通工程"并推动城市交通基础设施建设，"绿色交通示范城市"活动在全国展开。2005 年，各地区和有关部门开始确立公共交通在城市交通中的优先地位。

（3）*2006—2010 年稳步发展阶段*　尽管前期道路建设完善，但道路交通拥堵时空范围扩大，2009 年，53 个特大城市中已有一半以上出现较为严重的交通拥堵。因此，许多城市开始研究如何提高交通基础设施的有效利用问题。在这一阶段，进一步强调了绿色交通优先发展，确保公交、自行车与步行空间的建设原则和交通组织管理思路。2006 年 12 月，建设部（现住房和城乡建设部）向全国城区人口在 50 万人以上的城市人民政府发出了开展"中国城市公共交通周及无车日活动"的倡议。2008 年，国务院大部制改革将指导城市客运的职责划入交通运输部，将全国的城际客运、城乡客运与城市客运统一管理。

（4）*2011—2015 年快速发展阶段*　这一时期交通供求关系矛盾加剧，千人小汽车保有量增长了 1.5 倍，相比同期城市道路面积率仅增长了 6%。该阶段明显加大推进绿色交通优先的力度，不断提高交通管理的智能化水平，加强交通需求管理等综合对策，大力推进公共交通优先对策和建设安全，以及连续、温馨的非机动交通通行空间的探索与实践。

2011 年，“公交都市建设示范工程”启动，并于 2012、2013、2016 年先后在全国 87 个城市开展了公交都市创建工作，促进了城市公共交通保障能力、基础设施、运输装备、服务质量迈上新台阶，财税报账、应用理论与工程技术取得新突破。2012 年，《关于城市优先发展公共交通的指导意见》将公共交通发展再次置于首要位置，城市交通与公共交通优先发展进入新格局。2013 年 8 月，交通运输部决定每年 9 月 16—22 日组织开展“公交出行宣传周”活动，以宣传“低碳交通、绿色出行”。2010—2015 年间，“城市步行和自行车交通系统示范项目”得以开展。

（5）*2016 年至今创新发展阶段*　目前，中国基础设施规模、客货运输量均已位居世界前列，科技创新取得突破，交通治理得到改善，安全水平不断提高，国际影响力逐步增强，已经成为名副其实的交通大国。现在城市交通已经进入科学化、智能化、法治化、以人为本的新发展阶段，全面进入交通强国的起步期。该阶段各类城市均遭遇不同程度的交通拥堵，面临各种复杂的交通问题和“大城市病”。

2016 年，《城市公共交通“十三五”发展纲要》提出了公交都市建设，全面推进绿色交通主导的城市建设。2017 年 8 月，有关部门决定在“畅通工程”和“文明交通行动计划”的基础上，进一步推进创新城市道路交通管理。2019 年 9 月和 2021 年 2 月，《交通强国建设纲要》和《国家综合立体交通网规划纲要》分别作为蓝图发布，中国交通发展踏上新征程。2022 年 3 月，《国家公交都市建设示范工程管理办法》发布，从各方面对公交都市示范工程进行了规范要求。

此外，国家出台了一系列政策引导推动中国电动汽车企业的发展，公共领域用车全面电动化，燃料电池汽车实现商业化应用，高度自动驾驶汽车实现规模化应用，有效促进节能减排水平和社会运行效率的提升。与此同时，纯电力驱动并有安全速度限制的电动自行车被广泛推广。

4. 实现“双碳”目标，应对气候变化　虽然发展绿色交通已得到社会共识，但碳减排的任务依然面临严峻挑战。碳中和必将成为大城市今后发展的重要目标。中国城市已经开展了许多低碳的尝试，如各类汽车的电动化、新能源化和清洁化；提倡减少小汽车的使用；实施小客车总量调控；鼓励绿色货运；采取中心城区货车限行措施等。然而，实现零碳转型还需要将措施拓展至城镇空间、生活模式及其他领域，特别是能源领域的绿色转型等多个层面。

韧性交通是韧性城市的重要组成部分，由世界银行下设的“全球灾害风险和恢复”提出。在面对外部干扰时，如果能够采取灵活的应对措施，保持发展活力，吸引资源聚集，并通过社会系统的自主调控，避免潜在的损失，应对挑战和变化，这样的城市和交通系统就是具有韧性的。城市交通系统韧性的规划、设计和评价主要从异常事件发生前的预测能力、异常事件发生过程中的系统抗力及异常事件发生后的系统恢复能力三个方面进行衡量。

5. 城市可持续发展的关键抓手　公共交通导向发展（transit-oriented development，TOD）模式是实现紧凑型城市建设、城市可持续发展的重要途径，也是当前可持续交通研究的热点领域。通过交通与土地利用的深度融合和一体化发展，TOD 是能够实现土地节约集约、出行便捷高效、环境低碳友好、交通绿色主导、服务世界一流的理想模式。重庆沙坪坝 TOD 就是一个很好的例子，取得了利益相关主体合作共赢的 TOD 成功范例。然而，该工程也存在许多遗憾：一开始未进行 TOD 策划和一体化规划设计，消防规范难以突破，土地分层出让缺乏法规支撑等。

6. 可持续交通发展展望　未来理想的城市应该具备绿色、智慧、人文、宜居、创新、韧性等主要特征。城市交通系统在城市发展中起着举足轻重的作用，是城市发展的支撑和引领系统。为与未来城市相适应，需要明确城市交通系统的安全可靠、便捷高效、绿色低碳、智能共享、文明有序等目标。推动绿色智能人文一体化交通的发展对于构建绿色、智慧、人文、宜居、创新、韧性的未来城市至关重要。这也是实现可持续交通发展的过程，是建立符合中国国情的绿色智能人文一体化可持续发展的现代化综合交通运输体系、实现交通强国建设目标的必然要求。

思考题

1. 如何理解“建筑就是城市，城市就是建筑”这句话？
2. 城市建筑群的规划设计应该注意哪些方面？
3. 阐述城市建筑对城市生态环境的影响。
4. 论述城市建筑所产生的主要环境污染类型。
5. 在城市里，是空气温度的改变导致地面温度改变，还是地面温度的改变导致空气温度改变？
6. 简述城市建筑的生态观。
7. 城市的主要交通运输方式有哪些？
8. 城市交通规划的目的与任务是什么？
9. 阐述我国城市交通状况。
10. 试论述城市交通规划和管理与“双碳”目标实现的关系。

第三篇　城市的生物环境

第9章　城市人口

城市人口是指那些长期居住并与城市活动紧密相关的人群，他们不仅是城市经济发展的动力，也在城市的建设和管理中扮演重要角色。随着城市化进程的推进，城市人口逐年增加，已成为全球各国面临的重要社会现象之一。根据2021年5月公布的第七次全国人口普查数据，中国的城市人口已达到90 199万人，占总人口的63.89%。这一比例的增长标志着城市化进程的加速，城乡差距逐渐缩小。城市人口的构成包括常住人口和流动人口，其中流动人口尤其在中国的快速城市化过程中扮演着重要角色。城市人口的增长不仅体现在数量上，还在于人口结构的多样化和复杂化，影响着城市社会、经济及文化的多方面发展。

城市人口的结构与其所处的自然和社会经济环境密切相关。自然因素，如气候、资源、地理位置等，直接决定了城市的规模和发展潜力。城市的自然环境影响着城市对人口的吸引力和居住条件，良好的气候、丰富的水资源及适宜的地理位置往往会成为吸引人口迁入的原因。此外，社会经济因素也对城市人口结构产生深远影响。经济的繁荣、交通的便利、教育和医疗等公共服务的完善，都会吸引更多人迁往城市，尤其是对年轻劳动力、技术人员和高学历人群的吸引。城市的公共服务和基础设施建设，除了提供基本的生活需求外，还影响着城市居民的生活质量和社会稳定性，因此，社会经济发展水平的提升对人口素质的提高起到了重要作用。

随着城市化进程的不断推进，人口流动成为影响城市人口数量和结构的重要因素。尤其是在中国，人口流动的特征十分明显，呈现多样化和动态化的特点。大量农村人口涌入城市寻找工作和生活机会，使得流动人口数量持续增加。与此同时，城市之间、城市内部及城乡之间的流动性也在不断加剧。近年来，中国的流动人口不仅限于传统的农村向城市的迁移，还表现为城市间劳动力的迁徙、区域经济差异导致的城市吸引力不同等现象。中国的城市人口流动特点也具有一定的地域性差异，一线大城市吸引了大量的外来人口，二线和三线城市则逐渐成为新的流动人口目的地。这种人口流动不仅加速了城市的经济发展，也为不同区域之间的人力资源配置提供了支持。然而，随着城市人口数量的增加，城市人口的承载力和环境压力也日益突出。城市的基础设施、住房、交通、教育、医疗等公共服务系统面临巨大的压力，如何保障城市人口的基本需求，提升公共服务的效率和质量，成为了当前城市管理的重要课题。人口的持续流动和集中使得城市化带来的挑战日益显现，特别是在大城市中，交通拥堵、环境污染、住房短缺等问题越来越严重。为应对这些问题，政府通过实施相关政策，如人口调控、区域规划、优化公共资源配置等方式，努力引导人口合理分布，促进城市的可持续发展。同时，随着社会生产力的提升和科技的进步，城乡一体化的趋势也越来越明显，城市人口的比例将继续增加，带动更为广泛的社会变革和经济发展。

第1节 城市人口的结构

人口结构是城市人口的基本特征，城市人口的数量、年龄结构、性别比例、密度、分布和行业特征等都是城市人口的要素。这些要素从不同角度反映了城市人口的结构状况。

1. 城市人口数量 城市人口数量在单位人口的城市生态作用强度不变的情况下，可以反映这个城市对资源环境系统的压力。城市人口数量指城市内人口的总数，包括固定人口总数和流动人口总数。城市人口数量是不断变化的，而造成其变化的因素是多方面的（表 9-1）。从个体数量的变动来看，人口变化由出生率、死亡率、迁入率和迁出率四个基本参数决定。人口在某个特定时间内的数量变化可用下式表示：

$$N_{t+1}=N_t+B-D+I-E$$

其中，N_t 为时间 t 的人口数量；N_{t+1} 为时间 t+1 的人口数量；B、D、I、E 分别为在时间 t 和 t+1 期间出生、死亡、迁入和迁出的个体数。

若不考虑迁入和迁出的人口个体数的变化情况，则城市人口数量的表示可简化为

$$N_{t+1}=N_t+B-D$$

在单位时间内，出生数和死亡数之差等于人口的增长量。因此，城市人口数量的变化取决于出生率和死亡率的相对大小。出生率高于死亡率时，人口呈现正增长；出生率等于死亡率时，人口数量相对稳定；出生率小于死亡率时，人口呈现负增长。

表 9-1 2000—2020 年中国人口总量排名前二十的城市情况 （单位：万人）

排名	2000 年		2010 年		2020 年	
	城市	总量	城市	总量	城市	总量
1	重庆	3051	重庆	2885	重庆	3205
2	上海	1641	上海	2302	上海	2487
3	北京	1357	北京	1961	北京	2189
4	成都	1111	成都	1512	成都	2094
5	保定	1047	天津	1294	广州	1868
6	临沂	994	广州	1269	深圳	1756
7	广州	994	哈尔滨	1064	天津	1387
8	天津	985	苏州	1047	西安	1295
9	周口	974	深圳	1042	苏州	1275
10	南阳	958	南阳	1026	郑州	1260
11	哈尔滨	941	临沂	1004	武汉	1233
12	石家庄	924	武汉	979	杭州	1194
13	徐州	891	石家庄	955	临沂	1102
14	潍坊	850	邯郸	918	石家庄	1064
15	邯郸	839	温州	912	东莞	1047
16	武汉	831	潍坊	909	青岛	1007
17	菏泽	810	保定	897	长沙	1005
18	阜阳	800	周口	895	哈尔滨	1001
19	盐城	795	长春	877	南阳	971
20	商丘	775	青岛	872	温州	957

资料来源：余运江等，2022

2. 城市人口的年龄结构 城市人口的年龄结构，也称为城市人口构成，指的是城市中不同年龄段个体的数量分布情况，或各年龄段人口数量占总人口数的比例。年龄段的划分因分析目的不同而有所不同，通常包括托幼年龄、中小学年龄、劳动年龄和老龄，或幼龄、生育龄和老龄等。

城市人口的年龄构成对城市的社会、经济和文化等活动有着重要影响。若年轻人口比例过大，可能面临着教育、未来就业等社会问题；而老龄人口比例过大，则可能出现托养、保健和劳动力短缺等问题。因此，对城市人口年龄构成进行分析研究，对于预测城市人口自然增长速度、劳动力资源数量和利用程度、教育设施规划、老年保健和医疗卫生规划等方面具有重要意义。

3. 城市人口性别比例 城市人口性别比例指城市人口总数或某个年龄段的男性与女性的比例，即性别比例=男性个体数/女性个体数，或性别比例=女性个体数/男性个体数。

城市人口性别构成是城市人口自然结构的基本要素之一。这一要素与恋爱、婚姻、家庭和人口再生产有直接关系，也与城市经济结构的调整、城市建设和规划密切相关。

4. 城市人口密度 人口密度指城市单位面积内容纳的人口数量，是区分城市大小的主要依据之一，也是人口结构的一个重要基本要素。城市人口密度也反映了城市的拥挤程度，间接反映了城市的环境质量。

城市对人口的负荷是有限的。过高的人口密度可能导致交通拥堵、环境恶化、住房紧张、犯罪率上升等一系列问题，生活质量下降，人群压力增加，各种城市问题加剧。然而，过低的人口密度也不利于城市的发展，因为分散的乡村人口难以享受高质量的公共服务。适宜的人口密度是正常社会交往的前提。我国的城市人口密度较高，但与此相关的问题是城市人均用地状况欠佳，与其他国家相比，我国的城市人均用地较少。

第2节 城市人口容量及研究方法

1. 城市人口容量的概念 人口容量的概念源远流长。中国历代思想家和政治家一直主张保持人口与土地的平衡，确保有限的土地资源能够负担适当数量的人口，这是人口容量问题最初的思考。然而，作为一个科学概念，人口容量的提出是近几十年的事。自 20 世纪 50 年代以来，全球人口开始出现前所未有的快速增长，引发了一系列生态和社会经济问题，如粮食短缺、资源匮乏、环境污染和经济衰退等，这些问题威胁着各国，尤其是发展中国家的发展。自 20 世纪 70 年代以来，人口容量相关研究不断涌现。国内外的人口学家、环境学家、地理学家、经济学家和社会学家都高度关注和重视人口容量的问题（表 9-2）。

表 9-2 2000—2010 年中国城市变化情况统计表

城市类别	2000年						2010年					
	城市	人口		建成区		人均用地	城市	人口		建成区		人均用地
	数量/个	数量/万人	比例/%	面积/km^2	比例/%	数量/（m^2/人）	数量/个	数量/万人	比例/%	面积/km^2	比例/%	数量/（m^2/人）
特大城市	37	8 434	40.44	6 738	30.17	80	59	17 974	50.81	19 182	46.26	107

续表

城市类别	2000年						2010年					
	城市	人口		建成区		人均用地	城市	人口		建成区		人均用地
	数量/个	数量/万人	比例/%	面积/km²	比例/%	数量/（m²/人）	数量/个	数量/万人	比例/%	面积/km²	比例/%	数量/（m²/人）
大城市	52	3 454	16.56	3 670	16.43	106	89	6 325	17.88	7 561	18.24	120
中等城市	155	4 775	22.90	5 636	25.24	118	248	7 593	21.46	9 805	23.65	129
小城市	413	4 193	20.10	6 287	28.15	150	261	3 484	9.85	4 915	11.85	141
合计	657	20 856	100	22 331	100	107	657	35 376	100	41 463	100	117

资料来源：杨艳昭等，2013

注：表中部分列比例由于有效数字限制，合计99.99，仍取100整

城市人口容量是指一个城市所能承载的最大人口数量。然而，不同的学者基于不同的研究角度对人口容量的含义有不同的理解，主要包括以下几种。

（1）生物生理人口容量　这种理解将人类的人均消费水平压缩到最低水平，即仅在满足人类的生理基本需求所必需的消费水平上估算的最大人口数。这种估算通常只使用一个主要参数，即维持城市生态系统中人类生存所需的食物数量，但往往与实际情况不相符。

（2）环境人口容量　环境人口容量又称为资源承载力，指的是一个特定城市生态系统中资源可供养的人口数量。这一概念主要强调人口容量的自然基础。土地承载力可视为环境人口容量的一个特例，其核心含义是在自然、经济、社会因素的制约下，一定地区产出的食物能够养活的人口数量。

（3）经济人口容量　经济人口容量强调人口发展与经济发展过程的协调与统一，其核心含义是在一定经济发展水平下，一个特定城市生态系统中的生产资料能够容纳的劳动人口数量。

2. 城市人口容量的研究方法　根据不同的定义和研究目的，人口容量的研究方法也各有不同。目前，国内采用的主要研究方法包括以下几种。

（1）单因子分析法　此方法将人口容量理解为最大负载能力，根据农业生产提供的粮食或某种资源的食物生产能力进行环境人口容量的估算，尤其以粮食产量为主要依据。尽管操作简单且应用广泛，但此方法未考虑人口对农业生产或资源利用的反馈，属于一种较为粗略的估计方法。

（2）土地资源分析法　这种方法以土壤评价为基础，根据资源、生态特点划分不同的农业生态区，确定各类农业生态区的农业产出水平，并将其转换为蛋白质及热量，以确定环境人口容量。对于草地畜牧业也采用类似方法进行估算。

（3）资源综合平衡法　该方法综合考虑土地、水、气候等资源因素，通过分析各种环境资源对人口发展的限制，利用多目标决策分析进行综合研究，从生态系统角度全面进行估算，以得出比较精确的结论。

（4）投入产出法　此方法以投入产出为基础，根据农业生产的实际投入情况和发展趋势，推测土地的现状及未来生产潜力，从而计算土地承载力。由于考虑了实际生产情况，因此具有一定可信度，可预测一定时间内的土地生产力。

（5）*系统动力学方法*　这一方法综合考虑人口、资源、环境、社会经济发展等多种因素的相互关系，通过建立系统动力学模型，模拟各种决策方案的长期效果，从而对人口容量进行动态的定量计算。这种方法能够优化效用，是目前较为先进的研究方法之一。

第3节　城市的人口流动

1. 城市人口流动及成因　人口流动是一种特殊的物质流，涉及时间和空间的变化。时间上的变化表现为城市人口的自然变化和机械变化，而空间上的变化则包括城市内部的人口流动及城市与相邻系统之间的人口流动。城市人口流动过程具有长期和短期效应。长期效应指城市化过程中城市规模的不断变化，以及城市人口（主要是固定人口）的急剧变化。短期效应则是指城市中暂住人口所引发的人口流动。

人口流动可分为常住人口流和流动人口流两类。

（1）*常住人口流*　造成城市生态系统中常住人口流动的因素主要包括以下几种。

1）人口的出生与死亡。

2）人口的迁入与迁出，这与城市发展水平密切相关。

3）人口的市内流动。根据相关部门的调查，1981年每人每天在上海市的平均出行次数为2.87次，在天津市为2.44次，在徐州市为2.26次。日本27个城市的调查显示，每人每天的出行次数为2.39～3.06次，而美国旧金山市为2.8次。城市规模的不同导致城市常住人口的出行时间和出行交通方式也存在差异。

（2）*流动人口流*　在人口流动中，一个不可忽视的部分是流动人口流，即因旅游、出差、探亲、过境、赶集等原因而产生的人口流动。“流动人口”是对城市中短期流动人口的一种定义，包括将常住地以外的城市作为暂住地的人口，以及来自港澳台和国外的暂住人口。流动人口范围涵盖了在城市从事短期、季节性工作的外来人口，以及到城市旅游、出差、探亲、借读就学等目的的人口。中国的流动人口数量非常庞大。根据魏津生（1999）的分析，1995年中国城市中现住地暂住半年及以上的日常流动人口数量为2542.2万人。然而，这只是全部日常城市流动人口数量的60%。如果再考虑到居住时间不足半年的40%人口，那么1995年中国城市的日常流动人口数量大约为4237万人。其中主要是农民，占总数的2/3以上。

2. 城市人口流动对城市的影响　从长期来看，人口流动推动了城市化的快速发展，有利于优化资源配置。但是，人口流动也导致了我国城市二元社会结构的形成。在短期内，由于我国劳动力市场体制不完善、收入分配体制不健全及城市发展环境资源压力巨大等因素的综合作用，人口流动与迁移对城市收入分配产生了消极影响，这一影响尤为突出。城市收入分配呈现巨大差异，加剧了就业竞争。此外，人口流动也导致了城市基础服务设施和交通运输的矛盾紧张化，影响了城市正常的社会经济生活秩序，对社会治安和政治稳定造成了一定的影响（表9-3）。

表9-3　2000—2020年中国人口增加和缩减排名前二十的城市情况　（单位：万人）

排名	2000—2010年		2010—2020年		2000—2010年		2010—2020年	
	城市	人口增加	城市	人口增加	城市	人口缩减	城市	人口缩减
1	上海	661	深圳	714	崇左	−285	绥化	−166
2	北京	604	广州	598	资阳	−211	齐齐哈尔	−130

续表

排名	2000—2010年		2010—2020年		2000—2010年		2010—2020年	
	城市	人口增加	城市	人口增加	城市	人口缩减	城市	人口缩减
3	成都	401	成都	582	重庆	−166	咸阳	−89
4	苏州	368	西安	448	保定	−150	吉林	−80
5	淮安	360	郑州	397	来宾	−142	南充	−67
6	南宁	344	杭州	324	六安	−134	松原	−63
7	深圳	341	重庆	320	四平	−100	哈尔滨	−63
8	天津	309	长沙	301	黄冈	−95	渭南	−60
9	合肥	299	武汉	254	广安	−91	巴中	−57
10	广州	275	佛山	230	周口	−79	内江	−56
11	济南	219	北京	228	安庆	−71	盐城	−55
12	郑州	197	苏州	228	盐城	−69	南阳	−55
13	南京	187	东莞	225	吴忠	−64	孝感	−54
14	佛山	186	南宁	208	通化	−60	牡丹江	−51
15	杭州	182	昆明	203	荆州	−59	邵阳	−51
16	东莞	177	合肥	191	广元	−58	衡阳	−49
17	柳州	166	上海	185	绵阳	−55	四平	−48
18	宁波	165	宁波	179	固原	−50	白城	−48
19	长春	163	金华	169	内江	−46	荆州	−46
20	温州	156	贵阳	167	信阳	−42	益阳	−46

资料来源：余运江等，2022

第4节　我国人口结构变化与高质量发展的机遇与挑战

1. 人口结构出现新变化　首先，我国人口总规模位居世界前三，但人口增速快速下降。国务院新闻办公室2021年5月11日举行的新闻发布会通报，第七次全国人口普查显示，我国总人口为141 178万人，占世界人口的1/5；在2010—2020年，我国人口年平均增长率为0.53%，为历次普查最低，人口规模基本达到最大。其次，人口红利下降明显。2020年15～59周岁劳动年龄人口规模为8.94亿人，占总人口比例为63.4%，比2010年下降了6.8个百分点。再次，流动人口规模不断扩大，总流动人口达4.9亿人，2020年比2010年增加了89%，跨省流动人口达1.2亿人，增加了45%（童玉芬等，2021）。我国十四亿多人整体迈进现代化社会，规模超过现有发达国家人口总和，面临着前所未有的艰巨性和复杂性，需要深入研究、统筹谋划，因地制宜推进。

2. 统筹人口流动与区域协调：推动共同富裕与城乡融合发展　要统筹考虑需求和可能性，按照经济社会发展规律循序渐进，自觉主动解决地区差距、城乡差距、收入差距等问题，不断增强人民群众的获得感、幸福感和安全感。人口大规模流动优化了生产要素组合，促进了经济的持续增长和人民生活的改善。然而，也存在一些亟待解决的问题。首先，全国部分群体的收入水平相对较低，城乡差距和东西差距依然存在。调查显示，约有6亿人月收入在1000元左右，其中75.6%来自农村，分布在中西部地区的比例分别为36.2%和34.8%。其次，大城市内部的收入差距仍然存在。大城市拥有更多资金、更高技能的投资者和居民，其收入水平更高，而低技能劳动者只能获得一般收入。国际比较显示，与中小城市相比，大城市内部的收入分化更为明显。最后，城乡融合发展需要新的桥梁和支撑。即使在基本实现了城市化后，我国仍有约4亿人口生活在农村。县城是联系城乡的桥梁和纽带，但目前县城的建设和产业发展状况难以有效带动农村发展，也难以有力支撑城乡融合发展。维护和促进社会公平正义，促进全体人民共同富裕，需要优化区域、城乡和城市人口的空间布局。

3. 优化人口布局与生产要素融合　高质量发展内在要求区域发展协调、资源配置效率提高、人力资本要素质量提升、数据等新生产要素纳入、发展成果由人民共享等。我国十四亿多人整体迈进现代化社会，发展途径和推进方式也必然具有自己的特点。走传统的人口向大城市集聚的城市化道路，对人口规模巨大的国家来说难以实现。首先，由于总人口规模庞大，交通拥堵、生活成本增加、环境恶化等“大城市病”将更加严重；其次，大城市人口密度较高，城市居民收入存在差距，自然灾害和公共卫生风险将给城市的安全发展带来风险隐患；最后，传统的农民为打工而离乡、离家的人口流动，离妻别夫舍老弃幼，很难提升生活品质。因此，实现中国式现代化，需要优化人口与生产要素结合，从生产端提高经济效率，改善人民生活品质。

4. 从生产、分配与生活视角综合考察城市规模与效率　传统的解释城市规模与城市效率的理论是城市集聚效应，认为城市规模扩大有助于经济效率的提升。集聚经济理论从规模经济、中间产品共享、知识和技术溢出等方面解释城市规模对城市效率的正面影响。随后，集聚经济理论扩展到劳动力池、劳动力匹配、本地市场效应等方面。一方面，劳动力池越大，为企业提供劳动力的供给弹性越大，从而城市规模越大，高技能的从业者越有可能与高效率的企业匹配。另一方面，城市规模与产业多样性正相关。区域产业集中可能会对企业生产率和当地经济增长产生负面影响。城市规模不断扩大，基于三点认识：一是认为规模收益递增；二是非经济因素鼓励城市做大；三是优质公共服务供给。研究发现，许多国家的政治机构和政策可能会鼓励城市的过度集中。信息、创新、社会财富、劳动生产率、工资和收入、GDP等都与城市规模表现出显著的规模递增效益。优质公共服务供给，包括提供公共教育资源、良好的医疗卫生服务、高品质的文化服务设施、发达的公共基础设施等，进而吸引人口流入。可以看出，既有关于城市规模的研究，多是从城市生产的经济效率角度进行的，而从分配角度考察的并不多，更缺乏从生产、分配、生活三个维度综合考察城市规模与居民总体效用的研究。

5. 城市规模扩张的驱动力与生活成本效应分析　有研究表明，大城市的房价上涨速度高于平均工资的变化幅度，而工资反映的是劳动生产率，这表明大城市的生活成本提高速度高于劳动生产率提升的速度。从分配角度看，即普通居民在大城市的收入增长速度低于整体经济发展或生活成本的增长速度。从生活角度看，普通居民在超大、特大城市的居住、交通、饮食和时间成本要明显高于中小型城市，从而降低了舒适性。

一般来说，城市规模越大，其掌握的资源就越多。这里的资源包括资源配置权、财富拥有量、发展环境等。有研究表明，高等级的城镇往往拥有更多的发展资源，从高等级到低等级城镇的发展资源水平呈指数级递减。城镇行政等级越高，其城镇规模、经济、社会与环境方面发展状况越佳、发展资源越充裕，行政等级对城镇获取发展资源的作用显著。不仅行政等级，在政策优势、区位优势、人才优势、资源优势等方面，都会成为城市规模的重要助推力。

城市规模越大，其经济人口所分层级数就越多。城市规模就像森林生态系统，森林里的树越高大，生物多样性就越丰富。生态系统越是多样化，生物多样性越丰富。例如，热带雨林虽然仅覆盖地球陆地表面的7%，但其包含的生物种类却占全球已知物种的50%～70%。城市产业层级越多，居民收入差异越大，从事就业种类和消费需求的差异也就越大，因此，城市的人口规模也会相应扩大。

城市规模越大，其内生膨胀驱动力就越强。城市发展同样具有路径依赖效应，先发城市由于初始条件更优、基础设施更先进、公共服务品质更高、消费品和服务更多样性，会吸引欠发达地区人口流入，从而带来更多人力资源、扩大市场规模、提高全要素生产率，这又进一步增加了城市的财政收入并改善公共服务及发展环境，吸引更多企业和人力资本进入，在分配上进一步提高最高收入人群的收入水平。在初始条件—人口规模—经济发展的循环往复中，城市人口规模进入了不断扩大的机制。

思考题

1. 什么样的人属于城市人口？
2. 影响城市人口增长或减少的主要因素有哪些？
3. 城市人口的结构包括哪些方面和具体指标？
4. 影响城市人口数量和素质的因素有哪些？
5. 什么是城市人口容量？影响城市环境人口容量的主要因素有哪些？
6. 论述城市人口容量与城市建设和发展的关系。
7. 简单介绍城市人口容量常用的研究方法。
8. 什么是城市人口流动？它对城市的建设、发展和管理产生怎样的影响？
9. 阐述我国城市人口流动特征并分析所带来的城市人口压力。
10. 请从生产、分配、生活这三个维度探讨我国城市人口的布局。

彩图

第10章　城 市 植 物

城市植物是指在城市环境中生长的植物。它们是城市生态系统和宜居环境的重要组成部分，对促进城市生产发展和保证居民生活具有不可替代的作用。这些植物种类繁多，在城市中有着各自的适应性和生存优势。例如，一些植物可以种植在建筑墙壁上或屋顶花园中，有效利用城市空间，从而提高空气质量和缓解城市热岛现象。城市植物还能调节城市微气候。由于城市中建筑物密集，密闭性较高，很容易形成热岛效应，并产生大量废热。而城市植物通过蒸腾作用有效地降低了城市的温度。

城市绿色植物由两部分组成：一部分是城郊农田，为城市居民提供必要的副食品和其他资源；另一部分是园林绿地，为城市居民提供娱乐休息场所。同时，城市绿色植物还起着消纳、吸收和净化城市废弃物，供给氧气的作用，对城市生态环境系统内的物质循环具有重要意义。有研究者试图将植被生态学原理应用到城市环境中，并在“非自然”的环境下测试岛屿生物地理学理论的生态假设，结果喜忧参半。讨论提出了城市植被的植物区系属性（包括本地和外来植物）、补丁或残余大小对成分和动力学的影响、城市和花园种植在城市地区的作用，以及未来城市植被生态学研究的趋势。

尽管城市地区以硬质表面为主，这些地方也有许多植物生长。墙和人行道的特点是土壤非常浅，通常有狭窄的裂缝。石墙是这些栖息地中被研究得最好的，可以支持许多种类的维管植物、苔藓、地衣和藻类，包括一些栖息地“专家”。根据建筑材料和场地的整体环境不同，环境特征也有所不同：阳光与阴影、独立墙与建筑墙、踩踏程度和整体气候，所有这些因素都会对植被产生很大的影响。由于基质生根非常浅，墙壁植被在干旱的环境中较少，但在水分充足的情况下可以相当丰富。墙壁和人行道支撑着那些来自岩石露头或类似栖息地的物种，以及在城市地区常见的“杂草”种类。一些相同的物种出现在不同地区或大陆的坚硬地表栖息地，这表明建筑活动所创造的栖息地类型是城市环境的一致和重复的特征。

这些植被可以支持稀有物种，对生物多样性保护具有重要价值，绿色屋顶和活墙越来越多地被设计来提供生态系统服务。虽然坚硬地表的植被也有好处，但它在城市中定居常常被认为是一种麻烦。大多数关于这些栖息地的研究都是在欧洲进行的，因此有必要研究其他大陆的墙壁和人行道，特别是考虑到全球城市化的快速发展。

第1节　城市植物区系与植被

1. 城市植物区系　城市植物区系是指一定地区范围内所有植物的分类单位，包括所有的科、属和种的数量。对一个城市进行植物区系的研究，就是要对该城市地区内的所有植物进行科、属、种的鉴定，并对它们的地理成分和历史成分进行分析。一个城市植物区系的多样性不仅与城市的地理位置有关，还与其面积、城市化程度及环境污染情况密切相关。城市化对植物区系的影响，一方面表现为乡土植物种类的减少，另一方面则表现为人布植物的增多。人布植物是指随着人类活动而散布的植物，如农作物和杂草等，还包括人类有意或无意引入、后来野生化了的植物，这类植物也称归化植物。一般来说，城市化程度越高，人布植物在城市植物区系中所占的比例也越大。因此，可以把人布植物的百分率（归化率）作为评判城市化程度的一个指标。

植物对城市环境的适应能力是不同的。根据植物对城市环境的适应能力，可以将植物划分为以下5类。

（1）极嫌城市植物 在城市里完全看不见或只有极少例外可在市区见到，这些植物多生长在贫营养水体或未受污染的环境中。

（2）中度嫌城市植物 主要生长在城市内空旷地区或特殊生境（如大公园、大别墅内）的植物。

（3）中性城市植物 在城市内外均能分布的植物。

（4）适生城市植物 广泛分布在城市建成区内的植物，但在郊区也可以见到。

（5）极适生城市植物 几乎只限于城市建成区内生长的植物，在郊区只偶尔见到极少数个体。

2. 城市植被的功能 城市植被是城市中一切自然生长和人工栽培的各种植物的总和，其显著特点是覆盖率低，这主要是由于城市地区土地利用结构的改变所致。城市植被能够改善生态环境，其中最明显和最普遍的作用是改善城市局地气候效应。绿化植物通过光合作用将太阳能转换为有机化学能，同时吸收二氧化碳并释放氧气，维持植物生长，改变环境的能源流动，从而影响环境的温度、水分和局地气流，为城市生态系统的物质和能量转换提供动力条件。

从目前的研究状况来看，城市植被的功能可概括为美化环境的景观效益、保护环境、净化环境和调节小环境气候条件的生态效益，而其中最主要和最基本的功能就是改善城市环境。

（1）景观功能 自然景观是城市的基础，文化内涵则是城市的灵魂。城市植被作为城市景观的重要部分，既是人居环境中具有生态平衡功能的支撑系统，也是反映城市形象的重要窗口，是自然景观与文化内涵的综合反映。

随着人们审美情趣的多元化、对生活环境质量要求的提高和多样化需求的发展，城市环境逐渐向健康化和多样化发展。城市绿化能够体现某一建筑群或单个建筑体的功能。在园林绿化建设中将植物与雕塑、山石、水体相结合，把文化修养、文化意识作为设计的思想基础，能够创造出具有诗情画意的优美环境。总而言之，城市绿化美化人民生活环境的功能是非常显著的。如果城市植被与城市其他自然条件、城市街道和建筑群体配合得好，就可以增添景色、美化街道和市容，给城市带来活泼生机。

（2）生态功能

1）改善城市小气候。世界各国的城市发展实践表明，树木花草通过遮阳和蒸腾作用可以降低气温、调节湿度、吸收太阳辐射，对改善城市小气候有积极作用。Li 等（2022）研究认为，城市植被在夏季能够降低建筑物周围的温度，减少空调等城市能量的消耗。他们通过元分析量化了全球城市绿地的降温效应，指出植被覆盖率每增加10%，夏季地表温度平均降低0.5～2.0℃，证实城市绿化植被对改善城市热岛效应有重要作用。对城市绿化及其周围区域的气候要素特征研究表明，绿化街区的气温明显低于未绿化街区。植被具有显著的遮阳作用，茂密的草地可以遮挡约80%的太阳辐射热，茂盛的树林能遮挡50%～90%的太阳辐射热。乔木覆盖区的降温效果显著优于低矮植被（Wang et al.，2021）。植被的蒸腾作用吸收大量热量，对于因人口过密而带来的人为热污染具有一定的调节作用（Cuce et al.，2025）。研究表明，植被对气温、空气湿度、风速等的影响是同时存在的，其效应的强度取决于城市植被的群落类型、结构和面积的大小。

2）净化空气。绿化植被在城市复合生态系统中通过吸收二氧化碳并放出氧气，维持氧气和二氧化碳的平衡。植物在光合作用过程中吸收二氧化碳并放出氧气。据估算，$1hm^2$ 阔叶林在生长季节，每天能消耗 1t 二氧化碳，释放 0.75t 氧气；$1hm^2$ 生长良好的草地，每小时能消耗 15kg 二氧化碳，释放 10.9kg 氧气。如果以成人每天需消耗 0.75kg 氧气，排放 0.9kg 二氧化碳计算，对于一个城市居民来说，$10m^2$ 的森林或 $50m^2$ 以上的草坪就能供应足够的氧气，并清除呼出的二氧化碳。

管东生等（1999）分析了城市绿地植物的生物量和净生产量，以及绿色植物体内硫的含量特征、储量分布和年吸收量，发现净生产量中硫含量接近城市上空的平均硫储量，从而提出城区绿地植物净生产量的硫量主要来自大气，在植物的净化作用下，可使大气中的硫每年被更新循环一次。因此，城市绿地的净化能力仍有发展潜力。沈家芬等（2008）研究了城市道路绿化的抗污染模式，提出植物种类相同、配置方式基本相似的情况下，种植密度与净化效果密切相关，密度适宜、通风适当的林带，其净化效果最佳。

3）减弱噪声。树叶繁茂的密林可以隔音和吸音。林地及草地等防噪声的效果因其宽度、高度、形状和种类组成不同而有很大差异。综合国内外的研究结果，一般城市绿化实体的噪声衰减效应具有一定的共性：郁闭度 0.6～0.7、高 9～10m、宽 30m 的林带可减少噪声 7dB；高大稠密的宽林带可降低噪声 5～8dB；乔木、灌木、草地相结合的绿地平均可降低噪声 5dB，高者可降低噪声 8～12dB；草坪的减噪效果也较明显。

4）防风固沙、吸附粉尘。植物能够有效降低风速，使空气中的较大粉尘颗粒沉淀，且树叶表面多绒毛，可吸附大量飘尘。不同树木的滞尘能力不同，如刺楸每平方米叶面积吸尘量为 14.53g，榆树为 12.27g，刺槐为 6.37g。城市应根据气候选择适生树种，加强周边防护林建设，阻隔风沙，并恢复大环境的植被覆盖，避免土壤沙化。

5）其他效应。城市植被可吸收、阻挡、分散声音能量，从而起到防火、防震作用，增加透水面积，减少地表径流，改善水文循环和稳定洪流范围，并防止水土流失。植被对暴雨、河流泛滥、滑坡等有一定防护效果，还可为多种生物提供栖息地。面积足够大的绿地可为动植物种群的生存和自然进化提供健康环境，也为被破坏的当地物种提供恢复机会。

城市绿地生态系统建设是一项长期而艰巨的任务，要重点研究城市植被的结构、类型、动态和功能及其与城市其他自然、社会环境的相互关系。城市绿地不仅外部形态应符合美学规律，内部和整体结构更应符合生态学原理和生物学特性，支持城市物流、能量流、信息流、价值流的畅通，并与城市各生态要素功能紧密耦合，使城市生态系统运行更加高效和谐。同时，现代科学新理论和新成果的应用，如 3S 技术、生物技术、生态工程技术等将有力促进城市绿地的研究、规划和管理。

3. 植物对城市环境的指示意义　植物的生长和发育受环境影响，它们的分布也受环境制约。因此，可以利用植物在生长、发育、分布等方面的变化来推测环境状况，这就是植物指示环境的作用。植物可以防风灭菌，成为人类监测环境毒物的报警器。一般来说，细菌大都附着于尘埃而悬浮于大气中。利用敏感度高的植物，可以监测大气污染和污染物质。例如，二氧化硫能使树木叶脉中间产生褪色斑点，氯气能使叶子失绿变黄，氟化氢常引起叶尖及叶脉产生受害斑点。通过分析城市内不同地点同种植物体内某种物质的含量，可以对环境质量进行分级。这方面的分析可以包括树叶、树皮或整个植株，监测的项目有硫、氟、重金属元素，以及浸出液的 pH 和电导率等。

第2节 城市林业与城市森林

1. 城市林业的内涵 城市林业是为了改善城市环境而在城市中养护和管理单株树木和树木种群。城市林业提倡将树木作为城市基础设施的重要组成部分。城市森林工作者种植和维护树木，支持适当的树木和森林保护，进行研究并推广树木提供的多种好处。城市林业工作由市政和商业林业工作者、市政和公用事业林业工作者、环境决策者、城市规划者、顾问、教育工作者、研究人员和社区活动人士共同进行。

城市林业是一门实践性很强的学科，涵盖了植树、养护和保护树木，以及全面管理作为集体资源的树木。城市环境会给树木栽培带来许多挑战，如有限的根系和冠层空间、土壤质量差、缺水、光照不足、热污染、对树木的机械和化学损害及与树木相关的其他危险。这些危险大多是间接风险，如单个树木在强风（如雷雨期间）中损坏停车场或伤害过往行人的可能性。

尽管大型树木在城市环境中相当引人注目，但由于城市树木面临来自汽车尾气、硬质景观和建筑基础的限制及物理破坏的压力，特别是大型树木，给城市林业领域带来了持续的困境。城市林业还挑战着负责照料树木的树木学家。空间的缺乏需要更多地使用索具技能和交通与行人控制。典型的城市环境对树木的许多限制使得城市树木的平均寿命只有32年，而在市区种植的树木的寿命仅为13年，这远远低于农村环境中树木150年的平均寿命。

城市林业的管理挑战包括维护树木和种植场地的库存、量化和最大化树木的效益、最小化成本、获得和维护公共支持和资金，以及为公共和私人土地上的树木制定法律和政策。城市林业提出了许多需要解决的社会问题，使城市林业被许多人视为一种优势，而不是对环境的一种诅咒。社会问题包括资金不足导致的城市树木养护不足。在英国，国家城市林业单位围绕城市林业的最佳实践进行了一系列案例研究，这些案例在相关档案中存档。

2. 城市林业规划 规划城市森林有着许多好处和挑战。城市森林不仅提供生态系统服务，还需要考虑规划前的潜在风险。城市森林提供的服务包括改善空气质量、降低噪声、调节温度和管理雨水等。城市森林规划旨在最大化利用树木所提供的益处，并在位置选择上经过深思熟虑。规划过程中面临的挑战包括管理树木的潜在风险、评估其提供的服务、绿色基础设施的损失/替代成本，以及纠正灰色基础设施干扰的成本。重大的绿色基础设施损失可能会改变城市的地域感、社区认同感和社会凝聚力。

在规划城市森林时，可以采用多种方法。许多市政当局将城市森林规划纳入官方文件，如综合规划。尽管不是每个城市都能实施全面的城市森林计划，但可以针对特定区域制订计划，如公园，从而增加城市的林冠覆盖率。在制订城市森林管理计划时，通常会在规划过程的早期确定标准和目标。这涉及评估城市森林的现状，然后将性能目标的标准纳入管理计划。评估是规划的第一步，提供有关森林面积、年龄分布、树木健康和物种多样性等信息。一旦完成评估，接下来的步骤是确定合并到计划中的标准（或指标），以设定性能目标。将指标纳入管理计划有助于跟踪城市森林的进展以及目标的实现情况。标准/指标通常涵盖以下主题：城市森林植被，包括冠层覆盖率、年龄分布和物种多样性等特征；关注行业合作、社区参与和利益相关者的参与；城市森林规划和管理的成功性，以及城市森林管理的资金筹措情况。将指标纳入管理计划有助于管理计划的实施和修订，以实现计划中的目标。总体规划的一个关键部分是确定树木种植的空间。使用多种树种分析方法，对城市森林的最佳造林位置进行选择，并提出了确定新林种植面积的三个不同步骤——排除阶段、适用性阶段和可行性阶段。

城市森林规划的管理涉及许多人员。在规划编制过程中，考虑了专业人士和市民的意见。景观设计师、树木专家和城市护林员提供了宝贵的信息和知识，以确保城市森林的长寿和健康。工务署和规划专员也在这一过程中发挥作用，以确保不在可能干扰紧急措施、地下或地面设施或公众安全的地方种植树木。城市森林规划涉及各种人员的投入，以及对树木如何影响其生长的社区的考虑。

随着城市的扩张，绿地的流失也在持续；可用的增长空间在城市中心是有限的。将绿地、公园等改造成建筑用地的压力加剧了这一城市林业的建设问题。这包括：植物根系的生长空间不够；林木种植在贫瘠的土壤上或者是不良的生境中；不正确的林木管理和护理；没有适地适树；选择了不合适的树种；育苗质量差，苗木种植后没有妥善护理；有限的遗传多样性；缺乏城市森林管理计划；公众对健康城市森林的益处缺乏认识等等。

3. 城市森林的影响

（1）城市森林对环境影响　城市森林通过蒸散作用和为街道、建筑提供遮阳来缓解城市热岛效应。这不仅提高了人们的舒适度，降低了中暑风险，还减少了建筑物降温的成本。城市森林通过吸收臭氧、二氧化氮、氨和颗粒物等污染物，以及进行碳封存，来改善空气质量。城市林业可以成为雨水管理的重要工具，因为树木通过树冠吸收和储存雨水，并用它们的根系减缓和过滤径流。其他的好处还包括噪声控制、交通控制，以及减少眩光和反射。

（2）城市森林对居民心理健康的影响　2018 年的一项研究调查了费城低收入居民，并报道“他们感到紧张、绝望、不安、沮丧和没有价值的频率”。作为一种实验性的心理健康干预措施，研究人员从一些空地上清除了垃圾，并在其中一些空地上进行了“绿化”，种植了树木、草坪和小篱笆。结果显示，住在绿化地块附近、收入在贫困线以下的居民的抑郁感下降了 68%，而收入在贫困线以上的居民的抑郁感下降了 41%。相比之下，在未进行绿化的空地上清除垃圾对心理健康没有明显的影响。

（3）城市森林对城市野生动物的影响　城市林业为城市野生动物提供了潜在的栖息地。此外，它为公众观察野生动物创造了巨大的机会。

（4）城市森林对社会的影响　与城市森林相关的活动，如植树节，可以显著减少社会隔离问题，增强人们的体验，提高环境意识。城市森林通过提供锻炼空间来鼓励更积极的生活方式，并与减轻压力和整体情绪健康相关。城市森林还可以提供木材或粮食等产品，并带来经济效益，如增加财产价值和吸引旅游业、商业和投资。如果得到妥善管理和照顾，城市森林有助于创建可持续和健康的社区。

（5）城市森林对经济的影响　美国丹佛市公园和娱乐部（Denver Parks & Recreation）的“树木效益计算器”在线工具允许居民输入树种、树龄和位置，估算单棵树木的年均经济收益，包括能源节约、空气净化及房产增值。根据美国弗吉尼亚州阿灵顿县城市林业部门 2022 年报告，华盛顿-弗吉尼亚高地社区拥有 2002 棵市政维护树木（主要为北美红枫、白橡树和北美皂荚），年均生态效益为 15.9 万美元。

第3节 城市林业在各国的实践

1. 中国

（1）南京　由博埃里（BOERI）建筑设计事务所设计的南京垂直森林项目是继2021年在黄冈建成的居然之家黄冈垂直森林项目之后，在中国升起的第二座垂直森林。该项目的两座塔楼的外立面阳台和绿色盆景交替出现，并种植了800多棵乔木（约600棵大树、200棵中树）及2500多棵灌木和垂吊植物，占地面积达$4500m^2$。该项目旨在打造一个真正的森林，通过种植27种本地物种，帮助当地生物多样性的再生。该项目预计每年可吸收18t二氧化碳，同时提供16.5t氧气。南京垂直森林是2024/25年度国际高层建筑奖的31个入围项目之一。

（2）上海　一条长99km、宽100m的环城林带于2003年建成。热岛问题已大大减缓。上海市农业委员会的另一个试点项目旨在将上海总面积的35%转化为城市森林。森林网络包括两个环形、八条纵向、五个区域、多条通道和网格，还有一个连接各个项目的链条。其中，内环约500m宽，围绕中心区长达97km；外环长约180km，覆盖郊区土地。此外，有八个纵向森林腰带，宽度约1000m，沿着高速公路和主要河流铺设；五个森林公园分布在郊区，总面积约$30km^2$；还有多个绿色走廊，宽度为25～500m，包括沿海岸和工业区的森林网格；最后，还有一条连接各种栖息地的链条。

2. 英国　在英国，城市林业最早由米德兰重新造林协会于19世纪初提出，该协会的重点是在这个地区进行树木种植。1990年，英格兰社区森林计划由当时的农村委员会设立为试点项目，旨在展示环境改善对经济和社会复兴的潜在贡献。每个社区森林都依赖于地方当局与地方、区域和国家机构（包括林业委员会和自然英格兰）之间的合作关系。总的来说，这项工作已经形成了英国最大的环境再生计划。20世纪90年代中期，国家城市林业部从一个黑人乡村城市林业单位发展起来，并在英国各地促进了城市林业的发展。随着城市林业在21世纪变得更加主流，国家城市林业部的使命结束了，它的倡导作用现在由野生动物信托基金和林地信托基金等组织承担。

3. 美国　新英格兰各州的护林法是最早和最具远见的城市林业和森林保护立法的重要例子。1896年，马萨诸塞州通过了第一部树木看守法，其他5个新英格兰州紧随其后：1901年康涅狄格州、罗德岛州和新罕布什尔州，1904年佛蒙特州，1919年缅因州。

随着村庄和城镇的人口和财富增长，公共场所的美化也逐渐增加。然而，直到18世纪后期，公共区域的美化才演变成为一场社会运动，私人个体通过遮阴和装饰性的树木，大力提倡和赞助公共美化。大约在1850年，通过私人方式来促进美化的机构和组织成立了。在19世纪90年代，新英格兰的“钉子”法使城镇能够采取明确的步骤来区分哪些树荫下的树是公共的。1890年，马萨诸塞州的法案和决议第196章规定，标记一棵公共遮阴树的方法是在相关的树干上钉上钉子，钉子的头上清楚地印上字母M。1893年，康涅狄格州通过了一项类似的法律，只不过钉子的头上有字母C。

19世纪末期，美国的快速城市化被许多人视为鼓励人与自然的分离。直到19世纪末，社会改革家们才刚刚开始理解在城市地区发展公园和“创造更好社会”的关系。当时，公园和树木不一定被视为让城市居民体验大自然，而更多地意味着提供文化适应和控制机制，针对新来的移民和他们的孩子（如促进“结构化”，作为青少年犯罪的一种威慑）。其他著名的公共知识分子对探索生态和社会系统之间的协同作用感兴趣，包括美国景观设计师弗雷德里克・劳・奥姆斯特德，他设计了 17 个美国主要城市公园，并且有远见地认识到绿地和树木是城市基础设施的一个基本组成部分。在奥姆斯特德看来，自然与城市居民的统一不仅在身体上体现，而且在精神上体现，“美丽悄悄地笼罩着我们；美已经进入了我们的灵魂；我们不知道确切的时间和方式，但当我们离开时，我们将以一种温柔、抑制、丝般的喜悦记住它”。有意识地将树木纳入美国城市设计中的实践，如芝加哥、旧金山和明尼阿波利斯，也受到了巴黎的城市林和宽阔的林荫大道，以及英国的浪漫主义景观运动的启发。早期公园支持者相信，通过促进社会凝聚力，绿地可以提供社会公共支持，这一点已经被最近的研究证实，树木之间的联系更加紧密，成年人更多地监督孩子在户外活动，社区公共区域的使用增加，财产和暴力犯罪减少。

美国许多城市都采用了社区一级的树木法令，授权规划官员管理树木的种植、维护和保护。树木法令的发展在很大程度上是对荷兰榆树病的回应，该疾病在 20 世纪 30～60 年代一直困扰着城市。随着城市发展、城市树木的丧失及公众对环境日益关注，树木法令的制定成为必要。20 世纪 80 年代，随着社区寻求在新发展和现有基础设施之间创造更有利于环境的和谐，第二代法令开始以更高的标准和特定的重点出现。这些由地方政府制定的新法令可能包括一些具体规定，如树木的直径和在营造建筑期间受保护的树木的百分比。这些法令的实施受益于一个重要的努力，即通过国家庆祝植树节和美国农业部等城市和社区林业计划，社区树木主张者进行公共宣传和教育，旨在提高人们对城市树木的环境意识。许多实地工作是由非政府组织完成的，这些组织由私人捐款和政府拨款资助。

城市林业政策的争议性和党派色彩要小于许多其他林业问题，如国家森林资源的开采。根据美国农业部林务局 2020 年发布的《国家城市森林评估报告》，在 1990—2020 年，美国城市森林覆盖率呈现显著的空间差异：高收入社区树木覆盖率平均达 34%，而低收入社区仅为 12%。健康的城市森林在整个地区的不均匀分布已经成为一个人们日益关注的问题。这是因为随着城市区域生态足迹的扩大，城市森林已经成为生物区域生态健康的一个日益重要的组成部分。2014—2020 年，美国森林协会在 10 个典型城市（如芝加哥、亚特兰大）进行美国森林城市生态系统分析，估计由于城市蔓延与病虫害，美国城市地区的树木已经减少了数百万棵。这往往是由于市政当局未能将树木和其他绿色基础设施的要素纳入其日常规划和决策过程中。城市林业项目在地方层面上的质量不一致最终会影响城市森林所处的区域环境，而郊区的扩张及其他社会和生态效应又会大大加剧这一问题。在实现健康城市森林和更广泛的生态系统保护目标（如维护生物多样性和野生动物廊道）的过程中，有效识别这一层级关联凸显了以下必要性：科学家和决策者需要更好地了解城市社会-空间动态与树冠健康之间的跨尺度相互作用。

4. 俄罗斯　莫斯科“一百万棵树”计划正式启动于 2013 年 10 月。在当年秋季的首阶段实施中，种植了大约 3200 棵乔木（主要为椴树、挪威枫等本土树种）和 28 500 株灌木（如丁香、绣线菊等），到 2021 年已突破百万棵。除了“一百万棵树”计划外，该市还在实施其他项目，如在街道和公共场所种植树木和灌木，以及翻新公园和开设新公园。俄罗斯首都是世界上最绿色的巨型城市之一，树木和灌木覆盖了城市超过 50%的土地。与其他城市相比，这是一个相当可观的比例。

第4节 城市园艺

园艺是种植水果、蔬菜及花卉或观赏植物的科学和艺术。城市园艺学专门研究植物与城市环境之间的关系。它侧重于园艺的功能使用，以维护和改善周围的城区环境。随着城市的扩张和城市化的快速发展，这一研究领域变得庞大而复杂，最近有了进一步发展的势头。城市园艺学与生产园艺有着不可否认的关系，因为种植水果、蔬菜和其他植物是为了收获、美学、建筑、娱乐和心理目的，但其价值远远超出了这些好处。植物在城市环境中的价值还有待深入研究或量化。

1. 历史 当游牧民族开始定居下来，他们的主要贸易中心是市场、花园和农场。随着城市的诞生、试验和思想交流的增加，城市园艺迅速发展。数百年来，住宅、公共建筑等建筑环境与园林、农场、牧场、菜园等种植形式相结合。因此，园艺成为了城市日常生活的一部分。随着工业革命开始，城市相关人口增加，其景观迅速改变，绿色空间被砖块和沥青所取代。19世纪以后，园艺被有选择地恢复到一些城市空间，作为对不健康的工厂环境的回应，城市开始看到公园的发展。

西方早期的城市园艺运动主要服务于经济衰退时期的短期福利，包括提升“民众”生活水平的慈善或爱国救济。随着郊区成为住宅和商业发展的中心，城市园艺的传统在二战后逐渐衰落。大多数经济稳定的人口从城市搬到郊区，只在城市中心留下贫民窟和少数民族居住区。不过，在20世纪五六十年代，公共房屋署为美化市容和提高租户生活质量而推行的花园计划，亦有少数例外。但是，在大多数情况下，由于商业也离开了大都市区，这就产生了荒地和种族隔离的贫困地区。不可避免地，主要城市中心的投资减少，特别是在美国，导致了空地的急剧增加。现有的建筑变得不适合居住，房屋被遗弃，甚至生产性的工业用地变得空置。现代社区园艺、城市农业和粮食安全运动是在地方一级应对上述问题的一种形式。事实上，当时其他运动，如20世纪六七十年代的和平、环境、妇女、公民权利和“回到城市”运动，以及20世纪八九十年代的环境正义运动看到了在这些空置土地上复兴社区花园、农贸市场、城市农业的机会。

2. 现代社区花园运动 在21世纪，随着人们认识到社区花园和绿色空间的必要性，情况发生了转变。新的社区花园运动不是概念，而是目的。这场运动的主要目标包括清理社区，清除空地上的毒品交易，种植和保存供消费的食物，恢复工业区的自然环境，将农业传统带到城市。基本上，社区园艺被视为一种通过社会和身体接触在人和地方之间建立关系的方式。大多数城市花园都建在大小不一的空地上，通常由社区成员作为单独的地块来打理。这些地区可以支持社会、文化和艺术活动，并有助于重建地方社区精神。现代社区花园运动是由社区在政府和非营利组织的支持下发起的。有些花园与公共住房项目、学校、教堂和社会机构有联系，有些甚至雇用那些被监禁的人。社区花园现在是城市园艺运动的一个重要组成部分，它不同于早期的大公园发展时期，后者只是把人们从工业化中解放出来。此外，社区花园比单纯的草坪或公园更有益和更有吸引力，是通往大自然的宝贵通道，在那里没有荒野。这场运动帮助建立和维持了城市居民和土地之间的关系，并促成了一种不同的城市环保主义，这种环保主义没有任何改革慈善的特征。

尽管美国的第一个社区花园已经有30年的历史了，但是目前还没有对城市花园及其组织进行具体的分析。美国社区园艺协会（American Community Gardening Association，

ACGA）的估计显示，市政府和非营利组织在大约 250 个城镇开展园艺项目，尽管该组织的工作人员承认，这个数字实际上可能是这个数字的两倍。在 1994 年的一项调查中，美国园艺协会发现，如果附近有块地，670 万不从事园艺工作的家庭将会对园艺感兴趣。最近的一项调查显示，城市里正在建造更多的花园，而不是因为经济发展而消失。

今天，城市园艺的组成部分包括社区花园（如市场花园、小农场和农贸市场）等，同时也是社区发展的一个重要方面。城市园艺的另一个结果是食品安全运动，通过几个项目和计划优先考虑当地种植的食物，从而提供低成本和营养丰富的食物。城市社区花园和粮食安全运动是对工业化农业问题的回应，旨在解决其相关的物价上涨、超市缺乏、粮食短缺等问题。

3. 城市园艺的益处　园艺学本身是一门实践性和应用性很强的科学，它在我们的日常生活中有着重要的意义。由于社区花园实际上无法与以市场为基础的土地利用相竞争，因此有必要寻找其他方法来了解它们的各种好处，如它们对社会、人类和财政福利的贡献。纽约市中央公园的设计者弗雷德里克·劳·奥姆斯特德注意到，树木、草地、池塘和野生动物能够舒缓城市生活的压力。根据多年来的各种研究，大自然对人类健康有着非常积极的影响，在情感和心理上更是如此。树、草和花园，由于它们的存在和可见性，通过减少疲劳和刺激，恢复平静，增加人们的生活满意度。事实上，霍尼曼测试了自然景观在城市环境中的恢复价值，发现与没有植被的地区相比，城市环境中的植被可以产生更多的精神恢复。此外，只有自然的地区并没有像城市地区和自然的结合那样有积极的心理影响。

园艺对健康的明显好处之一是增加了水果和蔬菜的摄入量。但园艺活动本身，也是一个主要的健康益处。园艺是一种低强度的运动，加入到日常活动中，可以帮助减肥，减轻压力，改善整体健康。最近的一项研究显示，与非园艺同行相比，园艺工作者更可能减少体重指数和降低重量。社区园丁研究显示有花园的男性相比他们的邻居超重的可能性低 62%，而有花园的女性超重的可能性减少了 46%，体重指数也低于她们的邻居。城市花园可以提供有营养的、可食用的植物来改善健康，也可以吸引人们外出和促进更多的活动。

市中心学校的园艺项目越来越受欢迎，这不仅是一种教育孩子们健康饮食习惯的方式，也是一种鼓励学生成为主动学习者的方式。除了到户外活动和感受积极的生活方式，孩子们还学习领导、团队合作、沟通和协作技巧，以及批判性和创造性思维技巧。园艺学校使孩子们可以与家人分享吃新鲜水果和蔬菜的健康与营养益处。由于天气和土壤条件在不断变化，学生要学会根据出现的情况，创造性地解决问题。学生也要学习与不同人群（如其他学生或成年志愿者等）进行互动和交流。这些项目有益于学生的健康，使他们能够在周围的世界里积极地做出贡献。

花园和其他绿色空间也增加了社会活动，有助于创造一种区域特色，如通过调节环境因素来加强社区联系。不同地区在提供营养来源和可负担成本的食物方面也存在巨大的差异，尤其是在城市中心地区，那里存在贫困、缺乏公共交通和被超市抛弃的问题。因此，内城社区花园以负担得起的成本、最容易获得的方式，成为一个有价值的营养来源。

为了了解并最大限度地发挥城市园艺的效益，有必要记录园艺活动的影响并将其效益加以量化，以便政府和私营工业能够进行适当的改变。园艺学家一直从事园艺的专业方面的工作，但与园艺活动影响对象交流将对社区、城市、园艺领域及其专业非常有益。基于此，在 20 世纪 70 年代，国际园艺科学学会认识到，需要对城市环境中植物的功能利用进行研究，同时需要改善这一研究领域的科学家和利用植物的人之间的交流。城市园艺委员会成立于

1982年，负责处理城市地区种植的植物、提升管理技术，研究这些植物的功能用途及弥补目前缺乏这方面知识的缺点。建立这样一个委员会是一个重要的指标，表明这个主题已经达到了国际上的认可水平。

4. 经济效益　园艺带来了多种经济效益，能够节省购买食物的费用，甚至能够减少水电费支出。在发展中国家，高达60%～80%的收入可能被用于购买食品。根据Lake等（2011）的《心理-社会因素对城市园艺的相对影响》，随着人们节约购买食物的费用，屋顶花园的兴起也越来越普遍。绿色屋顶可以降低冬季取暖费用，并有助于在夏季保持凉爽。此外，绿色屋顶还可以减少屋顶更换的费用。虽然绿色屋顶只是城市园艺的一部分，但它既有助于人们保持健康的饮食习惯，又提升了他们的房产价值。绿色屋顶的其他经济效益包括增加非商业就业机会，包括降低食品成本。

5. 生产实践　在城市园艺中，作物可以在花盆、种植袋、小花园甚至更大的土地上种植，采用传统或高科技、创新的种植方式。同时，一些新技术也被记录下来，这些技术适应了城市环境，并解决了主要城市的种种限制。这些举措包括在已建成土地上使用不同类型的基质进行园艺生产，如在屋顶上、有机生产和水培/气培生产。因此，这种实践也被称为屋顶蔬菜园艺和集装箱蔬菜园艺（图10-1，图10-2）。

图10-1　深圳城中村屋顶“南园绿云”共建花园的“云田”（叶荔和倪蒹葭，2022）

根据联合国粮食及农业组织的报告，在日益增长的非洲城市中，市场园艺——指的是在特定地区进行灌溉、商业生产水果和蔬菜，或者在其他城市开放空间进行种植——是当地农产品的主要来源之一。该报告指出，市场园艺生产了阿克拉、达喀尔、班吉、布拉柴维尔、伊巴丹、金沙萨、雅温得等城市消费的大部分叶菜，这些城市总共拥有2250万人口。在亚的斯亚贝巴、比绍和利伯维尔等城市，市场菜园提供了大约一半的叶菜供应。然而，报告指出，在非洲大部分城市，市场园艺往往是一种非正式（甚至非法）的活动，这种活动几乎没有得到官方的承认、监管或支持。许多园丁缺乏对土地的正式所有权，许多人在一夜之间失去了土地。适合园艺种植的土地正在被用来建造住宅、工业和基础设施。为了从不稳定的生计中获取最大收益，许多园丁过度使用农药和城市废水。

图 10-2　新加坡屋顶农园（叶荔和倪蒹葭，2022）

思考题

1. 城市植物群落的特征是什么？
2. 阐述城市植物在城市的发展和保障居民生活方面的作用。
3. 城市植物有哪些特别的生态系统服务功能？
4. 根据植物对城市环境的适应能力，可以将城市植物划分为哪 5 个类型？
5. 论述城市植物在指示城市环境质量方面的意义。
6. 分析城市环境对城市树木形态生长发育的影响。
7. 阐述城市森林群落的特点及城市森林管理中需要考虑的主要因素。
8. 举例说明城市林业规划的途径和方法。
9. 什么是城市园艺？它在城市居民日常生活中的作用有哪些方面？
10. 阐述城市园艺在城市社会经济生态方面的贡献。

第 11 章 城市野生动物和微生物

城市是人类活动密集的地区，不仅是人类社会和经济活动的中心，也为各种动植物提供了新的栖息环境。城市野生动物主要是指那些栖息在城市环境中的动物，其中包括与人类共同生活的动物群体，尤其是那些不依赖人类喂养、能够自给自足的野生动物。城市化进程不断加速，使得城市生态系统成为一个独特的生物群落。这些野生动物在城市中的生存，受到了人类活动的深刻影响。人类通过改变城市环境中的建筑、道路、植被等因素，极大地改变了动物的栖息地，同时也为一些物种提供了新的栖息空间和食物来源。尽管城市化带来了许多生态挑战，但城市野生动物展现出了强大的适应能力。它们不仅能在城市环境中生存，还能适应高密度的建筑、噪声和污染等不利因素。城市野生动物群落的特点之一是物种的选择性和适应性变化。随着城市化的推进，许多原生物种逐渐消失，取而代之的是一些能够适应城市环境的物种。例如，非人类哺乳动物在城市中变得越来越常见，而一些敏感的鸟类和两栖动物则逐渐减少。城市中常见的野生动物包括各种鼠类、鸟类、蝙蝠、狐狸、浣熊等，它们往往具有较强的适应能力，能够在城市的碎片化栖息地中生存繁衍。城市建筑如高楼大厦、桥梁和道路既为某些动物提供了栖息和觅食的场所，也带来了生态障碍，影响了动物的迁徙和种群繁衍。同时，城市环境中常见的有毒化学物质、空气污染和噪声污染等，也对野生动物的健康和生存构成了威胁。因此，城市野生动物的生存不仅依赖于自然环境的变化，还受到人为活动的影响。人类对城市生态系统的干预往往直接影响城市野生动物种群的数量和结构，特别是对某些物种的栖息环境和食物链的破坏，可能导致物种的灭绝或迁移。

除了动物，微生物也是城市生态系统的重要组成部分，虽然它们不像动物那样引人注目，但其在城市生态系统中的作用同样至关重要。城市中的微生物群落包括细菌、真菌、病毒等，它们在分解有机物、促进营养物质循环和维持生态平衡方面发挥着重要作用。微生物通过分解城市中的有机废弃物，帮助城市环境实现物质的循环和再利用，这对于减少城市固体废弃物、提高资源利用效率具有重要意义。然而，随着城市化进程的推进，废弃物的增多、污染物的排放和土地的污染，使得城市微生物群落面临着巨大的挑战。尽管如此，微生物依然表现出了强大的适应性，能够在恶劣的环境中生存和繁衍，并且通过各种代谢途径参与环境污染的修复过程中。例如，某些微生物能够分解石油、重金属等有害物质，帮助净化城市环境。城市微生物群落的一个重要特征是其复杂性和多样性。由于城市环境是一个高密度、多样化的人类活动区域，这使得微生物群落的构成和功能也呈现高度的动态性和变异性。不同的城市区域可能存在不同的微生物群落结构，尤其是在高密度的工业区、商业区及居民区等，微生物的种类和数量会受到环境因素的显著影响。此外，城市中的微生物不仅与环境污染密切相关，还与人类健康有着密切的关系。例如，空气中传播的病原菌、下水道中的致病微生物等可能对城市居民的健康构成威胁。然而，微生物也具有不可或缺的正面作用，如通过促进植物生长、提升土壤质量及参与物质循环等，维持城市生态系统的平衡。微生物的多样性和功能复杂性使得我们在研究城市生态系统时，必须考虑其对环境和人类健康的双重影响。

总的来说，城市野生动物和微生物的群落特点不仅反映了城市化对生态系统的深远影响，还展示了动物和微生物在适应城市环境方面的巨大潜力。随着城市化的不断发展，了解和保护城市生态系统中的野生动物和微生物群落，研究它们如何在复杂的城市环境中生存和繁衍，将为实现城市可持续发展和提升人类福祉提供重要的理论基础和实践指导。

第 1 节　城市野生动物

城市野生动物指的是生存在城市环境中但未经过驯养的动物，包括脊椎动物和一些引人注意的无脊椎动物。其主要包括：城市化前原地区残存的动物、外部迁徙进入城市的动物、从驯养地或市场逃逸的动物、迁徙途经并在城市中停留的动物。它们的生境特点是拥有大量的建筑、公路和人工化区域。

城市野生动物具有在城市环境中生存或繁衍的能力。一些城市野生动物，如家鼠，与人类有生态联系。有些物种或种群可能会完全依赖人类。例如，许多与人类共存的物种的活动范围扩大到在人类居住地以外的纬度地区，在那里它们无法度过冬天。其他物种则仅仅容忍与人类同居并利用剩余的绿色空间，随着时间的推移，它们逐渐适应新的栖息地，并最终与人类共存。这些物种代表了通常栖息在一个地区的少数生物。例如，2014 年的一项研究汇编发现，与估计的非城市物种密度相比，只有 8%的本地鸟类和 25%的本地植物物种存在于城市地区。城市中的野生动物可以在任何纬度上找到，只要是人类居住的地方，都可以找到它们。不同类型的城市地区供养着不同种类的野生动物。能很好地适应城市环境的鸟类的一个普遍特征是，它们的大脑往往更大，这可能使它们更能适应多变的城市环境。

城市野生动物群落的特点包括：①受人类活动影响巨大；②城市野生动物栖息地多样性丰富；③数量极大、极为引人注目；④物种多样性比较差；⑤缺乏天敌和习惯人的存在等因素导致城市野生动物缺乏警惕性；⑥人与城市野生动物之间建立一种稳定的联系。

城市野生动物群落面临的问题包括：①栖息地丧失、变更、破碎和隔离；②人类缺乏对自然的全面认识；③公众缺乏有关城市野生动物的信息、教育和认知；④人类对野生动物存在一些不恰当的反应；⑤城市规划与建设对野生动物群落的组成与发展造成影响。

城市野生动物群落治理计划包括以下几个方面。①努力减少栖息地流失、退化和分块的趋势：保护大块的森林、湿地及生物依赖性强的栖息地；强调大面积培育独特的植被；保护邻近湖滨和邻近茂密植被的区域；用自然的边界保护静止和流动的水；控制人对公共空间的使用频率；建立野生动物热线。②食物的供给：在城市野生动物的食物管理中，野生动物管理者要随时注意食物的质量和数量的变化，可以开展公众活动，为动物提供和补充饲料。③水的供给：在城市中，保持和恢复水体、恢复水的质量、减少对湖滨或河岸天然区域的干扰等各种管理措施都有利于野生动物用水。④动物的隐蔽：在城市种植植物和观赏植物既能为人民生活装点美丽，又能作为野生动物的栖息地。

1. 城市野生动物进化　城市环境可以对生物体施加新的选择压力，有时会导致新的适应。例如，在法国发现的杂草 *Crepis sancta* 有重的和蓬松的两种种子。重的种子在母体植株附近着陆，而松软的种子则随风飘得更远。在城市环境中，飘浮很远的种子常常落在贫瘠的混凝土上。在 5～12 代的时间里，人们发现这种杂草进化出了比它的农村亲戚更重的种子。在脊椎动物中，城市大山雀就是一个很好的适应城市环境的例子。人们发现，城市大山雀的鸣叫声比它们在农村的同类要高，所以它们的鸣叫声在城市的嘈杂声中很突出，尽管这可能是一种习得的反应，而不是进化而来的。在澳大利亚，城市中的银眼（*Zosterops lateralis*）比农村的同类发出的联络呼叫频率更高，速度更慢。由于这种接触呼叫似乎是本能的，而不是后天习得的，这被认为是城市银眼最近进化的证据，以便在嘈杂的城市环境中更好地交流。

2. 广泛分布的城市野生动物　一些城市物种具有世界性（即非选择性）的分布，在某些情况下几乎是全球性的。它们包括家鼠、蟑螂、银鱼、黑鼠、棕鼠、麻雀、岩鸽和野生的家养物种。

（1）非洲　随着非洲城市化程度的不断提高，当地的动物也接触到了这种新的环境，非洲独特的城市生态系统也随之发展起来。在南非的开普敦市区，由于狒狒越来越依赖游客和城市环境作为食物来源，人类和附近的豚尾狒狒种群之间的冲突越来越多。在非洲的其他地方，绿猴和狒狒一样适应城市化，同样进入房屋和花园寻找食物。非洲企鹅也会入侵城市地区，寻找食物和安全的地方进行繁殖。南非开普敦西蒙镇紧挨着著名的巨石海滩，由于噪声和企鹅造成的破坏，该镇不得不采取行动限制企鹅的活动。有报道说，在内罗毕、肯尼亚和纳米比亚的温得和克等城市的郊区有美洲豹出没。在非洲，像壁虎这样的爬行动物可以在房子里找到。

（2）澳大利亚　澳大利亚的城市地区是许多野生动物特别丰富的栖息地。澳大利亚的城市是受威胁物种多样性丰富的热点地区，每单位面积上受威胁的动植物物种比其他所有非城市栖息地类型都要多。一项对城市敏感鸟类（容易受到干扰和迁移的鸟类）的分析发现，植被恢复在鼓励鸟类返回城市绿地方面是有效的。入侵的植物物种，如马缨丹（*Lantana camara* L.），实际上为一些鸟类物种提供了避难所，如超级仙女（*Malurus cyaneus*）和银眼，而在当地没有类似的植物。澳大利亚本土动物的一些物种，如各种鸟类，包括澳大利亚喜鹊，能够作为城市野生动物生存，虽然引入的鸟类在大城市的中心更常见。一些适应性最强的小型有袋类动物，包括北部棕色袋狸，也适应了城市环境。有研究认为，澳大利亚的城市地区面临着许多威胁，如栖息地的丧失和破碎化、入侵物种（如猫和印度八哥）、有害物种、杂草繁殖压力、伴随人类密集土地开发而来的其他干扰等。生物多样性要想在城市地区蓬勃发展，就必须在社区层面采取措施，采取诸如野生动物用地和私人土地保护等彻底的措施，并采取政策和管理措施，限制土地开荒，鼓励城市保留自然资源。

（3）日本　尽管在日本大部分地区，梅花鹿都因有害而遭到捕杀，但由于宗教原因，它们在奈良市受到保护，并已成为城市环境的一部分。由于日本城市的密集，鸟类不像世界其他地方那样常见，尽管乌鸦、麻雀和海鸥等典型的城市鸟类已经很好地适应了当地环境。

（4）夏威夷　美国夏威夷的城市鸟类主要是外来物种，本地物种大多只保留在保护区。

（5）新西兰　新西兰城市化程度最高地区的鸟类主要是外来物种，它们同时在城市化程度较低地区的灌木碎片与本地物种共存。

（6）印度　印度的情况与非洲相似。猴子，如叶猴，也会进入城市寻找食物，当它们从商贩那里偷水果时，就会造成食品市场的混乱。在孟买，豹子进入了圣雄甘地国家公园周围的社区，袭击当地居民，因为公园本身就被周围迅速增长的人口包围着；同时，偷猎和非法伐木在那里很普遍。

（7）欧洲　英国的许多城镇都有城市野生动物保护组织，他们致力于保护和鼓励城市野生动物。城市区域范围包括从完全的城市区域到郊区的花园和公园。人们发现鸽子以人类留下的残羹剩饭为食，在建筑物上筑巢，甚至在最城市化的地区也是如此，因为这些高楼就像它们在山里的天然岩石家园。人们还发现老鼠以人类食物为食。各种各样的海鸥也在英国各个城市繁殖和觅食。欧洲研究城市海鸥的权威、鸟类生物学家彼得·洛克（Peter Rock）对布里斯托尔的鲱鱼鸥和小黑背鸥数量的增加进行了研究。他发现，在20年的时间里，布里斯托尔的海鸥种群数量从大约100对增长到了1200多对。从海鸥的角度看，建筑只是悬崖边的岛屿，附近没有捕食者，有很多食物。在格洛斯特和阿伯丁等相距遥远的地方，这种趋势也是一样的。有了源源不断的食物，每年都有更多的城市雏鸟存活下来，并习惯了城市生活。反过来，它们又繁殖出更多的鸟，更没有理由进行冬季迁徙。鸭子、白骨顶、鹅和天鹅等水禽在有水的花园和公园里茁壮成长。如果有足够的食物，如在喷泉里生长的水生植物，小种群水禽可以在喷泉等远离天然水体的地方形成和生存。

一项研究针对生活在10个欧洲城市和10个附近森林的大山雀，分析了鸟类用歌声吸引配偶和建立领地边界的方式。荷兰莱顿大学的Hans Slabbekoorn说，与森林相比，城市里的鸟类通过唱更快、更短、更高音调的歌来适应生活。森林里的鸟儿唱得很低，而且唱得很慢。生活在嘈杂城市里的山雀不得不与交通繁忙时发出的低频声音竞争，这意味着它们的歌声要提高音调，才能让其他同类听到。森林里歌唱得像巴里·怀特的鸟，听起来更像大城市里的迈克尔·杰克逊。

这些动物的出现也吸引了捕食者，游隼也以在城市地区（如在高楼上）筑巢和捕食鸽子而闻名。在城市环境中，游隼越来越倾向于夜间活动，利用城市照明来发现猎物。这为他们提供了猎捕夜间飞行的鸟类和蝙蝠的新机会。在英国的许多城市和郊区，红狐也是食腐动物，以昆虫和小型脊椎动物（如鸽子和啮齿动物）为食。人们也在花园里留下食物给它们吃。2011年，人们甚至发现一只红狐住在当时尚未完工的碎片大厦的顶层，它爬上楼梯，爬到离地面约72层的临时住所。在某些情况下，人们甚至发现大型动物生活在城市里。柏林有野猪；野生狍在苏格兰城镇的绿色区域越来越常见，如格拉斯哥的伊斯特豪斯郊区；莫斯科有野犬，其中一些甚至已经学会使用莫斯科地铁系统。城市水道也可能包含野生动物，包括大型动物。在伦敦，由于泰晤士河水质的改善，人们在市中心看到了海豹和江豚。

在过去，与鸟类生活的密切接触并没有给人们带来任何问题，但是人们对禽流感通过受感染的候鸟传播产生了新的担忧。一些科学家担心，人类的持续扩张可能会间接导致全球性的疾病大流行。许多动物也可以生活在建筑物里。有时栖息在建筑物内的昆虫包括各种小甲虫（如瓢虫），它们通常在冬季的几个月里躲在建筑物内，此外还有蟑螂和家蝇等。

（8）北美　许多北美物种已经成功地适应了城市环境，并正在蓬勃发展。典型的例子包括土狼，这类地区的顶级捕食者。其他常见的捕食者，如红狐、灰狐和山猫，它们捕食小动物（如啮齿动物）。浣熊、弗吉尼亚负鼠和条纹臭鼬等杂食动物很少见到，主要在夜间出没。在美国南部、东南部和墨西哥，九脚犰狳作为杂食动物也出现在城市里，但由于犰狳缺乏厚厚的皮毛，它们无法在更北部的气候条件下生存。松鼠，包括美洲红松鼠、狐松鼠和东部灰松鼠，在树木充足的郊区极为常见。在清晨和傍晚，棉尾兔、长耳大野兔及北美最常见的两种鹿——白尾鹿和骡鹿等食草动物一起觅食。由于害怕人类，人们经常看到带着幼鹿的母鹿，或者一只孤独的雄鹿在树丛和灌木丛中行动。由于白尾鹿更喜欢森林边缘和草地，而不是茂密的森林，砍伐森林实际上为白尾鹿提供了更多的栖息地，白尾鹿的数量已经超过了欧洲人到达美洲时的数量。在一些城市，年长的鹿似乎已经学会了如何过马路，因为它们在过马路的时候会来回寻找汽车，而小鹿则会不顾一切地跑出去，大多数涉及鹿的交通事故都发生在鹿刚离开它们母亲的时候，它们不太可能注意到汽车。

至少从20世纪90年代开始，就有记录显示，白尾鹰和红尾鹰在纽约市筑巢和饲养雏鸟。美洲短吻鳄是一种曾经受到威胁的物种，通过农业和环境保护才免于灭绝。在美洲短吻鳄的自然栖息地，经常可以看到它们生活在高尔夫球场和公园等有水的开阔地带。

这些生活在城市地区的动物有时与人类发生冲突，因为它们中的一些会打开垃圾袋寻找食物，捕食无人看管的宠物，破坏珍贵的园林植物，挖掘草坪，或者在道路上造成交通危险。例如，郊狼可能对幼儿构成威胁，它们体型足够大，而且不像大多数野生犬科动物那样害怕人类。城市野生动物经常被认为是一个令人讨厌的存在，地方政府被要求处理这个问题。2009年，人们在北卡罗来纳州罗利市的下水道里发现了一团由管状蠕虫组成的肉球。同年，在卡梅隆村购物中心的下水道里，一台摄像机拍下了这只名叫“卡罗来纳便便怪兽”的生物的视频，并在YouTube上疯传。

（9）*南美*　在巴西的城市公园里，你可以看到野生的狨猴。城市居住的狨猴比丛林居住的同类更倾向于回到相同的睡眠地点。居住在城市的狨猴倾向于睡在第一根树枝高、树皮光滑的大树里。有人猜测它们这样做是为了避开猫。

第2节　城市微生物

城市微生物是城市生态系统的分解者，包括细菌、真菌、病毒等。它们是最不引人注目却对城市的生存与发展至关重要的城市生态系统组分，既是许多疾病的病原体，又是能量流动和物质循环不可缺少的环节。城市各种固体废弃物的排放量日益增多，已造成了城市环境的严重污染，危及人体健康。然而，通过微生物处理，许多废弃物可以作为宝贵资源加以利用。

1. 空气中的微生物群落　空气中的微生物来源广泛，包括尘土飞扬带来的土壤微生物、小水滴飞溅带来的水中微生物，以及人类等动物身体的干燥脱落物。此外，动物呼吸道和口腔内含有微生物的分泌物通过咳嗽、打喷嚏等方式也会飞散到空气中。不同地点空气中微生物的数量参见表11-1。

表11-1　甘肃兰州现代职业学院校园空气中微生物含量

采样地点	细菌/（CFU/m^3）	真菌/（CFU/m^3）	微生物总数/（CFU/m^3）	级别
男生宿舍	2268	134	2404	清洁
女生宿舍	2166	142	2308	清洁
微机房	3210	98	3308	较清洁
实验室	613	53	666	清洁
办公楼	480	50	530	清洁
图书馆	745	275	1020	清洁
综合楼	402	56	458	清洁
餐厅	818	282	1100	清洁
操场	2036	259	2295	清洁
平均值	1415	150	1565	清洁

资料来源：黄国英，2019

空气微生物群落包括细菌、霉菌、放线菌等。有些细菌、霉菌等能使人类等动物、植物致病，很多细菌、霉菌使工农业原料和产品腐败霉烂。空气中没有固定的微生物群落，因为空气中缺乏微生物直接利用的养料，微生物不能独立地在空气中生长繁殖。空气中的微生物群落是由暂时悬浮于空气中的尘埃上携带的微生物构成的。人类等动物的活动和植物的生长繁殖都向空气中散播微生物，并影响它们的种类和数量。在室外，空气中的微生物是由水体、土壤及生物生长活动产生，并由气流、尘埃、土粒等搬运而进入大气。室外空气中微生物的数量与人等动物的密度、植物生长状况、土地利用和地面的铺设情况，以及气温、湿度、气流、日照等因素有关。一般而言，空气微生物的数量较少，代谢活性低或几乎没有代谢活性，大部分为非致病性的腐生微生物，如芽孢杆菌属、微球菌属的细菌，以及一些放线菌、酵母菌和真菌等。

2. 水中的微生物群落　水中微生物的来源是多方面的，包括大气、土壤、植物和人类等动物。生活于水中的微生物种类繁多，有细菌、病毒、真菌、藻类和原生动物等。水中细菌的组成差别很大，取决于水中的有机物成分、无机物成分、pH、光、温度、浊度、氧气、压力等因素。地下水由于土壤过滤的结果，营养成分相对较少，细菌比地面水中少，主要是革兰氏阴性无芽孢杆菌，特别是无色杆菌属和黄杆菌属。地面水易受污染物污染，生活污水中含有大量粪便并富含细菌。河水中还有螺菌、弧菌、微球菌、链球菌、钩端螺旋体等。

水是传染疾病的重要途径之一，通过水传播的病原体包括细菌、病毒、原生动物、蠕虫、霉菌等。这些病原体多来自人类等动物的粪便排泄，通过污水排放、粪便流入河流、土壤被雨水冲洗等方式直接或间接地污染各种水源，可引发肠道传染病的暴发或流行。水中的病毒主要来源于粪便和尿液，一般为抵抗力较强的肠道病毒，种类超过 100 种。病毒在体外不能繁殖，因此，城市各地水中病毒的含量会随污染程度、卫生条件、社会经济水平及疾病流行情况的不同而异，具有季节性波动。在美国，夏末秋初水中病毒含量最高。

3. 土壤中的微生物群落　土壤是微生物生长发育的理想环境，能提供微生物所需的全部营养和环境条件。溶解在土壤中的有机物和无机物为微生物提供了丰富的营养和能量来源。土壤经常保持适当的水分和酸碱度，氧气充足，温度适宜稳定，而且土壤覆盖可以防止太阳紫外线对微生物的伤害，因此土壤被称为“微生物的天然培养基”。土壤中微生物的数量最多、类型最多，是人类利用微生物资源的主要来源，但土壤也经常受到病原体污染，在传播疾病中起着重要作用。

土壤微生物主要聚集在表层土或耕作层土壤中，它们多以微菌群落的形式分布在土壤颗粒、有机物表面或植物根际。土壤中的微生物群落包括细菌、放线菌、真菌、藻类、病毒和原生动物等。其中，细菌数量最多，占土壤微生物总数量的 70%～90%，放线菌和真菌次之，而藻类和原生动物数量较少（表 11-2）。绝大多数土壤微生物对人类有益，有些能分解动植物的尸体和排泄物为简单的化合物或无机元素，供植物吸收；有些能固定大气中的氮，使土壤肥沃，促进城市植被生长；有些能产生各种抗生素。但也有一部分土壤微生物是人类和动植物的病原体。

表 11-2　典型花园土壤不同深度的微生物菌落数　（单位：个/g）

深度/cm	细菌	放线菌	真菌	藻类
3～8	9 750 000	2 080 000	119 000	25 000
20～25	2 179 000	245 000	50 000	5 000

续表

深度/cm	细菌	放线菌	真菌	藻类
35～40	570 000	49 000	14 000	500
65～75	11 000	5 000	6 000	100
135～145	1400	—	3 000	—

土壤中还生活着大量的藻类，它们主要分布于土壤表面或土壤上层的数毫米处，其类群很大程度上取决于土壤的酸碱度。土壤中常见的藻类包括衣藻属（*Chlamydomonas*）、小球藻属（*Chlorella*）、绿球藻属（*Chlorococcum*）等。

土壤中的原生动物多存在于有机质和微生物丰富的表层土壤中，它们捕食土壤细菌和藻类，对土壤微生物尤其是细菌的数量和种类起着重要的平衡和调控作用。土壤中常见的原生动物以鞭毛虫最为常见，其次是肉足虫和纤毛虫。病毒在土壤中分布广泛，但数量不多。如果它们的宿主细菌数量增加，病毒数量也会相应增加。

微生物在生态系统功能中扮演着关键的角色。它们有助于维持生物多样性、营养循环、污染物解毒和人类健康。由于微生物控制着大气中气体的组成，它们也在气候变化中发挥着重要作用。在城市生态系统中，微生物占据着大部分的生物多样性，是自然界物质循环和食物网的主要媒介。因此，城市的长期可持续性与微生物及其进化密切相关。然而，城市化如何影响微生物群落？面对快速的环境变化，城市微生物能否适应？这几乎是未知的。微生物可能是城市居民中体积最小的，但它们的影响力却十分强大。尽管微生物主要被认为是病原体，对人类健康构成潜在威胁，但它们在维持生态平衡和人类健康的重要生态功能方面发挥着关键作用。

微生物已经在地球上生存了 38 亿年，在地球进化过程中发挥着重要作用。23 亿年前，蓝藻通过释放氧气引起了多细胞生物的进化，触发了地球历史上最重要的大氧化事件。微生物对新环境的非凡适应能力使科学家们特别关注在城市化星球上的微生物进化。它们虽然微小但广泛存在，表现出巨大的遗传和代谢变异性，以及巨大的遗传可塑性。这些特性使得微生物能够快速适应不利和不断变化的环境条件。有趣的是，微生物很少独自活动；相反，它们以复杂的群落形式存在。通过构建它们的代谢多样性，这些群落作为复杂的网络参与各种生态系统的过程和功能。尽管微生物具有非凡的力量，但令人惊讶的是，人们对它们知之甚少，尤其是对城市环境中的微生物。事实上，科学家们正在不断地发现新的物种。城市微生物组的宏基因组测序将提高人们对其的认知，因为人们开始了解在城市栖息地生存所必需的基因，并了解它们的表达如何使微生物适应城市环境。

城市微生物群落是由居住在城市的居民和短暂的微生物组成的不同组合。微生物可以在城市生态系统的自然和人造成分中找到，包括大气、植被、空地、土壤、水体、建筑表面、绿色屋顶、室内环境和人体；微生物栖息在我们城市基础设施的所有元素中，包括污水处理厂、污水溢流系统、道路和地铁系统。科学家们好奇地想知道我们是否能探测到微生物的城市特征。我们希望通过将城市生态系统的特性与微生物群落元基因组学的数据相结合来做到这一点。许多城市地区的实证研究已经指出了微生物在城市土壤中扮演的重要角色，以及它们在大气和水中的存在。

城市化通过土地利用和土地覆盖的各种非生物和生物变化及各种污染物的引入影响土壤微生物。但是不同类型的土地利用和人类活动对城市地区土壤微生物特性和土壤质量有着不同的影响。一些初步发现表明，在不同的土地用途下，微生物的丰度、多样性和功能存在差异，并且它们的多样性似乎在土壤深度增加时更为丰富。城市大气中存在高度多样化的瞬态微生物群落。对美国两个城市的气溶胶的研究发现，至少存在 1800 种不同的细菌。大气既是城市微生物群落的来源，也是它们的汇聚地，是微生物在城市区域和周围环境之间（甚至在非常遥远的区域之间）移动的途径。非洲和加勒比地区的沙尘暴可能会使细菌跨越海洋。据估计，每克土壤中大约有 10^4 个细菌，每年有约 100 万 t 土壤在大气中移动，这相当于超过 10^{16} 个土壤细菌。

在河南省商丘市的研究表明，城市化深刻地改变了土壤中微生物总数量、组成和比例结构（表 11-3）。城市化导致土壤细菌数量降低，其中，农田土壤细菌数量显著高于郊区和城市，但郊区和城市土壤细菌数量无明显差异；农田土壤放线菌数量显著高于郊区和城市，而郊区和城市间土壤放线菌数量无显著差异；农田和城市土壤真菌数量均显著高于郊区。另外，土壤细菌所占微生物总数的比例沿农田-郊区-城市梯度逐渐提高，而放线菌则相反，其所占比例在农田土壤中最高，而城市土壤中最低，土壤真菌所占微生物总数量的比例在城市土壤中最高，而在郊区则最低。

表 11-3　不同城市化水平土壤微生物各类群数量（平均值 ± 标准误）及组成

微生物类群	项目	城市化水平		
		农田	郊区	城市
细菌	数量/（10^6CFU/g）	14.45 ± 1.43^a	8.06 ± 0.56^b	10.88 ± 0.79^b
	占微生物总的百分数/%	98.41	98.49	99.00
放线菌	数量/（10^6CFU/g）	2.23 ± 0.21^a	1.21 ± 0.13^b	1.00 ± 0.05^b
	占微生物总的百分数/%	1.52	1.48	0.91
真菌	数量/（10^6CFU/g）	10.74 ± 1.59^a	2.70 ± 0.73^b	9.73 ± 0.82^a
	占微生物总的百分数/%	0.07	0.03	0.09

资料来源：侯颖等，2014

注：表中同行不同小写字母表示差异显著（$P<0.05$）

空气中微生物的特征可能与不同类型的土地使用有关，而这种差异可能是由细菌来源的变化引起的。人们利用条形码焦磷酸盐测序确定，在美国科罗拉多州北部的农业、郊区和林地中，近地表大气中的细菌差异显著。在一个更近期的研究中，研究者从 1996 年收集到的美国中西部城市近地表大气样本中，发现高度多样化的细菌群体中 $PM_{2.5}$ 气溶胶分数。研究小组还发现，微生物群落受到季节的强烈影响，但空气中传播的细菌与潜在的源头环境（如叶片表面和土壤）中的细菌不同。粪便物质（很可能是宠物粪便）是城市空气中一个意想不到的细菌来源。越来越多的研究人员正在记录微生物在建筑内部和外部表面的多样性。为了研究形成室内微生物群落的机制，生物学家正与建筑师和设计师合作，在各种室内环境中收集样本。大多数研究都集中在环境因素上，包括湿度和空气温度，以及微生物从室外栖息地和有机体（包括人类、宠物和植物）进入建筑环境的运动。也有研究正在探索建筑设计和维护的作用。

当 Kelly Ramirez 和她的团队开始采集土壤样本来描述纽约中央公园的土壤特征时，他们并没有想到会发现那里的微生物多样性与世界各地的生物多样性不相上下。为了确定土壤微生物群落的特征，研究小组总共收集了 596 个土壤样本，在 3.4km² 的绿地中每 50m 采集一个。他们分析了样品的 pH、水分含量、碳和氮浓度，并对 16S 和 18S rRNA 进行了测序，以确定微生物群落的古细菌、细菌和真核生物组成。他们发表在《英国皇家学会学报》上的关键发现是：城市系统拥有大量的土壤生物多样性，中央公园的土壤中包含的不同的土壤微生物系统类型和土壤群落类型与包括北极、热带和沙漠在内的不同生物群落几乎一样多。此外，尽管整个公园的微生物群落组成千差万别，但他们可以根据土壤特征预测地下多样性模式。

最近在香港和纽约市的调查显示，城市地铁显示出明显的微生物群落。人们才刚刚开始揭示在全球范围内塑造地铁微生物群落的机制。地铁内微生物多样性与温度和相对湿度有关。研究者还比较了不同类型的多样性，并检测了与不同地铁线路相关的不同系统发育群落。给定地铁线路内的细菌群落也可能与建筑特征、室外微生物群落及与其他线路的连接程度有关。此外，微生物多样性和组合在不同天气条件下、高峰期和非高峰期之间也有所不同。

微生物在维持地球上的生命方面起着关键作用，微生物多样性的丧失将显著影响全球和当地生态系统的功能。虽然众所周知，微生物驱动着主要的生物地球化学循环，代表着陆地生态系统中主要的生物群落，但生态学家对微生物群落在整个生物群落中是如何变化的知之甚少。科学家们正在利用宏基因组测序揭示一些惊人的模式。Fierer 和 Lennon（2011）对从沙漠、寒冷沙漠、森林、草原和苔原采集的 16 个土壤微生物群落样本的功能属性进行了研究。他们确定了各种细菌的功能，包括光合作用和碳循环，并发现土壤中微生物功能的多样性与地上植物的生物多样性直接相关。

微生物拥有地球上最大的遗传多样性。科学家估计地球上有数十亿物种，尽管他们只描述了其中的 1%～5%。在城市中，微生物构成了最大的遗传多样性池，提供了维持人类活动的主要生态系统服务：它们处理废弃物，生物降解各种污染物，并固定氮。因此，微生物多样性的丧失可能对这些功能产生重大影响。例如，土壤微生物是植物群落动态和植物多样性的重要调节因子。虽然微生物多样性对植物生产力和多样性的影响尚不完全清楚，但最近的研究表明，减少土壤微生物多样性会抑制植物的生长。Fierer 和 Lennon（2011）通过实验降低了土壤微生物群落的复杂性，发现在土壤中生长的植物体积更小，叶绿素含量更少，产生的花更少，而且与在更复杂的土壤微生物群落中生长的植物种群相比，它们的繁殖能力更弱。

微生物在污染和解毒方面也起着重要的作用。虽然它们产生导致气候变化和对流层臭氧的温室气体，但由于微生物的生命为生物地球化学功能，如分解和营养循环做出了关键的贡献，微生物也是缓解气候变化的关键角色。

许多研究人员已经建立了疾病与微生物群落组成之间的联系。最近的研究也发现了人类微生物群落对人类健康有显著益处的各种方式。Fierer 和 Lennon（2011）指出，人体微生物组由 10^{14}～10^{15} 个微生物细胞组成。细菌细胞的数量可能至少比人类细胞多一个数量级，细菌基因的数量比人类基因组的基因数量多几个数量级。微生物学家正在将他们的注意力转向人类微生物群落，研究人类微生物群落与人类健康之间的关系的项目越来越多。美国国家卫生研究院（National Institutes of Health，NIH）人类微生物组计划（Human Microbiome Project，HMP）是众多大型国际项目之一。对人类微生物群落及与城市环境相互作用的研究对公共卫生具有重要的前景。

使用宏基因组测序，科学家们开始映射城市地区中微生物的生活组合，包括公园、地铁和建筑，以及历史文物、手机和其他物体，以更好地理解城市微生物。世界各地的科学家使用 DNA 序列条形码对城市微生物群落进行分类。一个名为 PathoMap 的项目正在从地铁系统开始探索纽约市公共空间的微生物群落。纽约威尔康奈尔医学院的一个团队从纽约市 468 个地铁站收集了 1404 个表面样本，以探索城市层面的微生物群落。PathoMap 使用来自 GIS 云的移动软件应用程序来记录和分析随时间变化的样本。纽约大学基因组学和系统生物学中心和西奈山伊坎医学院正在合作进行这项研究。

由冷泉港实验室领导的城市条形码研究项目（Urban Barcode Research Program，UBRP）是一项利用条形码独特地识别每种生物物种的科学教育项目。它为高中生提供了利用 DNA 技术研究生物多样性的机会。在 2013—2014 学年，来自纽约市 5 个行政区的 17 所高中的 20 个学生研究小组开展了研究城市野生动物、生物多样性、食物系统、入侵物种和微生物群落的项目。

众所周知，微生物群落对地球生态系统和人类健康都很重要。然而，人们不清楚微生物群的稳定性及其适应变化的能力如何与城市生态系统的弹性有关。新出现的证据确实表明，微生物群落与人类和生态健康之间存在共生关系，这表明微生物在长期维持人类和生态系统功能方面发挥着重要作用。初步研究结果表明，城市微生物群落复杂、多样、动态变化，但目前尚不清楚具体机制。推进对城市地区微生物群落（包括生态、进化和功能）的人为影响的机制理解，为保护生态系统功能和人类福祉提出了新的挑战，也带来了新的机遇。一个关键的问题是城市微生物如何影响城市生态系统的弹性。虽然微生物群落对新环境的适应能力很强，但对扰动的响应可能会使群落从最初的状态转变为新的状态。了解由城市化驱动的微生物多样性的潜在变化与微生物群落的功能和稳定性之间的关系，将为在一个城市化的星球上创造适应能力提供重要的见解。然而，这需要人们扩展微生物的多样性和跨城市化地区分布相关的知识。宏基因组学和大数据的最新进展为更好地理解微生物群落提供了新的重要机遇，因为科学家们有了新的和改进的工具，而微生物群落可以影响城市居民的未来和福祉。

思考题

1. 说明城市动物与城市野生动物在概念上的区别。
2. 影响城市野生动物区系的主要因素有哪些？
3. 分析城市野生动物其生境的主要特点及形成原因。
4. 有效管理城市野生动物应该注意哪些方面？
5. 说明城市环境是如何影响城市野生动物的进化的。
6. 微生物群落在城市梯度中是如何变化的？
7. 阐述城市微生物的主要特征。
8. 我们能识别城市微生物的特征吗？
9. 微生物群落的动态如何随着城市化而改变？
10. 如何绘制城市微生物群落图谱，为城市规划和设计提供信息？

第 12 章　城市生物多样性

城市生物多样性是指城市范围内除人以外的各种活的生物体，在有规律地结合的前提下所体现出来的基因、物种和生态系统的分异程度。作为全球生物多样性的一个特殊组成部分，城市生物多样性体现了城市范围内除人以外的生物富集和变异的程度，是城市环境的重要组成部分，也是城市环境和经济可持续发展的资源保障。德国生态学家 Norbert Müller 等（2010）将城市生物多样性定义为“在人类居住区中和边缘的物种的种类和变化、基因的多样性和栖息地的多样性”。根据这一定义，城市生物多样性的地理范围涵盖从农村的边界到城市中心的区域。事实上，城市居民并不是生活在生物多样性的荒漠中。城市中的生物与生活在城市中的人共同形成了独特的城市生物多样性。

城市生物多样性包括这一区域内所有的物种，不论是本地种还是外来种。城市生物栖息地的类型既包括自然形成的森林、湿地等，也包括人工绿地等新型栖息地。城市生物多样性的定义决定了它不能单纯用物种的数量或栖息地的面积来衡量。通过“生物多样性质量”这一指标可以更好地衡量城市生物多样性，即“对物种的数量、种群密度、分布、稀有性、对特化种的支持程度，以及城市中的物种组合对区域物种的代表性等的综合考虑”。这样来看，动物园并不是城市中生物多样性最高的地区；高绿地覆盖的城市也不一定是城市生物多样性丰富的城市。

城市生物多样性是城市环境过滤作用和人为选择的结果。城市化不可避免地带来环境的改变。一些生物丧失了适合的栖息地，或是无法忍受人类活动的影响，被迫向其他地区迁徙，甚至灭绝、从城市中消失。一些生物则能够很快适应环境的改变，充分利用城市带来的额外食物资源或新的栖息地，成为城市适应种。还有一些物种，城市对它们而言是一个低质量的栖息地，因此种群一直在衰退，虽然在短时间内还不会出现灭绝，但在长时间尺度上，这些物种将从城市中消失。这种现象被称为“灭绝债务”。“灭绝债务”常会给管理者和居民带来城市生物多样性丰富的错觉，从而错失采取决定性措施来避免该物种灭绝的时机。

在城市环境改变的同时，人为的选择，包括有意识的引入或去除，也是导致城市生物多样性改变的主要因素。相比于自然环境，城市往往拥有更多人为引进的外来物种。城市生物多样性的价值主要体现在两个方面：一是城市生物多样性是全球生物多样性的重要部分；二是城市生物多样性对居民健康产生着深远的影响。

虽然物种多样性可能是衡量相对局限地区生态系统健康和功能的一种有用方法，但植物物种丰富度及其对城市基质中小型设计景观的影响难以量化。在较高的分类学水平上，功能多样性和结构多样性是评价多样性的更合适方法。即使园艺布局中既包括残余的本地物种，也包括适当的引进物种，城市花园对城市或郊区的生态系统功能并没有显著的贡献。

城市生态系统为生态学家提供了一个独特的机会，来研究在原始环境中前所未有的剧烈结构和环境变化背景下的生态群落。这种变化的结果导致了物种组成、优势、行为和扩散的新变化。这些变化所固有的是人类行为和决策、景观空间结构与决定当地物种丰富度及组成的自然过程之间的复杂关系。此外，这些过程之间的反馈范围很广，强调了理解城市生态系统的社区生态问题的跨学科性质。本章对该问题进行了概念性概述，并提出了社区生态学中一个新兴的主题——元社区的概念，作为整合这些过程的工具。在发展这一概念时，有人认为，人类对物种的评价和人类在局部范围内的行为有可能对物种分类模式产生重大影响。在更大的尺度上，人类对空间特征的改变，特别是那些与当地社区之间的连接有关的改变，会调节分散模式和距离衰减关系。通过在元社区理论的背景下明确地拥抱空间，可以整合与人类系统的交互和反馈，以理解城市生态系统中的物种多样性和组成模式。

迄今为止的研究表明，城市化往往在小范围内增加了非本地物种的生物多样性，同时减少了本地物种的生物多样性。这通常导致物种丰富度的全面下降和总生物量的增加。城市化也在很大程度上减少了多样性。城市河流综合征是城市化过程中经常观察到的一种特征，其特征是高营养物和污染物浓度、河流形态的改变、优势物种的增加和生物多样性的减少。

第1节　城市生物多样性发展史

1. 国外进展　快速全球化与城市化进程对城市生态安全形成了巨大挑战。城市生物多样性作为全球生物多样性的重要组成部分和城市生态系统健康的重要保障，对城市生态系统服务功能和人居环境健康产生直接影响，其相关研究与实践受到国际社会的广泛关注。

19 世纪 40 年代，城市生物多样性的研究始于德国、英国等欧洲国家，继而在日本等国发展。20 世纪 90 年代起，该研究在西方各国得到了快速发展。1995 年，欧洲制定的《泛欧生物和景观多样性战略》（*The Pan-European Biological and Landscape Diversity Strategy*）将城市地区作为该体系的重要组成部分。21 世纪以来，城市生物多样性在全球范围内受到高度关注，研究角度与方法不断创新。研究从城市生态系统的物种数量变化深入到城市生物多样性与城市生态系统服务功能、土地利用变化、气候变化等的相互关系和影响机制等方面，取得了不少重要成果。例如，人类活动强度及其相关的空间环境重塑是决定城市生物多样性分布格局和外来物种入侵的重要机制；维持和提高生物多样性水平有利于城市生态系统服务的供给，物种多样性与功能多样性丧失对城市生态系统服务功能产生显著影响；将生物信息数据与土地利用数据结合的城市规划方法有助于城市生物多样性的保护和提升；维持本土生物多样性、生境营造和生态修复是保护和提升城市生物多样性的重要手段。此外，中度干扰理论及种-面积关系等传统生态学的经典理论在城市生物多样性研究中得到了普遍关注和证实。备受关注的城市生物多样性结构与功能的关系、外来物种入侵的热点区域、外来种对本地种的影响机制等热点问题尚存在争议，有待深入研究；研究方法多拘泥于传统生态学方法，大数据、人工智能等新兴技术的应用有待深化，完整的城市生物多样性研究体系有待形成。

相关的实践包括积极开展城市生物栖息地恢复与重建、城市绿色基础设施布局、城市生态系统管理和改善政策制定等，但未来还面临诸多挑战。例如，如何将已有的城市生物多样性研究成果真正应用到城市生态空间规划及城市生态系统管理实践中，探索从认知到应用的实现途径，以期可持续地维持和改善城市生态系统。

2. 国内进展　我国于 1992 年签署联合国《生物多样性公约》，成为该公约最早的缔约国之一，随后逐步建立起了以住房和城乡建设部等多部门共同推动，各级地方政府为主体的城市生物多样性保护工作体系。国家园林城市、生态园林城市考核体系将综合物种指数、本地木本植物指数、水体岸线自然化率、城市自然生态保护等指标纳入具体考核内容。建设部（现住房和城乡建设部）印发的《关于加强城市生物多样性保护工作的通知》（2002）要求各级园林绿化行政主管部门编制生物多样性保护利用规划，划定绿线，严格保护，永续利用。《全国城市生态保护与建设规划（2015—2020 年）》将生物多样性保护纳入城市生态保护与建设指标体系，并提出了城市生物多样性保护的具体目标和任务。

目前，大部分城市开展了生物多样性本底调查，编制了生物多样性保护规划，划定了保护区域和重点保护物种名录。截至 2019 年 9 月，我国现行有效的法律文件中明确提及"城市生物多样性"的共计 53 部。部分省市颁布了地方性生物多样性法规和标准，成为国家层面管理工作的重要补充。伴随城市生物多样性保护事业在我国的推进，相关研究与实践也逐步开展，涉及内容包括：城市生物多样性调查与评价、城市生物多样性与生态系统服务功能、全球化与城市化对生物多样性的影响、城市生物多样性与受损生态系统修复、城市生物多样性保护与栖息地重建、城市生物多样性管理和城市生物多样性保护的公众参与和公众教育等。

学术界研讨和交流也较为活跃。近 10 年来，生物多样性成为风景园林学术研讨的重要议题，《中国园林》《风景园林》等学术期刊多次以生物多样性、生境与栖息地作为单期主题，带动了学术研究的持续开展。我国城市生物栖息地网络不断完善，生物多样性承载力有所增强。各类动物园和植物园在城市生物多样性保存中发挥了重要作用。然而，未来也面临诸多问题与挑战，包括：城市生物多样性丧失的总体趋势尚未改变；相关研究有待深入，研究人员与资金投入不足；相关法规与标准尚未健全，体制与机制有待完善；公众意识有待加强等。

第 2 节　城市生物多样性的特点及重点研究方向

1. 城市生物多样性的特点　生物多样性通常在中低水平的城市化中减少，在高水平的城市化中总是减少。这些影响已在脊椎动物和无脊椎动物中观察到，而植物物种往往随着中低水平的城市化而增加，但这些一般趋势并不适用于所有生物群体。例如，McKinney（2006）的综述没有包括城市化对鱼类的影响。在 58 项无脊椎动物研究中，52 项包括昆虫，只有 10 项包括蜘蛛。此外，现有研究还存在地理偏见，因为大多数研究要么发生在北美，要么发生在欧洲。城市化的影响也取决于生物体所使用的资源类型和范围。大部分物种，即那些使用广泛资源的物种，可以在多种生存条件下茁壮成长，并有可能在同质化的环境中生存。特殊物种，即那些利用有限资源且只能适应有限生存条件的物种，不太可能适应同质化的环境。随着城市化改变栖息地的均匀性，这两类生物可能会受到不同的影响。令人惊讶的是，濒临灭绝的植物物种在城市生态系统中广泛存在，其中许多是新的生态系统。

城市环境可以通过栖息地的消失和物种的同质化来减少多样性，即两个先前截然不同的生物群落之间日益增加的相似性。城市开发减少了适宜栖息地的数量，并通过不适宜居住的地形（如道路、社区和开放公园）分隔了适宜的斑块，导致栖息地退化和栖息地破碎化。虽然以不适当的生境取代适当的生境会导致本地物种的绝种，但仍可人为地建造一些居所，以促进非本地物种（如麻雀和家鼠）的生存。城市化对栖息地的改变可能会促进本地特有物种的灭绝和引进已经广泛存在的非本地物种，来促进物种同质化。在所有的城市环境中，栖息地变化的影响可能是相似的，因为城市环境都是为了满足人类的需要而建造的。

城市环境也可以通过多种方式增加多样性。许多外来生物被自然地或人工地引进和散布到城市地区。人工引种可能是有意为之的，因为生物体具有某种形式的人类用途；也可能是偶然为之的，因为生物体附着在运输工具上。人类提供食物来源（如鸟食种子、垃圾、花园堆肥）并减少大型自然捕食者的数量。在城市环境中，食物资源和捕食压力通常会限制种群的大小，但在某些情况下，城市环境也能支持较大的种群。这是因为城市中有多样化的栖息地，不同的土地利用方式创造了多种生态位，比同质化的栖息地支持更高的物种多样性。

2. 城市生物多样性的重点研究方向

（1）*城市生物多样性清查和生境制图*　结合风景园林学科的发展需要，优化城市生物多样性清查的方法体系和技术规范；将新技术与传统调查方法相结合，全面开展城市生物多样性清查，摸清城市生物多样性状况，完善城市生物多样性数据信息；结合生境制图，揭示不同尺度下城市生物多样性的形成机制、维持机制和丧失机制，探讨城市生物多样性与生态系统功能的关系，为城市生物多样性的保护与栖息地的恢复重建提供指导和依据。

（2）*城市生物多样性大数据共享和应用*　建立基于不同尺度生物生态数据协同整合的大数据库和大数据深度挖掘与模型模拟运算库，支持城市生物多样性和生态系统多源数据整合与共享的标准及数据集成应用的方法，实现城市生物信息与生态环境数据整合，形成完整的共享数据平台。提升数据的交互性和应用水平，实现城市生物多样性信息的即时共享、深度挖掘和可视化呈现，为城市生物多样性决策管理的定量化、精细化和智能化提供依据，以及实现更有效的公众教育和公众参与。

（3）*城市生物多样性价值评估*　在开展城市生物多样性调查和监测的基础上，逐步建立并完善全尺度技术标准与评价指标体系，创新价值评估方法，科学评估城市生物多样性价值，实现城市生物多样性价值评估体系和方法的统一化与标准化。拓展评估成果的应用领域，使其成为制定城市生物保护规划、行动指南和修复措施的基本依据。

（4）*城市生物多样性保护提升规划*　加强顶层设计，从抢救性保护转向系统性保护。提升城市生物多样性保护在各项相关城市空间规划中的地位，推动生物友好型城市设计。倡导保护与提升并重，加强城市生态基础设施网络的规划，科学编制城市生物多样性专项规划，建立分区、分类、分级的城市生物多样性保护体系。发挥风景园林师和规划师在生态环境领域中的领导者角色，整合生物多样性与规划设计过程，平衡土地使用与自然保护的需求，通过有意识的规划和设计策略，更好地实现不同尺度上的城市生物多样性保护和提升。

（5）*城市生物多样性恢复与可持续管理*　运用“基于自然的解决方案”（nature-based solutions，NbS）的方法和工具，保护和恢复城市生态系统的完整性，优化景观格局，调控生态过程，从而在保护生物多样性中发挥重要作用。开发和运用再野化或生态工程等工具，在顺应自然、保护优先的原则下，充分利用自然的力量恢复受损的生态系统和生物多样性。基于生态系统的适应和缓解路径，增强气候变化下的城市生态系统弹性。发展蓝绿基础设施等自然基础设施工具，促进城镇空间生物多样性的保护。提倡以乡土植物及土著动物为主体，营造近自然型生物群落，从而构建与自然本底相适应的乡土生态系统。

探索建立城市自然保护地体系和分区、分类、分级的管控机制，推进近自然的城市绿地经营和维护。加大野生动物种群的复壮和回引，严格管控外来物种的入侵。制定城市绿地管理相关的行业指导规范，通过多种途径引导居民游憩行为，降低人类活动对生物多样性的影响。开展现有政策整合研究和政策实施效果评估研究，提高相关政策的有效性。积极建立生态补偿、转移支付及利益分享的政策机制，拓宽生物多样性保护的资金来源。

第3节　城市生物多样性保护的3C原则

城市生物多样性的形成机制决定了其提升和保护工作极具挑战性。管理者需要在全面摸清城市生物多样性家底的情况下，制订长远的系统性的管理方案，做到“一城一策”，并注重区域上的协同性和时效性。虽然不存在普适的管理方案，但一些基本的原则值得遵循，包括复杂性原则（complexity）、协同效益原则（co-benefit）和共存原则（co-existence），即3C原则。

1. 城市生物多样性的复杂性原则　城市化的主要结果是人造设施取代了原有的自然生态系统。在城市建成之后，即使经过精心设计和管理，如采用近自然生态的设计和管理方法，也难以在短时间内还原出自然界在成百上千年的时间尺度上形成的复杂系统结构和多种功能。而生态系统结构和功能上的复杂性是维持丰富多彩的生物多样性的基础。美国生态学家Myla Aronson在总结了全球城市绿地生物多样性的研究之后发现，生物多样性在残留的天然植被中最高，而在简单种植结构的人工绿地中（如拓展型绿屋顶）最低。因此，保持和提高城市生态系统的复杂性是保护城市生物多样性的关键。这包括在城市建设过程中尽力保护天然植被的完整性、增加城市中自然地段的连通性、有意识地在城市中保留一些自然进程主导的荒地，增加栖息地的多样性，以及增加城市绿地结构和种类的复杂性等。

2. 城市生物多样性的协同效益原则　城市生物多样性保护与自然保护区或国家公园中的生物多样性保护的根本区别是：城市是人口高度聚集的地区。这一区别决定了城市生物多样性保护措施不能仅从野生动物保护的角度出发，而忽视城市的本质，否则，会带来难以预料的后果，或难以持续。一些国内城市积极地将野生动物引入城市，但将野生动物，尤其是大型野生动物引入高人口密度地区需要充分考虑人和动物的冲突。例如，美国每年杀死人最多的动物不是响尾蛇也不是棕熊，而是看似无害的鹿，平均每年有200人死于与鹿相撞的交通事故。又如，一些居民小区在建设招鸟景观，如为鸟类修建供其饮水的小水池，但是这类水池往往容易招致蚊虫从而带来公共卫生隐患（一些蚊子种类只需要7～10d就可以完成其水生阶段的发育过程）。因此必须在采取这类措施之前综合考虑各种影响，对负面影响要预先防范。城市中更具有可持续性的做法是将对城市生物多样性影响的考虑融入各项城市政策规划和日常管理措施中，让这些规划和措施能够发挥提升和保护城市生物多样性的协同效益。美国纽约市立法要求在建筑上使用鸟类友好玻璃和外涂装，减少鸟类和玻璃的相撞，这就是一个很好的例子。

3. 城市生物多样性的共存原则　城市居民是城市生态系统的主体，对其他生物有着决定性的影响。城市中的野生生物在适应城市和人类活动的过程中，已经形成了自己的生活范围和节律。城市居民应该尽量减少对野生生物的有意或无意的干扰。一些居民出于善意，投喂野生动物。一些管理部门也在大规模地投喂迁徙候鸟，以吸引候鸟在城市的长期停留作为城市生物多样性保护的亮点。这些做法虽然出发点是好的，但往往会造成不良的生态和社会后果。野生动物被食物吸引进入居民区后会导致人和动物之间的冲突，如上海居民区的貉短短数年内数量暴发，出现了伤害居民和捕食家养宠物的情况。而诱使候鸟改变迁徙策略，对整个迁徙路线上的候鸟保护将造成长远的影响。无意干扰的典型例子如城市居民弃养造成的流浪猫群体，这已经成为城市生物多样性管理的一个挑战性问题。总之，城市居民和野生生物打交道最适宜的做法是“相敬如宾”，尊重彼此的生活空间，追求和谐共存。

思考题

1. 什么是城市生物多样性？城市生物多样性的特点有哪些？
2. 分析城市环境对城市生物多样性的影响。
3. 阐述人类活动是如何影响城市生物多样性水平的。
4. 简述城市生物多样性的社会生态经济价值。
5. 举例说明城市生物多样性在物种保护方面的作用。
6. 城市化进程提高了还是减少了城市中生物进化的多样化？
7. 试举例说明在城市环境中物种的多样性如何影响它们的功能。
8. 简述国内外城市生物多样性保护研究进展。
9. 你认为城市生物多样性重点研究应注意哪些方向？
10. 阐述城市生物多样性保护的 3C 原则。

第四篇　城市的人文环境

第 13 章　城市生态系统的生态流

城市生态系统的生态流是指在城市这一人类主导的环境中，物质、能量和信息的流动与交换。物质流动通过资源的循环和再利用，推动城市生态系统的可持续发展；能量流动驱动着城市内部的生产和消费活动，同时也带来了能源消耗和环境压力；信息流动则影响着城市居民的行为和社会决策，促进生态系统的协调运作。通过这些流动，生态系统中各个组分间形成了紧密的相互作用和联系，确保了生态系统的平衡和功能的有效发挥。城市生态系统与自然生态系统的最大不同在于，城市生态流的运作更依赖于人类活动，同时也体现出城市化带来的新的生态特征和挑战。随着城市化进程的不断推进，如何平衡这三种生态流，优化城市生态系统的运作效率，将是实现绿色、可持续城市发展的关键。

物质流是城市生态系统中最基础的生态流动之一，它涉及物质的输入、转化、输出和循环。城市生态系统的物质流动主要表现为自然资源的消耗和废弃物的排放。在城市环境中，水、空气、食物等自然资源通过各类活动不断地输入到系统中，而随着人类的生产和消费，废弃物也不断地排出。城市中的建筑物、交通工具和工业活动等，都会对物质的流动产生影响。城市的物质代谢不仅包括自然界中的水循环、碳循环、氮循环等自然过程，还包括由人类活动所引起的物质流动。例如，垃圾的产生和处理、建筑材料的生产和使用、能源的消耗等，都是城市生态系统中重要的物质流动过程。此外，物质流的有效循环是城市生态系统能够实现资源高效利用和可持续发展的前提。通过回收和再利用，城市能够在一定程度上减少资源的消耗，缓解环境污染，实现生态平衡。

能量流动是城市生态系统的另一个重要方面，它涉及从外界获得的能量如何在系统内部流动和转化。能量流动在生态系统中起着至关重要的作用，它驱动着物质代谢和生物活动。城市生态系统中的能量流主要来自太阳能，而能源的转换则通过人类的生产活动进行。太阳能通过植物和其他生产者被转化为化学能，进而通过食物链传递给消费者（包括人类、其他动物等）。在城市环境中，建筑物、交通系统、工业设施等是能量流动的重要载体。例如，城市中的电力生产、交通运输、建筑采暖等活动，都需要大量的能源支持。人类活动导致的能量消耗量远高于自然生态系统，而这一能量流动的方式也与自然生态系统有着显著的差异。城市的高能耗特性不仅加大了资源消耗的压力，也带来了温室气体排放和气候变化等问题。因此，如何通过技术创新和可持续发展措施优化城市能量流动，减少能量浪费，是当今城市化进程中亟待解决的重要课题。

信息流是城市生态系统中的一种无形流动，它涉及生态系统中各个组分之间的信息传递和互动。在自然生态系统中，信息流主要体现在物种之间的交流与反应，如动物的迁徙、植物的花粉传播等。而在城市生态系统中，信息流的特点则更为复杂和多元。人类通过语言、技术、媒体等手段不断地传递信息，这些信息影响着城市居民的行为、社会结构和文化发展。同时，城市生态系统中的生物也通过气味、声音、视觉等方式相互传递信息，形成物种间的互动。信息流的作用不仅限于生态系统内部，它还与城市的社会、经济活动密切相关。例如，城市中的政策制定、环境保护措施实施、公共健康宣传等，都依赖于信息流的有效传递。信息流的稳定和畅通能够促进城市生态系统的协同运作，提高其应对环境变化的能力。随着科技的发展，尤其是信息技术的进步，城市生态系统中的信息流已经变得更加复杂，数据的采集、传递和处理方式不断更新，使得城市生态系统在面对突发事件时能够迅速反应。

第1节　城市生态系统的物质流

城市生态系统是一个开放的生态系统，从外部环境输入的物质主要包括生活消耗的食物、生活用品及用于生产的工业原材料、建筑原材料，同时又向外部环境输出废弃物。城市与区域间的物质流包括三类不同物质的流动。

1. 营养物质流　这主要指人的食品构成物质在城市中的输入、分配、消费和输出过程。城市中人类的食物包括许多有机物和无机物，按其性质可分为植物性食品、动物性食品及无机盐等。城市生态系统中的食物代谢是通过食物链实现的。城市生态系统中的食物链可以概括为两大基本类型，一类是栽培食物链，主要是通过人工栽培或养殖动植物，以供人们食用；另一类是野生食物链，主要通过各种捕获、采集方式从自然界中获取野生生物，它的前期是在自然界中进行的。

2. 地球生物化学物质循环　它是水、生命元素及污染物质在地球上及在特定城市的生活和生产过程中的运动。

3. 经济物质流　这主要是指城市的经济生产与消费过程中的物质（商品与原料）的动态。其包含原料及商品的输入、输出、分配（供与销）和损耗（废弃物、垃圾）等环节。城市物质输入和输出的量很大。

物质流的运行关系到人们的物质生活水平、城市经济效益和财富积累的丰裕程度。在城市生态系统中，物流网络不完善且物流强度远远大于自然生态系统，导致网络每个节点上物质损耗大、浪费严重、物流效率低。因此，必须构建复杂缜密的物流网络，使物质在生产网、交通运输网、生活消费网等各种网络上定向转移时，物质利用率得到提高。可以运用食物链原理及生态工程的基本原理，采用加环、减环的手段改变传统的物流途径，增加物流的复杂性和稳定性。加环指增加新的生产环节，将不能直接利用的物质资源转化为价值高的产品；减环指除掉或控制那些影响链的传递效率和利润率的及污染程度高的环节。改变物流途径能够多层次、多途径地利用物质能量。

城市生态系统具有人才、产品、资金、技术、信息汇聚的多种优势。在产业结构调整和工业布局方面，应充分利用这些资源优势，根据资源优化配置和有效利用的原则，大力发展物质能量投入少的第三产业，如旅游业、金融业、保险业、信息服务业和附加价值高的高新技术产业，减少物耗、能耗大的工业（尤其是重工业）在产业结构中所占比例。例如，上海市的城市功能变化、产业结构调整和中心城市的重新布局在很大程度上提高了中心城区的物流效率（Tang et al.，2021）。管理者运用生态系统中物质循环、废弃物为零的原理，合理规划布局生产部门，使在物质利用中互相关联、具有投入产出关系的部门集中于一定区域内，模拟自然生态系统的食物链并运用共生原理及零排放的原理，在更大范围内运用生态工业链的循环法则，使区域内的物质得到最大限度的利用，达到减少废弃物排放的目的。同时，此举也避免了交通运输过程中不必要的能耗和物质损耗。

物流的畅通必须有良好的城市基础设施作为保证。交通运输、输配水管网、排水管道、天然气、电力等各种线路管道必须具备足够的容量和承载力，以适应城市当前和未来发展的需求。建设高效率的物质流转系统将有利于加速物流的有序运动。这些系统包括：构筑于三维空间并连接内外的交通运输系统；配备齐全、保障有力的物质能量供给系统；网络完善、布局合理、服务良好的商业服务系统；设施先进的污水废弃物排放系统和城郊生态支持系统。许多大城市的道路已经改变了过去平面发展的模式，而采用了空间立体多层次的建筑模式。地铁、高速公路、轻轨、高架桥等设施可以有效地扩大交通容量和承载能力，从而保障物流的有序高效运转。

第 2 节　城市生态系统的能量流

城市中活跃的人类活动依赖于各种形式的能量。城市生态系统的能量输入包括两大部分：一部分是太阳辐射能和其他自然能源，如风力和水力等；另一部分是附加的辅助能源，也称为体外能源，如化石燃料和食品等。后者也被称为经济能源。这些能量在使用过程中将改变形态，如化石燃料的燃烧、食品在体内氧化，全部（或部分）将化学能转化为热能等。进入城市的能量一部分以热能或化学能的形式积累起来，另一部分以热、电、声、光及化学能等形式输出至城市之外。

能量流（energy flow）包括自然能量流和经济能量流（图 13-1）。自然能源是由太阳、水、风等自然来源提供的能量，而经济能源则包括煤炭、石油产品、电能、核能等。城市的能量流是人类和机器的动力来源。一个城市的能量流强度，即其能量消耗量，可以代表该城市的发展水平，也是衡量城市居民生活水平的主要指标。一般情况下，能量消耗量与国民生产总值的增长量成正比。能量供应、分配、消费和耗散构成了城市生活的能量动态，而能量流的运行是否通畅、合理、低耗、高效，直接影响居民生活质量和环境质量。目前，城市对能源的利用大多局限于煤炭、石油等传统能源。然而，传统能源能耗大、单位产值低，且在生产和使用过程中容易造成环境污染问题。随着城市化进程的加快，城市人口增加和生活水平提高，导致人均能耗急剧上升，对能源总需求量也不断增加。城市生态系统的持续发展意味着必须开发利用清洁、自然的新能源和可再生能源。因此，城市生态系统应减少对外部能源输入的依赖，充分开发和利用太阳能、风能、地热能、潮汐能等生态能源，在能源结构

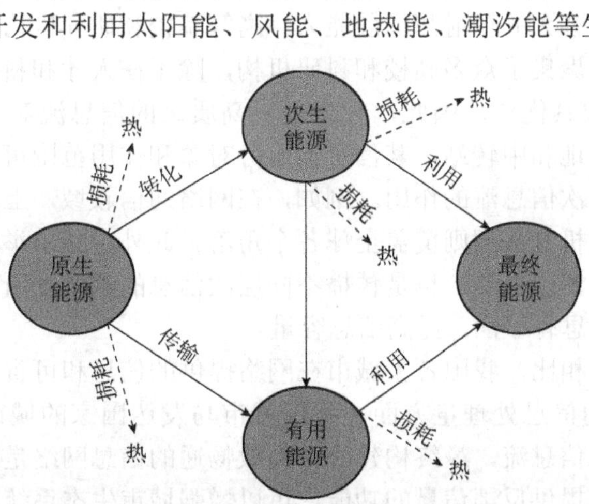

图 13-1　城市生态系统能量流动的基本过程

上逐渐实现多元化。同时，建立新的社会财富评估体系，采用绿色 GDP 指标，改变不计资源和环境成本的高能耗局面，有效地减少煤炭和石油等一次能源的消耗量，促进安全、清洁、可再生的绿色能源的开发和利用。

城市高密度的能流存在着大量的能源耗散，许多生产工艺具有明显的高耗散、高排放的特征。因此，生产和交通运输部门需要采用新的工艺流程和新技术，以提高能量利用的效率和单位能量的产值，从而改变工业能量高投入、低产出的局面。同时，应充分利用能量循环，减少能量的耗散，最终达到节能的目的。在生活中，应推广清洁节能的电器用品，如节能灯、声控电器、绿色电脑等，同时提高居民的环保意识。在建筑方面，可以开发采用低能耗、无污染的生态建筑材料，运用智能化的能量自动控制装置实现节能的目的等。此外，人类的行为直接受到经济杠杆操纵，通过经济手段可以有效地调控能耗总量，使能源在时间和空间上合理地分配。例如，可以规定一个能量使用的最大额度，额度外适当提高收费，从而有效地减少能源的浪费；另外，为避免在能源使用的高峰时间发生能量超负荷使用，可以采用分时段收费的方式，从而实现对能耗时间生态位的合理利用。目前，上海市已经对煤气和电信采用了以上的经济手段进行调控，取得了预期的效果。

第 3 节　城市生态系统的信息流

城市生态系统的信息流在城市中起着重要的指导和协调作用。信息流是指人们通过感知或抽象思维，从复杂的相互关系中提取有序、确定的知识的流程。城市作为政治、经济、文化中心，也是信息中心，是一个信息高度密集的场所。城市的重要功能之一是输入分散的、无序的信息，输出经过加工的、集中的、有序的信息。城市生态系统的信息流强度大、种类多、途径复杂多元。城市生态系统中的信息流已不再是简单、单向的流，而是错综复杂的信息网。城市的发展水平在很大程度上取决于信息的发展水平。大城市生产、处理、传播信息的功能应当十分强大。许多大城市的电信、信息服务业已经突破了单一的电话时代，广泛应用数字移动通信网、电子信箱（E-mail）、电子数据交换（EDI）、国际数据库检索（Internet）、可视图文（Videotex）、传真存储转发系统等，使信息流逐步实现高效化、多元化。

城市的信息流具有强大的辐射和扩散能力。高等院校和研究机构是产生最新科技信息的主要源泉。大城市往往聚集了众多高校和科研机构，除了在人才和科技方面具有优势外，也在高质量信息源方面独具优势。因此，大力建设高质量的信息流对于城市信息畅通至关重要。城市作为信息的源地和中转站，其信息流服务对象和作用范围可分为地区性、全国性和国际性，充分发挥各层次信息流的作用。例如，在网络通信领域，上海热线主要服务于上海市民，而中国公用计算机互联网则覆盖全球各个角落。此外，城市举办地区性、全国性、国际性的会议、展览会、博览会等，也是传播不同层次信息的重要场所。信息流的分层有助于避免信息紊乱，增强信息有序性，提高信息容量。

然而，与其他国家相比，我国各大城市在网络提供的信息和可查询的数据库方面存在很大差距。在邮电通信的信息处理量方面，我国城市与发达国家的城市相比也相距甚远。因此，建设信息源、疏通信息流，最终构建一个高效畅通的信息网络是城市生态系统的必然需求。此外，信息还具有提供反馈信息的功能，可以增强城市生态系统各组分之间的联系，发挥系统的自我调节机制。然而，目前城市生态系统的信息反馈环节过多，时滞长，系统反应不灵敏。因此，必须减少城市信息反馈环节，缩小时滞，不断完善城市生态系统的信息流。

思考题

1. 阐述城市生态系统的结构及其功能关系。
2. 城市生态系统最基本的功能包括哪些方面?
3. 城市生态系统的物质生产和物质循环（物流）包括哪些不同物质的流动?
4. 试画出你所熟悉的大城市和小城镇中的城市食物网。
5. 城市化进程是如何影响物质的流动和物质的分配的?
6. 城市区域内物质分配的改变将如何影响城市生态群落的结构?
7. 简述城市生态系统与自然生态系统的能量流特征。
8. 分析城市能量指标与城市发展水平和城市居民生活水平的关系。
9. 什么是城市生态系统的信息流?
10. 简述城市生态系统的信息流与城市发展的关系。

第 14 章　城 市 卫 生

城市卫生是衡量城市生活质量和社会发展水平的重要指标，反映了城市在保障居民健康、提高生活质量方面的成就。它不仅涵盖公共卫生，还涉及个人卫生、群体卫生、生产卫生和环境卫生。城市卫生的核心是人民健康，且个体卫生与群体卫生紧密相连，群体卫生对整体健康至关重要。有效的城市卫生管理有助于提供更好的生活条件，促进社会稳定与可持续发展。通过改善住房安全、确保食物和水的安全、加强废弃物处理和提高保健服务水平，可以有效提升城市卫生水平，减少疾病，保护居民健康。群体卫生的保障比个体卫生更为重要，政府和社会各界应共同努力，创造更加健康、安全的城市环境。这是城市发展的需求，也是每个城市居民的基本权利。

住房安全是城市卫生的基础之一，住房是居民日常生活的场所，其质量直接关系到居民的身体健康。城市的住房条件是否符合安全标准，包括是否具备良好的通风、采光、空气质量等因素，都会影响居民的生活质量。尤其是在一些贫困地区或城市边缘区，住房安全问题尤为突出，很多人面临着拥挤、不安全的居住条件，这不仅增加了传染病传播的风险，还可能导致心理健康问题的发生。因此，城市政府在规划和建设住房时，必须重视住房安全，确保每个家庭都能享有一个健康、安全的生活环境。

食物和水安全是城市卫生的另一个重要方面，它直接关系到居民的生存和健康。随着城市化进程的推进，城市中的人口密度不断增加，食物和水资源的供应变得日益紧张，食品污染和水源污染问题也日益突出。食品安全问题不仅仅是对食品质量的控制，还包括食品的生产、运输、储存和销售过程中的每一个环节。随着全球化的推进，进口食品的质量控制也成为了重要议题。与此同时，城市中的水源污染问题也日益严重，由于工业废水、生活污水及垃圾渗滤液等污染物的排放，城市的水质问题成为了健康管理的关键挑战之一。确保城市居民能够获取安全、清洁的食物和水源，是保障城市卫生的根本。

废弃物处理是城市卫生管理中另一个不容忽视的方面。随着城市人口的增加和经济的发展，城市废弃物的数量不断增加，包括生活垃圾、工业废弃物、建筑垃圾等各种类型的废弃物。若处理不当，这些废弃物不仅占用大量土地，还会对空气、水源和土壤造成严重污染，甚至引发健康危机。城市废弃物的有效处理和资源化利用，不仅能减轻环境污染，还能够通过废弃物回收、再利用等措施，节约资源，提升生态环境质量。城市政府需要建立完善的废弃物分类、收集、运输、处理和回收体系，推动垃圾分类和废弃物处理技术的创新，以保障城市的卫生环境。

保健服务则是城市卫生体系中不可或缺的一部分，它直接关系到居民的健康管理和疾病预防。随着城市人口的不断增加和生活方式的变化，慢性病和传染病的防控变得越来越复杂。城市的医疗资源分布不均，尤其是在发展中国家的城市，往往存在医疗资源短缺、医疗服务不均等问题，这直接影响居民的健康保障。完善的保健服务体系应包括基本的健康检查、疫苗接种、疾病预防、慢性病管理等内容，为居民提供及时有效的医疗服务。此外，公共卫生教育也是保健服务的重要组成部分，通过提高居民的健康意识，帮助他们养成健康的生活习惯，预防疾病的发生。

第1节　城市卫生的内涵

1. 城市与健康　关心人口稠密地区的城市卫生有两个原因：①大量的人员参与；②一个城市地区的人口密度变化，带来的潜在的公共卫生问题和公共卫生解决方案。潜在的公共卫生问题包括：接触大量可传播感染条件的人，大量可能因处理不当而产生危险的废弃物、污染物的存在，压力的明显增加和更严重的精神卫生问题的集中。解决方案受到提供公共卫生服务的规模、经济、种类、更多的资源等因素的影响。随着时间的推移，世界人口越来越城市化。1900 年，美国人口普查局将 39.6%的美国人口定义为"城市人口"；到 1990 年，城市人口比例为 75.2%。然而，人口普查局所使用的城市定义并不仅仅包括人口密集的中心，如芝加哥或纽约，而是认为任何超过 2500 人的地区都是城市。这是一个"人口中心"，许多人更可能称之为一个村庄而不是城市。与城市地区的共同概念更为一致的定义包括拥有 10 万或以上人口的社区，其中核心社区至少为 5 万人，以及周边社区具有高度社会和经济一体化。根据这个定义，美国仅有 276 个主要都市地区被认为是城市。

社会凝聚力和社会分裂是描述人们在特定背景下的关系的两个极端。凝聚力越强，这个团队就越有可能一起工作，分享共同的价值观，并找到积极的解决问题的方法，包括团队的所有成员。相反地，当社会崩溃发生时，个人就不得不独自应对生活的挑战，人们以破坏性的方式互相攻击，问题累积到与健康生活不相容的程度。今天的城市地区拥有可以被描述为完全有凝聚力的社区，但有太多的城市地区处于或更接近于社会分裂的一端。城市化问题不仅仅是人们聚集在城市地区政治单元中的问题，城市的地理规模也会产生影响。例如，在纽约市中心（曼哈顿），每平方英里（约 $2.6km^2$）有 52 419 人；伊利诺伊州库克县（芝加哥）为 5398 人；加利福尼亚州洛杉矶县为 2183 人；佛罗里达州戴德县（迈阿密）为 996.1 人。相比之下，美国的总体人口密度为每平方英里 70.3 人；1790 年，全国人口密度为每平方英里 4.5 人。在今天不断扩张的城市地区，人口的不集中带来了另一种挑战，如组织公共交通的困难。缺乏大众交通工具可能意味着个人使用机动车辆造成的污染增加，也可能意味着没有私家车的个人难以获得医疗服务。

从经济角度来看，城市人口经历了收入不平等的一些极端情况，收入最高和最低的人群之间存在巨大的收入差异。在 1990—2022 年，美国的收入不平等一直在加剧，对于低收入人群来说，这可能对健康产生重大的负面影响。这种影响对婴儿和 15～64 岁之间的人更大。据研究报告，收入不平等最严重郡县（基尼系数>0.45）的 15～64 岁人群中，在 2000—2019 年，每年每 10 万人中有近 140 人死亡，而对比组（基尼系数<0.35）为 64.7 人死亡。一项对 30 个大都市地区的研究表明，当贫困集中在一个地理区域内时，死亡率会显著上升。与之相反，富裕程度的集中与较低的死亡率相关，至少在老年人中是这样。美国的城市人口包括大量的少数民族和种族人口。城市地区少数群体感受到的种族隔离和歧视的结合也可能对健康产生影响，无论是由于在获得卫生服务、教育和就业方面的限制，还是由于作为少数民族而增加的压力。例如，人们经常提到城市地区的警察未能公平对待少数民族和种族人口。这包括不合理地将少数族裔作为潜在的罪犯（种族定性），对投诉或请求援助的回应水平较低，或完全不尊重或粗暴。虽然这些问题中没有一个是城市独有的，但人口的集中和媒体在大都市地区的曝光度使这一问题更加令人担忧。

正如已经确定的那样，将大量人口安置在一个小地区会增加健康和疾病问题的风险。近距离接触和较高的面对面接触率对诸如结核病和其他呼吸道感染等传染性疾病的发病率有直接影响。毫无疑问，20 世纪 80 年代末和 90 年代初，美国结核病的死灰复燃始于纽约。人口密度高，以及使用大而通风不良的空间作为无家可归者的过夜住宿，为结核杆菌的传播提供了理想的环境。同时，获得性免疫缺陷综合征（艾滋病）的传播使公共卫生资源紧张，这一事实使问题更加严重，并意味着共用耐药生物的风险。

中心城区与周边郊区的相互关系一直是研究和关注的焦点。郊区住房人口密度的下降可能会缓解一些在较老的城市环境中遇到的问题。例如，在更偏远的地区，可能会有更多的娱乐或运动的开放空间。另一方面，郊区意味着分散得更广的单个家庭，每个家庭都需要使用公共设施和交通工具，而且建设的方式可能很难或不可能发展社区凝聚力。在美国，个人汽车交通的普及和社会歧视问题无疑加剧了郊区的扩张。这些地区的发展得益于所谓的“城市外逃”：随着来自不同种族或种族群体的新移民浪潮的涌入，富裕阶层纷纷离开城市。维持或提高城市核心地区生活水平的明显成本被认为太高。然而，这种“外逃”使得较老的住房存量被收入水平较低的人占据，用于支持服务业的税收较少，从而开始了一个恶性循环。如果再加上污染限制导致的工业迁移、寻找更廉价的劳动力资源，或者来自其他地方的竞争而导致的简单迁移，结果可能是严重的、整个地区范围的萧条。美国东北部所谓的“铁锈地带”（Rust Belt）城市为这种循环提供了许多生动的例子。

城市地区的一些健康问题是个人失控造成的。当一个人在一条很少使用的双车道道路上步行或使用私家车时，与使用公共交通工具或在繁忙的城市环境中步行或开车相比，他不需要太关心他人的行为。此外，城市地区还存在着压力水平的增加，众所周知，这增加了患病的风险。城市人口的密度和相关的压力也与暴力发生率的增加有关，在 20 世纪下半叶，美国与非法毒品有关的犯罪也有所增加。一些犯罪直接涉及毒品分销网络，因为毒贩相互竞争地盘；其他罪行是由那些犯毒瘾的吸毒者犯下的，因为他们试图找到支持他们吸毒的资源。例如，已经研究过的一个职业风险是对便利店员工的暴力风险。1992 年和 1993 年，美国东部大都市地区发生了 1835 起便利店抢劫案，其中 63%涉及使用枪支，12%与至少一名员工受伤有关。据报道，所有五名死者都与枪支有关。

20 世纪后期的一个重大新闻是美国许多城市地区在减少暴力犯罪方面取得了巨大的成功。这可能是由于更为复杂和有针对性的政策和人口结构的变化，直接原因尚不明确。城市是移民的中心，既有来自农村地区的移民（从 19 世纪的人口转移就可以证明），也有来自其他国家的移民。港口城市（在这个机场旅行的时代，它们可能不是沿海城市）经常会有来自其他文化和气候的人涌入。这可能在许多方面增加卫生方面的挑战。例如，越南战争结束后，大量的难民抵达美国，带来了原先流行于东南亚的一种寄生虫病。除了特定的疾病，移民还带来了对卫生保健系统的不同期望，以及对适用于不同疾病状态的干预措施范围的不同理解。其中，一些移民的健康做法已经成为主流，如针灸的使用越来越多，尽管针灸曾被视为中国移民社区的一种奇怪的做法。越来越受欢迎的草药疗法是对传统植物在西班牙文化中所起作用的回应。

2. 城市卫生的内容 从最基本的构成看，城市卫生主要包括三个方面的内容。

（1）环境卫生 环境卫生指大气、水、土壤、城乡规划建设和生活居住条件等自然和社会环境因素与人体健康的关系。环境卫生的优劣好坏，其判定标准就是城市的生活居住环境是否有益于人体健康，具体而言就是环境中的有害因素在多大程度上得到改善、控制和消除，以及环境中的有利因素是否得到充分利用。

（2）劳动卫生　劳动卫生亦称生产卫生，指生产劳动场所和活动过程中诸因素对生产劳动者的健康的影响，以及为保护劳动者健康和预防职业病所采取的各种卫生措施。例如，在生产劳动场所安装通风、降温、保暖、除尘、排毒等设备，根据需要提供各种个人防护用品，进行不定期健康检查及职业病的防治和观察，制订并执行卫生标准等。

（3）生活卫生　生活卫生指家庭、社会活动公共场所和日常生活中诸因素对人们健康的影响，人们日常生活中的卫生观念和卫生习惯，以及为预防疾病和传染病、提高人民健康水平、养成良好习惯所采取的各种措施，如除“四害”（苍蝇、蚊子、老鼠、臭虫）群众性清洁卫生、接种疫苗、卫生宣传教育等。

第 2 节　城市的住房

保障住房安全一直是城市地区的一个问题，城市的历史是住房发展和改革的历史。当人口迁移到城市地区时，如果没有对住房基础设施（水和下水道系统、电力）进行规划，可能会导致低收入人群的住房普遍不达标。这可以在发展中国家许多城市的贫民区、贫民窟和其他夜间城市扩展区找到。在美国，这类地区很少可见（尽管据报道，它们正在沿墨西哥边境的城市周围生长）。不合格的城市住房往往以市中心社区的老建筑的形式出现，这些老建筑没有得到维护，也没有得到任何公共或私人的良好服务。这些环境中的健康危害包括接触含铅油漆、蟑螂粪便（与哮喘的增加有关）、极端温度或不安全的窗户和楼梯等。

除了住房不足的问题外，有限的经济适用房供应和低收入水平的结合使一些个人和家庭没有地方可以称之为家。无家可归者集中在城市地区。这可能部分是由于一些城市地区的住房成本，迫使人们离开安全的住房，走上街头。例如，20 世纪 90 年代纽约市的经济繁荣导致房地产市场紧缩；那些为无家可归者提供服务的人报告说，有孩子的家庭发现自己没有固定住所的情况明显增加。这对卫生保健具有重要意义，因为无家可归可能与缺乏支付保健费用的方式有关，而为安全住所而进行的斗争可能掩盖了需要保健的早期迹象，从而掩盖了今后更严重的疾病问题。没有提供现成援助的住房政策也可以认为一个人有家，只不过有一些大家庭成员的房间在沙发上或客厅地板上。虽然这种安排在紧急情况下可能短期有效，但隐私的丧失和拥挤的结果增加了精神和身体健康风险的压力。

公共资金对住房的投资成败参半。在美国的一些城市，经济适用房与当地居民的喜好和需求不相称，随后任其恶化，最终破坏成为唯一可行的选择。20 世纪 70 年代，密苏里州圣路易斯市普鲁特-伊戈（Pruitt-Igoe）住房的内部爆炸是第一次被广泛报道的破坏事件。其他不合格的住房在城市重建的名义下被拆除，但并不总是被适当的经济适用房所取代。改善住房存量的过程往往导致成本上升，吸引了更富裕的群体。这种中产阶级化使得那些收入水平较低的人仍然面临住房风险，没有适当的住房。

目前，美国的住房公共政策由美国住房和城市发展部负责，其专注于发展租户作为公共住房项目的管理者。根据理论，这将增加房地产的可能性，不会让住房恶化，并且那些参与管理过程的人将学习新技能，提高他们在一般就业市场中的地位。

另一种确保整个城市人口拥有安全住房的方法是通过补贴（代金券），代金券承担一般住房市场的一部分租金。房东被鼓励通过税收优惠参与该计划。新闻经常大量报道这个项目，实际上，它可能与种族或民族的融合有关，而这些种族或民族通常不共享社区。据报道，一些社区对这种做法极为抵制，甚至怀有敌意；其他人则对此表示欢迎，并认为这是一种丰富的体验。

无论是在农村还是在城市，控制室内温度都是一个重要的问题。在美国，20 世纪 90 年代的极端高温让人们越来越意识到其中的风险，尤其是对城市地区的老年人或体弱多病的人来说。当时，温度连续几天保持在 35～38℃或以上，而窗户可能被锁上（以防有人闯入），风扇或空调可能被视为昂贵的奢侈品。在寒冬的多层住宅区（特别是在高层），孤立的邻里关系可能意味着邻居不知道谁是独自一人，无法注意到宅在家里的人的需求并互相帮助。

第 3 节　城市的食物和水

城市地区提供给居民的获得食物的机会很少，除了通过购买来获得食物。城市化面积越大，食品需要经过更多的运输才能到达商店，最终到达家庭。这也使得“新鲜”成为一个相对的术语：从地里直接送到商店的农产品在一个小时的运输过程中会比在一天的运输过程中更新鲜。另一方面，由于人口密集，定期从世界各地进口食品在经济上是合理的，这使得原本应季的水果和蔬菜可以全年供应。

城市地区的粮食供应问题因收入水平而有所不同，城市生活和健康的其他各个方面也是如此。在美国，城市地区的空间成本使得有批量定价的大型现代超市不太可能出现；相反，食物是从附近的小商店购买的，通常价格更高。此外，在许多人居住在较小空间的地区（公寓和各种类型的多户居住建筑），可能会有更少的空间来储存较便宜的散装物品。这些因素的综合影响是：城市地区低收入家庭可获得的食物的质量和数量意味着他们的营养将受到影响。一些城市地区为社区花园提供了空地，在那里可以种植农产品和装饰性植物。在人口减少或城市更新的时期，建筑物的破坏提供了大量的可用空间，鼓励社区使用园艺空间可能是一个好政策。然而，经济发展的回归也可能会突然使土地作为建筑空间变得更有价值，让园丁们失去土地。问题不仅在于生产的粮食，这只代表了需求的一小部分，而且还在于开放空间和积极活动的好处。

向居民提供淡水常常是市政当局在 18 世纪首先采取的公共卫生活动之一。利用简单的表面蓄水、木制管道和重力系统，没有受到城市污水和废弃物污染的水可以提供给中央水泵和个人住宅。随着时间的推移，这套系统变得越来越复杂，对污染的担忧已经扩大到不仅包括过去和现在的传染病，还包括与现代工业生活有关的一系列具有潜在破坏性的化学制剂。美国环境保护署（Environmental Protection Agency，EPA）将相当大一部分预算和精力用于保护自然状态的水[通过 1972 年《清洁水法案》（*Clean Water Act*）的规定]和确保饮用水的安全。现代实验室测量水中物质含量的能力已经达到了十亿分之几，这引发了关于可达到和合理的水纯度水平的广泛争论。无论这些差别的结果如何，从死亡率和发病率数字可以非常清楚地看出，美国的水传播疾病比一个世纪前少得多。然而，供水系统需要定期维护，而几十年前安装的主要管道在较老的城市地区仍然存在经常断裂的危险。

对于城市地区来说，对水的关注不仅关系到人类的消费，它也是安全的重要组成部分，因为水在控制火灾中发挥着重要的作用。在美国，长期以来，住宅和工业都集中在城市地区，使消防安全成为城市关注的问题。本杰明·富兰克林被称为美国现代火灾保险和消防系统之父。城市地区在分区和建筑规范方面投入了大量精力，以确保供暖、烹饪、工业火灾和电力传输系统的安全，从而将火灾发生的可能性降到最低。例如，纽约市每幢六层以上的建筑物都必须配备一个屋顶储水罐，以保证在发生火灾时有足够的水量和水压来灭火。市政当局还在专业消防部门的发展方面走在前列，拥有越来越复杂的培训和设备。在一些社区，消防部门人员不仅作为社区服务参与消防安全教育，而且积极促进健康教育（如提高血压意识运动）和全面预防伤害和应急响应。在纽约市进行的研究还追踪了导致药物滥用和艾滋病病毒感染扩散的原因，以及在财政危机期间做出的关闭消防站的决定。随着社区情况的恶化，更多的建筑物在大火被扑灭之前就被烧毁了，用木板封住的建筑物成了毒贩和吸毒者的避难所，共用针头助长了感染的迅速蔓延。

第4节 城市的废弃物处理

人口集中在城市地区也意味着废弃物产量的增加。无论所选择的机制是完全公共的，还是由公共和私人资源混合资助的，清除人类废弃物和垃圾都是任何城市的一项重大承诺。人类废弃物的处理是昂贵的，保护人类和环境不受污染的新要求意味着对升级处理设施和建造新设施的稳定投资。雨水径流排入公共污水管的系统在雨季可能会溢出或被绕过，导致下游出现问题。

城市中堆积的垃圾必须妥善处理。因为材料的体积和燃烧造成的空气污染，老式的垃圾焚烧炉不再可行。堆填区的处置需要将物料移出市区界线，而堆填区的安全规定亦日益严格。虽然许多地区不希望在附近进行任何废弃物处理，但一些经济困难的农村地区欢迎接收和处理城市废弃物。例如，美国东海岸城市地区的垃圾可以通过陆路或水路运至很远的地方进行最后的处理。废弃物的数量直接关系到对材料回收利用的重视程度。纸、玻璃、金属和塑料都可以通过适当的处理回收利用，但充分回收利用的努力取得了不同程度的成功。一些城市的回收工作开展得很晚，但大多数城市现在都提供路边回收或单独回收可回收材料的服务。与此同时，随着社区寻找更多的方式来处理废弃物，美国人对废弃物处理地点的关注也有所增加，因为人们意识到，垃圾填埋场通常与收入水平较低、与环境危害相邻的财产价值较低的地区邻近，这种做法激起了愤怒和担忧，政府已经采取行动来解决这个问题。这个环境正义的问题可以很容易地扩展到城市地区的其他土地使用问题，因为收入水平较低的社区通常没有多少公园和运动场的开放空间，而且这些社区的环境往往很差。缺乏安全的公园空间使得低收入的城市儿童在街上或其他不安全的地方玩耍，增加了受伤的机会。

空气污染和噪声污染都是城市地区备受关注的问题。在美国，1970年的《清洁空气法》授权环境保护署采取一系列措施来减少污染物，在20世纪的最后一段时间里，情况有了显著的改善。这些变化既影响了工业（也可能使制造业远离人口中心），也影响了私人生活（交通变化）。考虑到需要将大量的材料运入城市地区，并在城市地区内运送大量的人口，这意味着人们将继续寻求设计更环保和更安静的移动和运输工具。然而，20世纪出现的对机动车辆的依赖，对必要的变革构成了巨大的障碍。此外，人们必须关注的不仅是可见的颗粒物（来自壁炉的烟和灰），还包括与慢性疾病增加相关的各种化学物质。

第5节 城市卫生及保健服务

美国的城市医院系统是卫生保健体系中至关重要的一环。其中许多医院具有悠久的历史，可以追溯到19世纪和20世纪初的移民潮和传染病流行时期。公立医院对于公众至关重要，因为它们的存在、可见性及为管辖范围内所有人提供服务的责任是连续不断的。这些系统不断发展，一个例子是从住院护理、专科诊所和急诊室的组合向以社区为导向的初级护理为特色的社区伙伴关系的转变。公共保险支付方式的改变，如医疗补助计划（Medicaid）采用预付团体保险，需要适应全球和定额支付的方式，这导致一些传统的病人（以及他们的财务）从这些公立医院流失，使其陷入财务困境，但它们仍然在城市地区发挥着重要作用。

尽管在城市地区存在许多健康和卫生服务方面的负面影响，如大量未投保的人口和陈旧的卫生系统，但也存在与城市健康相关的积极影响。人口的集中意味着专业服务在经济上是可行的。正是城市中心的医疗服务开创了许多现在被视为理所当然的干预措施，现在正被转移到人口较少的地区。与居住在农村地区的类似个体相比，居住在城市地区的人更有可能在附近找到所需的护理。城市地区一直处于发展服务无家可归者和针对个别种族和族裔群体的前沿。例如，美国印第安人卫生服务处支持城市诊所的发展，为大量生活在城市地区的印第安人提供卫生服务，这些印第安人无法享受保留地提供的文化上适宜的服务。在卫生服务供应不足的社区，美国卫生资源与服务管理局（Health Resources and Services Administration，HRSA）、物质滥用和精神卫生服务管理局（Substance Abuse and Mental Health Services Administration，SAMHSA）提供的资金允许建立面向社区的门诊护理项目。这些由资金支持的服务必须设立包括正在服务的社区代表在内的委员会，这些委员会得到高度认可。

除了为个别患者提供诊断和治疗服务外，每个辖区的公共卫生机构还以人口为重点提供城市卫生服务。这些服务的目的是预防流行病、预防环境危害、预防伤害、促进和鼓励健康行为、应对灾害、确保卫生服务的质量和可及性。这些服务可以追溯到 19 世纪末和 20 世纪初，最初是为了应对伤寒和霍乱等流行病。尽管要应对的疾病有所增加，但这些服务继续发挥着重要作用。今天，城市卫生部门（根据当地的偏好，可能是几个机构）监测艾滋病病毒感染、结核病、哮喘、糖尿病、暴力、儿童安全、烟草控制、自杀预防、计划生育、营养和免疫接种等方面的情况。卫生部门提供的服务与其他公共支持的卫生服务之间的界限是任意的。为了预防疾病和促进健康，个人必须能够获得个人护理，如果在其他地方无法获得，公共卫生机构至少在紧急情况下可以提供。但是，在其他保健资源充足的地方，公共卫生机构可以侧重于系统级行动，以限制人口接触危险因素并支持所有人的健康。这方面最好是与公民团体和其他公共卫生实体以有组织的方式进行合作。例如，20 世纪 90 年代开展的健康城市/健康社区运动，对改善健康感兴趣的人可以从中获得保健资源。

城市卫生确实是一个复杂的网络，它既受到人口规模和密度的影响，也会被经济、技术和公众期望的变化所影响。首先，城市的高人口密度和集中居住模式会增加疾病传播的风险，如传染病在城市中更容易传播。其次，城市的经济变化和技术进步会影响卫生设施的建设和管理，以及居民对卫生服务的需求和期望。随着城市化进程的不断发展，城市卫生问题变得越来越独特和重要。在这样的背景下，理解城市卫生需要从多个角度来考虑，包括人口结构、居住环境、卫生设施、卫生政策等方面。最后，城市卫生问题也需要与城市规划、环境保护、社会福利等相关领域相互结合，共同解决城市面临的健康挑战。只有综合考虑城市卫生的多个因素，才能有效地提高城市居民的健康水平，促进城市的可持续发展。

思考题

1. 简述城市卫生的概念及内涵。
2. 如何理解城市卫生是现代化城市的重要标志？

3. 你认为城市居民应该为优化城市卫生做哪些具体工作？
4. 你认为政府部门应该为提高城市卫生水平开展哪方面的工作？
5. 阐述城市卫生与城市发展的关系。
6. 说明城市卫生的主要内容。
7. 分析城市卫生水平是如何影响城市居民健康水平的。
8. 请论述如何管理好一个城市的卫生，以及如何提高一个城市的卫生水平。
9. 如何确定城市卫生的标准？
10. 如何评判一个城市的卫生水平？

第 15 章　城 市 研 究

城市研究是一个跨学科的领域，涵盖了社会学、地理学、经济学、政治学、人类学、城市规划、建筑学和城市设计等多个学科。这些学科的从业者通过不同的视角研究城市的形成、发展和变迁，探索城市化的过程及大都市的动态问题，关注城市发展的社会公平性、环境可持续性与经济效率，帮助人们更好地应对现代城市化所带来的挑战。城市研究并不仅限于对城市本身的描述，还关注城市与更广泛的经济体系、社会结构、治理模式和空间布局之间的关系。不同学科的研究者通过多样化的理论框架，分析城市的物理、经济、社会和文化方面的表现，揭示其复杂的内在机制和发展趋势。

在城市研究中，社会学家关注城市中的社会结构、阶层差异、贫富不均及社会融合等问题，研究城市化如何影响社会关系和社会福利。地理学家则侧重于城市空间的布局、区域发展、土地利用、交通网络等方面，分析城市如何在空间上进行扩展和演变。经济学家研究城市的经济功能、产业结构、就业模式及与全球经济的联系，探讨城市在经济增长中的角色。政治学家则关注城市的治理结构、政策制定、权力关系及市民参与，研究城市管理者如何处理城市中的社会、环境和经济问题。此外，人类学、城市规划、建筑学和城市设计等学科，则在研究城市文化、建筑风格、城市空间的可持续发展等方面发挥着重要作用。

城市研究的方法也十分多样，通常采用定量与定性相结合的方式。定量方法包括统计分析、模型模拟和大数据分析，帮助研究者从宏观层面把握城市的经济、社会和环境状况。定性方法则通过案例研究、深度访谈、参与观察等方式，关注城市居民的生活经验、文化现象和社会互动，揭示城市生活中的个体和群体行为。近年来，随着城市化进程的加速，城市研究也越来越强调跨学科的综合研究，注重各学科的互动与融合，力求通过多角度、多层次的分析，揭示城市发展中存在的复杂问题，为城市政策的制定、规划的优化及可持续发展的实现提供理论支持与实践指导。

通过跨学科的综合研究，城市研究不仅有助于理解城市作为一个复杂系统的运作机制，还能为城市的未来发展提供重要的理论依据。城市研究者通过深入分析城市的各种动态过程，关注城市发展的社会公平性、环境可持续性与经济效率，帮助人们更好地应对现代城市化所带来的挑战。同时，随着全球化进程的推进，城市研究也逐渐扩展到全球城市网络的研究，关注不同城市之间的相互联系与影响，探索全球城市体系中的竞争与合作关系。

第 1 节　城市研究的内容与关注的焦点问题

1. 城市研究的内容

（1）城市化进程和规模　城市化速度和程度；城市面积、居民数量等。

（2）城市经济和社会问题　城市工业、商业和服务业的发展；城市居民的生活方式、社会结构和城市文化等。

（3）城市化对环境的影响　城市空气、水资源和土地利用等。

（4）城市布局和规划　城市工业、商业、服务业、居住等的布局和城市发展方向；城市健康发展等。

（5）城市管理与治理　城市政府的管理和城市民众的参与等。

（6）城市周边及区域发展　与周边和区域发展的协调、关系、合作等。

2. 城市研究中关注的焦点问题

（1）流动人口问题　研究流动人口“安居乐业”和“同城同待遇”问题，评估相关政策，特别是在服务管理体制、机制和方法等方面的问题，从宏观层面提出解决流动人口在政治、经济、文化、社会和环境等方面保障问题的思路和对策。

（2）城市交通问题　从规划、建设、管理等方面着手，总结国内外城市治堵经验，围绕城市交通整体水平、居民出行方式、交通规划、公共交通建设与管理、小汽车管理、停车场建设与管理、交通发展模式等方面开展具体研究，提出破解城市交通难题的思路和对策。

（3）城市教育问题　围绕弱势群体教育公平、教育资源均衡、教育质量评价、政府教育责任等问题，总结和借鉴国内外大城市解决“上学难”问题的做法和经验，分析城市上学难问题的原因，提出相应的思路和对策。

（4）城市医疗问题　全面分析我国城市化过程中“看病难”问题的原因，提出解决老百姓“看病难、看病贵”问题的理念、思路、观点和方法。

（5）城市住房问题　全面分析经济适用房、公共租赁房、限价房（拆迁安置房）、廉租房、危旧房（棚户区）、流动人口（农民工）保障性住房、商品房建设与管理过程中存在的主要问题及其原因，结合国内外大城市解决“住房难”问题的经验，提出应对的思路和对策。

（6）城市征地拆迁问题　全面分析我国城市征地拆迁问题的现状及成因，总结破解征地拆迁和失地农民保障问题的做法与经验，提出相应的解决思路和对策。

（7）历史文化遗产保护问题　全面分析总结我国城市化进程中“千城一面”“千村一面”和文化特色消失问题的原因，以及总结和借鉴国内外解决历史文化遗产保护过程中面临的诸多问题的做法和经验，从政策保障、城市规划、遗产管理、教育培训、民众参与等方面，提出保护城市历史文化遗产的有效措施。

（8）城市环境问题　结合国际生态环境保护的最新趋势，分析我国近年来生态环境恶化问题的原因和后果，积极探索以低能耗、低污染、低排放为基础的低碳发展模式，对城市生态环境保护和治理提出相应的解决思路和对策。

第2节　城市研究的方法

城市研究的主要传统或方法包括城市管理中的区位分析、空间网络分析，以及社会文化、制度、政治经济和后现代主义方法。区位分析主要涉及城市经济学家和城市地理学家的工作，研究城市内土地利用的空间格局和中心商业区的可达性。空间网络研究考察城市系统的空间分布及其专业化和发展。最近，对空间网络的研究集中在世界经济联系的形成、城市经济结构调整和全球化方面。城市社会学家、城市人类学家和政治学家发展了社会文化和制度方法。这些方法的核心要素是理解城市社会生活的意义，把握人类生态，分析社会领域，运用因子生态学的方法，对城市人们的生活方式进行实证研究。

芝加哥学派是第一个城市分析学派，于20世纪20年代在芝加哥大学的社会学系成立。它对城市生活有独特的关注，并发展了人类生态学的方法来描述城市民族社区的结构和过程的变化，提出了竞争、继承和入侵的原则，即群体利用或支配城市空间。芝加哥学派的成员将芝加哥作为城市实验室进行研究。他们探索了社会模式和城市增长的同心圆发展模式，阐述了城市规模、密度和异质性的原则，并将城市化定义为一种生活方式。他们还通过将城市工业主义与社会空间分化联系起来，对城市社会进行分化，并应用因子生态学技术识别社会空间模式。

人种学研究包括研究具有独特“生活方式”的不同城市边缘群体（包括流浪汉、帮派和移民），如他们的生活自述及生活技巧，同时利用官方数据，包括人口普查报告和住房/福利记录，绘制地图以显示犯罪、贫穷和青少年犯罪等城市问题在城市中的位置和范围。后来对波士顿和芝加哥的帮派和移民群体所做的人种学研究，是芝加哥学派所发展的参与者-观察者方法论应用的著名范例。这些技术现在已经成为各种城市研究领域的标准，前者在经济学和地理学中得到广泛应用，后者在社会学和人类学中应用。其中对移民和被隔离城市中的非裔美国人生活条件的实地调查，为城市改革直接政策运动增加了相当大的发言权。

城市生活制度方法的探索还包括对社区生活、社区权力和城市权力的研究。关于社区发展的研究包括开展对社区生活和社区权力的详细实证研究，在 20 世纪 60 年代早期的社区/城市权力研究，以及对地方精英的研究。对分散/多元权力来源的研究奠定了都市治理研究的核心。还涉及社会制度和机构对社会影响的研究，提出了城市管理主义作为获取关键资源的控制机制。研究认为在亚特兰大地区的都市政治运作是基于分散的都市政府之间的政治网络，管理这些网络已成为治理的本质。用这种方法解决城市地区的阶级分层是间接的。该理论认为，如果城市通过完善的城市管理在全球市场上取得成功的话，那么城市的繁荣将惠及城市的贫困人口。

政治经济学在传统上都是将城市的挑战与城市发展过程中潜在的权力和财产不平等联系起来。这种方法一般认为，城市中严格的阶层划分反映了社会中更广泛的阶级结构，改革国家和国际阶级关系是城市进行重大变革的必要条件。城市规划、城市设计和建筑学的研究人员关注城市的管理和结构。现代主义的城市愿景被应用在纽约地区的规划和大伦敦地区的规划上。“新城市主义”认为美国的小城镇是一种理想化的城市模式，在这种模式中，繁忙而活跃的人行道促进了城市的安全、健康和蓬勃的发展。充满活力的街道生活支撑着一个创造性和多样化的经济基础，但僵化的规划扼杀了城市的社会生活和企业精神。规划者们要求制订详细的规划过程，通常是让受影响的社区参与，而经济学家则主张让市场力量在决定活动的地点和密度方面发挥更大的作用。两者都普遍接受现有的阶级分层模式。

后现代主义方法基于实证主义假设和现代主义规划理论，研究城市生活的不同方面。后现代主义者分析了城市作为消费中心、娱乐中心和形象中心的意义。他们提出了“代表性城市”的概念，即环境中编码的信息可以被解读为文本。然而，后现代主义者对于改善穷人的境况几乎没有提出具体的建议；他们认为，增加多样性和参与社会生活将是提高所有城市居民生活质量的一个重要组成部分。

第 3 节　城市研究中的全球化

城市学者基于过去对城市进程的理解，如分化、社会和经济不平等导致的城市人口迁移、贫困人口的流离失所和排斥，现在从许多角度来考虑全球化对城市空间和人口的影响。许多城市学者现在认为，全球范围内不断增长的资本和劳动力流动——即全球化——正在导致人们划分为严格隔离的全球阶层。自工业化以来，城市一直处于不断的经济结构调整过程中。一些学者提出了“下层阶级”的框架，人们可以在这个框架中理解郊区化（在经济和社会层面）是一个增加分化和排斥的过程。郊区就业中心或“边缘城市”的出现表明，中心城市低技能工作岗位的流失是难以逆转的。在国际资本和信息流动的推动下，全球化创造了一个全新的城市网络系统。

底特律的经济重组对失去汽车行业中产阶级工作的非裔美国人造成了痛苦和混乱。缺乏经济机会增加了底特律“下层阶级”的规模。在纽约市，技术工人在专门的行业工作，而移民工人则从事低收入的服务工作，生活在完全不同的城市环境中，使得纽约市已经成为一个“二元城市”。全球化和城市更新计划导致了中产阶级化，高收入群体取代了一些贫穷的城市中心居民。全球化也为全球资本打开了城市土地市场。例如，洛杉矶通过参与环太平洋后工业秩序，重组了其工业基础并保持了繁荣，但来自亚洲国家的资本流入提高了土地价格，使洛杉矶几乎所有的中产阶级居民都买不起房。洛杉矶公共空间的全球化和私有化将中下层阶级排除在大部分城市空间之外。

今天的城市研究继续与这些挑战作斗争。经济学家敦促依靠市场力量进行改善，而规划者则呼吁制订详细的“明智增长”计划。政治学家认为，加强治理和民主化治理是进步的途径；而制度主义者则敦促国家政府，而不仅仅是地方政府，解决城市穷人面临的潜在社会问题。同样，政治经济学家认为，只要国家的阶级结构保持不平等、剥削性的体制，就不可能成功地解决城市面临的挑战。因此，作为一个整体，城市研究是各学派争论的一个领域，有许多可供选择的政策建议来应对城市的挑战。

思考题

1. 说明城市研究主要涉及城市的哪些领域。
2. 阐述城市研究有哪些主要的研究方法和主要学派。
3. 请考虑用不同的策略或途径来增加人与自然接触的机会。
4. 什么是城市生态足迹？哪些因素影响一个城市的生态足迹？
5. 目前城市研究中关注的主要问题有哪些？
6. 试论述接触和访问城市森林公园和其他绿地对于人们身心健康的重要性。
7. 试举例说明城市居民与城市野生动物相互关联与和谐互动的情况。
8. 说明城市交通方便程度是如何影响城市居民的健康和财富的。
9. 城市化进程是如何影响城市居民的生活的？
10. 在你所在的城市里，哪种类型的大气污染对城市居民的健康危害更大？为什么？

第五篇　城市的生态系统服务和可持续发展

第 16 章　城市生态系统的健康和安全评价

城市生态系统的健康与安全评价是一个多维度、多层次的过程，旨在全面评估城市生态系统的功能、状态及在持续城市化过程中可能面临的风险。随着城市化进程的加快，城市生态系统所面临的环境问题逐渐增多，如污染、资源浪费、生态退化等，导致城市生态健康与安全成为社会关注的重点。城市生态系统健康与安全的核心在于维持生态功能的正常运行，保障城市居民的生活质量和生态服务功能。其评价不仅关注生态环境的质量，还强调生态系统的稳定性与可持续性，涉及生态系统各个层面的相互作用和反馈机制。通过健康与安全评价，确保在快速发展的过程中，城市可以保持健康与安全状态，城市生态系统能够持续提供重要的生态服务，并适应不断变化的环境压力，促进城市的可持续发展。

城市生态系统健康的概念包含了城市生态系统的稳定性、生产力和自我调节能力。具体而言，健康的城市生态系统应当能够有效地吸收和消解环境污染，维持良好的生物多样性，确保水、气、土壤等自然资源的可持续利用。它还应当能够为居民提供充足的生态服务，如空气净化、水资源供给、气候调节等。此外，城市生态系统健康还包括生态系统的适应能力，即在面对环境变化时，能够通过自我调节恢复生态功能。评估城市生态系统健康时，需要综合考虑自然环境、社会经济活动及人为干扰对生态系统的影响，全面把握生态健康状况。健康评价的步骤与方法一般包括生态数据的收集、指标体系的建立、健康状况的诊断、压力因素的识别、风险评估及最终的决策支持。在具体操作中，首先需要通过长期的生态监测与调查，收集关于空气质量、水质、土壤状况、生物多样性等方面的数据。接着，根据这些数据，建立一套全面的生态健康指标体系，如生物多样性指数、生态服务功能指数等。通过对这些指标的综合分析，可以初步诊断出城市生态系统的健康状况。同时，还需要识别影响生态健康的主要压力因素，如污染排放、土地开发等，进行定量评估，揭示可能的环境风险与生态威胁。

城市生态系统安全评价则主要关注的是城市生态系统面临的潜在风险与威胁，尤其是生态系统服务功能的丧失和生态灾害的发生。生态安全的核心是防止生态系统功能的退化，减少人为活动对生态环境的负面影响，保障城市的可持续发展。生态系统安全评价主要分析生态系统的脆弱性与韧性，评估潜在的环境压力和风险点，并根据评估结果采取相应的保护和恢复措施。它不仅关注局部的环境污染或物种灭绝问题，还注重整个城市生态系统的安全性，确保生态功能不被破坏，维护生态平衡。生态系统安全分析则主要依赖于生态模型、环境影响评估及风险管理技术。通过对城市生态系统的动态模拟，评估不同情境下生态系统的安全性，预测未来可能出现的环境变化和风险。环境影响评估是通过对各类开发活动（如城市建设、工业生产等）可能带来的生态影响进行详细分析，确保在决策前对可能的生态后果进行充分预判。风险管理技术则侧重于在生态系统安全评估的基础上，制订应对措施，预防生态危机的发生，如通过建立绿色基础设施、实施生态修复、调整土地使用政策等手段，降低生态系统遭受破坏的风险。

第 1 节　城市生态系统健康的内涵

目前，人类正以前所未有的规模和强度影响环境，破坏和改变自然生态系统，致使生态系统的健康受到越来越大的损害，并由此危及人类自身。城市是人类聚居的主要载体之一，是人类经济、政治和精神活动的中心。因此，有关城市生态系统健康的研究正成为一个热点。城市环境的好坏直接影响城市居民生活环境与工作环境的质量。对城市生态系统健康进行研究，建立一套相对完整的健康评价指标体系，将有利于对城市生态系统实施可持续性管理和合理利用，实现生态、社会、经济的整合及协调。

1. 城市生态系统健康的概念及特征

（1）城市生态系统健康的概念　城市生态系统是受人类活动干扰最强烈的地区，已成为人工生态系统。整个系统由自然成分和社会成分共同组成。因此，城市生态系统应被看成是一个自然、经济、社会的复合体。其健康的概念应理解为：城市生态系统结构合理，系统内生产生活和周围环境之间的物质、能量交换形成良性循环；功能高效，物质、能量、信息利用高效；人类社会和自然环境高度和谐，自然、技术、人文充分融合；废弃物被严格控制在环境承载力范围内，城市生物的健康和成长不受不良影响。

（2）城市生态系统健康的特征　根据以上定义，城市生态系统健康的特征应体现在以下几个方面。

1）和谐性。具有和谐生态秩序，区域生命支持系统能提供正常和稳定的生态服务功能，具有健康的人类生命维持系统，生产资料呈持续积累和盈余趋势。

2）可持续性。以可持续发展思想为指导，兼顾不同时间、空间，合理配置资源，公平地满足当代与后代在发展和环境方面的需要，不因眼前的利益而用“掠夺”的方式促进城市暂时的“繁荣”，呈现持续繁荣的发展态势。

3）高效性。生态城市是具备高度生态文明的人文环境系统，以人与自然和谐共生的典型生态社区为基本单元，居民具有强烈的生态伦理意识，社会安定祥和。

4）整体性。生态城市不是单纯追求环境优美或自身的繁荣，而是兼顾社会、经济和环境三者的整体效益，重视经济发展与生态环境相协调，也重视人类生活质量的提高，是在整体协调的新秩序下寻求发展。

5）区域性。生态城市是一定区域内人类活动和自然生态利用完善结合的产物，是城乡融合、互为一体的开放系统；是建立在区域平衡基础之上的，城市之间是相互关联、相互制约的，只有平衡协调的区域才有平衡协调的生态城市。

2. 城市生态系统健康评价的内容和类型

（1）城市生态系统健康评价的内容　城市生态建设的目标是在一定的社会经济条件下，为人们提供安全、清洁的工作场所和健康、舒适的生活环境，把城市建设成为一个结构合理、功能高效和关系协调的生态城市。城市生态系统健康一般从城市生态系统的结构、功能和协调度三个方面进行评价。

1）城市生态系统的结构。城市生态系统的数量、质量及其空间格局包括城市人口、无机的物理环境（如城市人工构筑物）及有机的生物环境等。一个生态化的城市应具备适度的人口密度、合理的土地利用格局、良好的环境质量、完善的绿地系统、完备的基础设施和有效的生物多样性保护。

2）城市生态系统的功能。

①生活功能：城市作为人类的栖居地，首先要为居民提供基本的生活条件和人性化的外部环境，这决定着城市的吸引力并体现城市的发展水平。

②生产功能：城市作为一种生态系统，具备生产、消费和还原功能。城市中的人类不仅管理和调节城市的初级和次级生产过程，还通过劳动创造产品并增加产品的价值，因此人也是生产者。

③还原功能：城市中复杂的有机物在自然和人为作用下能够被分解（如垃圾的腐烂和焚烧），城市环境在一定范围内能够通过自动调节恢复原状，具备一定的自净能力，从而保证城市活动的正常运转。

3）城市生态系统的协调度。

①人类活动与周围环境的协调：确保人类活动与周围环境的和谐共存。

②资源利用与资源承载力的匹配：实现资源的合理利用，不超出环境的承载能力。

③环境胁迫与环境容量的匹配：控制环境压力在环境容量范围内。

④城乡关系协调：保证城乡之间的协调发展。

⑤正反馈与负反馈的协调：实现系统内的稳定和平衡。

（2）城市生态系统健康评价的类型

1）按照环境要素分类。根据评价的环境要素（主要是自然环境要素），单要素评价可分为大气环境质量评价、地表水环境质量评价、地下水环境质量评价、声学环境质量评价、土壤环境质量评价、生物环境质量评价、生态环境质量评价。如果对两个或两个以上的要素同时进行评价，则称为多要素评价或联合评价。在单要素评价的基础上对所有要素同时进行评价，则称为环境质量综合评价。近年来，对社会环境要素的评价日益增加，包括对人口、经济、文化、美学等方面的评价。

2）按照评价的时间分类。

①环境回顾评价：依据一个地区历年积累的环境资料对该区域过去一段时间的环境质量进行评价。回顾评价是环境质量评价的组成部分，是环境现状评价和环境影响评价的基础。它还可以作为事后评价，用于对环境质量预测结果的检验。

②环境现状评价：根据近期的环境资料对某一区域现在的环境质量进行评价。现状评价为区域环境污染的综合防治提供科学依据。

③环境影响评价：根据一个地区的经济发展规划或一个项目的建设规模，对某一区域未来的环境质量进行预测和评价，或对某一个建设项目对所在区域可能产生的环境影响进行评价。环境影响评价目前开展得最多，是环境评价的重点。

第 2 节　城市生态系统健康评价的步骤与方法

1. 实地调查，搜集数据　调查内容主要包括自然环境、人工环境和污染源。自然环境调查涵盖水文、气象、地形地貌、地质、土壤、植被等要素；人工环境调查包括人口、建筑物、绿地、交通、市政设施、服务设施和文化设施的数量及空间分布；污染源调查主要考察污染源的位置、类型、排放物种类和数量、排放方式和规律，并查阅环境污染监测记录，包括环境质量、环境背景和污染物排放的监测记录，为环境质量评价提供数据支持。

2. 确定评价指标和标准　不同城市规模、功能和性质对健康标准的要求各不相同。

某些直接影响居民健康的因素必须纳入标准，而其他因素则需根据当地具体情况由当地政府决定是否纳入标准。例如，按国家规定，首都北京和国家级风景名胜区的城市生态系统健康需达到一级标准；省会及省级旅游城市一般要求达到二级标准；工业城市及县城一般要求达到三级标准。同时，在同一个城市内不同功能区也可根据需要采用不同的评价标准。

通过分析城市生态系统的活力、组织结构、恢复力、服务功能的维持、人群健康水平及教育水平等 5 个要素，并针对每一个要素所涵盖的内涵提出相应的指标，即构成了城市生态系统健康评价的指标体系。城市生态系统健康评价的指标体系见表 16-1。城市生态系统健康评价的指标分级标准见表 16-2。

表 16-1　城市生态系统健康评价的指标体系

生态系统健康评价要素	相关概念及内涵	城市生态系统健康衡量指标	具体指标
活力	生产力、物质流、能量流	经济生产力	人均 GDP
		物耗效率	单位 GDP 物耗
		能耗效率	单位 GDP 能耗
组织结构	生态系统结构及组成的多样性	经济结构状态	R&D 经费占 GDP 比例 信息产业占 GDP 比例
		社会结构状态	市中心区人口密度 基尼系数
		自然结构状态	森林覆盖率 建成区绿化覆盖率 自然保护区覆盖率
恢复力	弹性力	环境废弃物处理指数	城市生活污水处理率 机动车尾气排放达标率
	缓冲力	物质循环利用率	工业固体废弃物综合利用率 工业水重复利用率
	持续力	城市环境保护投资指数	环保投入占 GDP 比例
服务功能的维持	不健康的生态系统对人类服务功能的质和量都会减少	环境质量状况	环境质量综合指数 市区人均公共绿地
		生活便利程度	人均住房面积 人均道路面积
人群健康水平及教育水平	人类健康本身可作为生态系统健康的反映	人群健康水平	恩格尔系数 人均期望寿命 0～4 岁儿童死亡率
		教育水平	全市人口平均受教育年限

表 16-2　城市生态系统健康评价的指标分级标准

评价要素	评价指标	具体指标	病态	不健康	亚健康	较健康	很健康
活力（V）	V_1：经济生产力	人均 GDP/万元	<0.8	0.8～1	1～5	5～15	>15
	V_2：物耗效率	单位 GDP 物耗/（万元/万元）	>3	2～3	1～2	0.2～1	<0. 2
	V_3：能耗效率	单位 GDP 能耗/（吨标准煤/万元）	0.4～0.5	0.3～0.4	0.2～0.3	0.1～0.2	<0.1
组织结构（O）	O_1：经济结构状态	R&D 经费占 GDP 比例/%	<1	1～2	2～3	3～5	>5
		信息产业占 GDP 比例/%	<5	5～10	10～20	20～25	>25
	O_2：社会结构状态	市中心区人口密度/（万人/km^2）	>4	2～4	1.5～2	1～1.5	<1
		基尼系数/（城市）	>0.5	0.4～0.5	0.3～0.4	0.2～0.3	<0.2
	O_3：自然结构状态	森林覆盖率/%	<10	10～30	30～35	35～40	40～60
		建成区绿化覆盖率/%	<10	10～20	20～30	30～40	40～60
		自然保护区覆盖率/%	<1	1～4	4～6	6～8	8～12

续表

评价要素	评价指标	具体指标	病态	不健康	亚健康	较健康	很健康
恢复力（R）	R1：环境废弃物处理指数	城市生活污水处理率/%	<30	30～50	50～70	70～90	90～100
		机动车尾气排放达标率/%	<40	40～60	60～80	80～95	95～100
	R2：物质循环利用率	工业固体废弃物综合利用率/%	<20	20～50	50～70	70～90	90～100
		工业水重复利用率/%	<20	20～40	40～60	60～80	80～100
	R3：城市环境保护投资指数	环保投入占 GDP 比例/%	<1.0	1.0～1.5	1.5～2.0	2.0～4.0	4.0～5.0
服务功能的维持（F）	F1：环境质量状况	环境质量综合指数	20～40	40～60	60～80	80～90	90～100
		市区人均公共绿地/（m2/人）	3～5	5～8	8～12	12～16	>16
	F2：生活便利程度	人均住房面积/（m2/人）	6～8	8～12	12～16	16～20	>20
		人均道路面积/（m2/人）	5～8	8～12	12～16	16～22	>22

基于生态城市是健康城市的这一认识，将健康标准划分为 5 级：病态、不健康、亚健康、较健康、很健康。以相关文献资料中对生态城市的建议值作为很健康的标准值，以全国最低值为病态的限定值，在前者基础上向下浮动 20%作为较健康的标准。

3. 选定评价方法　城市生态系统健康受多种因素影响，相互作用复杂，各因素的影响程度不易确定。特别是城市环境污染对居民健康的影响难以用常规评价指标衡量。因此，评价方法应考虑城市环境质量基本情况、城区各部分的差异及各种限制条件，力求简便实用。对城区进行生态系统健康评价，可为环境规划提供科学依据。采用指数法、叠加法、清单法等方法难以满足要求，必须采用模拟法，建立物理和数学模型，模拟城市环境质量的形式和变化过程。应用计算机技术揭示城市环境质量的时空变化规律，评定城市环境现状并预测可能的变化和空间差异，为环境规划提供可靠依据。

4. 分析评价　对各种资料和数据进行综合分析研究，通过计算得出评价图形式的结果，近似描述当前城市环境质量的总体状况，并指出存在的主要问题。

5. 环境预测　在模拟实验、建立数学模型或进行预测研究的基础上，对城市未来环境质量的变化趋势和影响程度进行预测评估。

6. 提出战略对策　经过城市环境质量评价后，确定城市环境质量的优劣，确定主要污染源和要素，找出城市环境问题的关键，并提出战略对策。这些对策针对城市环境中存在的主要问题，提出保护城市环境的长远规划方案和近期治理计划。目前，城市环境评价方法呈现多元化发展，不断综合已有的评价方法，引入新的评价理论和方法，推广创新的计算机技术在环境评价领域的应用。城市环境质量评价将会发展到一个更高的水平。

第 3 节　城市可持续发展的评估

1972 年 6 月，联合国人类环境会议发表《人类环境宣言》并宣告：“保护和改善人类环境已经成为人类一个迫切的任务。”宣言指出：“现在已达到历史上这样一个时刻，我们在决定世界各地的行动时，必须更加审慎地考虑它们对环境产生的后果。由于无知或不关心，我们可能给我们的生活和幸福所依靠的地球环境造成巨大的无法挽回的损害。反之，有了比较充分的知识和采取比较明智的行动，我们就可能使我们自己和我们的后代在一个比较符合人类需要和希望的环境中过着较好的生活。”

1987 年，联合国与世界环境发展委员会再次指出，我们今天的发展应是“既满足当代人的需要，又不对后代人满足其需要的能力构成危害的发展”，这已逐渐成为世界普遍接受的指导原则。亦即，我们今天所需要的乃是一种社会经济可持续发展（sustainable development）的战略，它必须本着整体优先、生态优先的基本原则，充分考虑人类生存环境和资源利用的支持能力。

1992 年，联合国环境与发展大会通过的《里约宣言》《21 世纪议程》等纲领性文件，体现了当代人类社会可持续性发展的新观点，使可持续发展成为全球共同的行动战略。可见，环境问题对全球经济发展和人类生活造成的影响已引起所有国家和各阶层人士的关注。实施可持续发展战略是人类迈向 21 世纪的共同抉择，特别是在经济领域，必须在生产和经济发展的同时考虑环境保护，实现清洁生产。

1. 城市可持续发展的评价指标体系和方法　城市可持续发展是一种全新的城市发展观，其核心是在保证城市经济效率和生活质量的前提下，使能源和其他自然资源的消费及污染最小化，以满足当代城市发展的现实需要，同时考虑未来城市发展的需求。

2. 城市可持续发展评价指标体系的设计原则

（1）科学性和实用性相统一的原则　指标的选取应建立在充分认识、系统研究的科学基础上，能全面涵盖可持续发展战略目标的内涵，反映可实现程度，涵盖社会、经济、资源保护、环境质量、人口素质等主要构成要素。指标设置应简单明了，易于理解，并考虑数据获取的难易程度和可靠性。

（2）系统性与层次性相统一的原则　可持续发展是一个复杂系统，由不同层次、不同要素组成，应分为经济、社会、人口、资源和环境等子系统，系统反映各方面因素，避免指标重叠，使指标体系结构清晰。

（3）全面性和代表性相统一的原则　指标体系应全面反映可持续发展系统的各个方面，强调代表性、典型性，避免选择意义相近、重复的指标，使指标体系简洁易用。

（4）可比性和可靠性相统一的原则　指标体系的设计应注重时间、地点和适应范围的可比性，方便横向综合比较，反映各国家、地区的可持续发展状况。

（5）相关性和整体性相统一的原则　选取不同支持子系统之间、相同子系统不同主题之间相互联系、相互协调的指标，有利于整体把握可持续发展系统。

（6）动态性与静态性相统一的原则　指标体系应充分考虑系统动态变化的特点，综合反映可持续发展的现状和未来趋势，保持相对稳定，既有静态指标，又有动态指标。

3. 可持续发展评价指标体系的设计

（1）可持续发展评价指标体系的构建方法　在设计具体的可持续发展指标时，针对不同的研究对象，需要采取不同的方法，以客观合理地反映各个研究对象的实际情况。构建方法主要包括以下几种。

1）系统法。根据可持续发展系统学的方向分类，逐类确定指标。例如，中国科学院可持续发展战略研究组采用了“五级叠加，逐层收敛，规范权重，统一排序”的方法，独立设计了一套中国可持续发展战略指标体系。

2）综合法。对已存在的一系列指标按一定标准进行聚类，形成体系。例如，蒋丽伟等（2012）以黑龙江省国有林区为例，基于现有发展现状，采用综合法聚类生态、经济和社会指标，并结合 AHP 及 TOPSIS 模型确定权重，构建了涵盖经济、生态和社会三方面的全省国有林区森林资源发展的综合评价指标体系。

3）分析法。将度量对象和目标划分成若干部分或子系统，并逐步细分，直至每部分可以用具体指标描述。例如，王慧娟和兰宗敏（2022）基于联合国可持续发展目标（SDGs），结合中国统计体系和城市发展特点构建评价指标体系，采用因子分析和熵值法对全国 298 个城市 2013、2015 及 2018 年的指标数据进行测算，从 17 个维度综合评价各城市可持续发展能力并予以排名，最后根据排名结果及时空演变特征提出差异化的政策建议。

（2）*可持续发展评价指标设置的方法*　评价指标的选择与筛选方法包括：频度统计法、理论分析法、KJ 法、专家咨询法、Delphi 法、会内会外法等。这些方法涵盖了对已有研究的统计、理论分析、专家评价等多种途径。

1）频度统计法。对已有研究的报告、论文进行频度统计，选择使用频度较高的指标。

2）理论分析法。对区域可持续发展内涵、特征进行分析，选择重要的发展特征指标。

3）KJ 法。收集相关资料，通过 A 型图解进行汇总、分类、归纳，形成可视化的方案。

4）专家咨询法。请专家对备选方案或要素进行评论，采用不同方式进行评价，如直接评价或两两比较评价。

5）Delphi 法。专家匿名填写意见后，进行统计处理，多轮协调收集专家意见的方法。

6）会内会外法。基本与 Delphi 法相同，采用不同的协调方式。

这些方法在评价指标的选择与筛选中发挥着重要作用，有助于构建综合全面的评价指标体系。

（3）*可持续发展评价指标的量化*　评价指标可分为定量指标和定性指标。定量指标可通过基础统计数据查找或计算出指标值，而定性指标则较难量化，是评价工作中的一大挑战。定性指标的量化方法包括 Delphi 法、头脑风暴法、模糊方法、灰色方法、层次分析（AHP）法等，但由于问题的复杂性，至今仍未找到一个完全解决定性指标量化的方法，通常需要综合使用多种方法。

（4）*可持续发展评价指标权重的确定*　指标权重的准确性直接影响综合评价的准确性和科学性。随着研究的深入，确定指标权重的方法从最初的基于研究者实践经验和主观判断逐步发展为采用 Delphi 法。然而，随着指标数量的增加，使用 Delphi 法确定权重存在难度大、工作量大的问题。近年来，AHP 法被广泛应用于确定权重，但随着判断矩阵的增大，存在一致性要求难以满足的问题。为解决这一矛盾，有学者采用相关系数法和经验法相结合的方法确定指标的权重。例如，赵洋（2020）通过两轮 Delphi 专家咨询优化指标，再用 AHP 计算权重，解决传统 AHP 矩阵规模过大问题，取得了较为满意的结果。此外，王龙等（2016）使用信息论中的相关技术，引入信息熵理论对 AHP 法确定的权重系数进行修正，并采用专家民主决策的赋权方法确定指标的权重系数，从而减少了因烦琐的判断和复杂的计算而带来的麻烦，并提升生态评价客观性。

4. 城市可持续发展的评价方法　可持续发展已成为全人类的共识，是人类发展的共同目标。至今为止，有几十种关于可持续发展的评价方法，国内出版的专著就有数十种。综合评价可持续发展的方法包括测分评价法、二维评价法、综合评分法、系统分析法、费用效果分析法等。其中，综合评分法应用最广泛，它通俗易懂、计算简便、实用性较强。随着数学分析技术和计算机技术的发展，模糊数学、多元统计分析方法在可持续发展指标综合评价中的应用也越来越多。例如，褚克坚等（2015）采用模糊综合评价与 AHP 法相结合的方法来确定权重，构建了长江下游城市水生态文明建设状况的模糊综合评估模型一些研究者还利用协调度（DHT）、可持续发展度（DSD）、功效函数或综合集结法等进行指标的综合评价，也取得了较好的效果（刘海猛，2024）。

关于可持续发展评价等级的划分标准，根据世界自然基金会（World Wide Fund for Nature，2004）提供的 2001 年全球 147 个国家的生态足迹和生态承载力数据，计算了生态压力指数（ETI）、生态占用指数（EOI）、生态经济协调指数（EECI）和可持续发展指数（SDI）的变化范围，具体见表 16-3。通过对这些数据进行聚类分析，综合考虑世界各国的生态环境和社会经济发展状况，制定了可持续发展评价等级的划分标准（表 16-4）。

表 16-3　全球生态压力指数、生态占用指数、生态经济协调指数和可持续发展指数变化范围

指数	ETI	EOI	EECI	SDI
变化范围	0.04～4.00	0.14～4.50	0.17～22.40	0～3

表 16-4　可持续发展评价等级的划分标准

等级	1	2	3	4	5	6
ETI	>2.00	1.51～2.00	1.01～1.50	0.81～1.00	0.50～0.80	<0.50
表征状态	极不安全	很不安全	较不安全	稍不安全	较安全	很安全
EOI	<0.50	0.50～1.00	1.01～2.00	2.01～3.00	3.01～4.00	>4.00
表征状态	很贫穷	较贫穷	稍富裕	较富裕	很富裕	极富裕
EECI	<1.00	1.00～2.00	2.01～3.00	3.01～4.00	4.01～8.00	>8.00
表征状态	协调性很差	协调性较差	协调性稍好	协调性较好	协调性很好	协调性极好
SDI	<0.63	0.63～0.89	0.90～1.30	1.31～1.62	1.63～2.11	>2.11
表征状态	持续性很差	持续性较差	持续性稍好	持续性较好	持续性很好	持续性极好

现有可持续发展指标体系的评价等级标准存在不统一的问题，等级标准的划分缺乏一致性，导致不同地区、不同评价者的研究结果之间缺乏可比性。相比之下，生态压力指数、生态占用指数、生态经济协调指数和可持续发展指数的提出基于生态足迹模型，涉及的评价因子和计算方法是全球统一的。其评价指标的等级标准是通过对全球 147 个国家的 4 项指数进行聚类分析，并结合不同国家和地区的生态环境状况和社会经济发展水平制定而成。这种方法的优势在于通过对国家、省、市和县的评价，不仅可以在不同时间和地点条件下进行可持续发展等级的划分，而且其评价结果具有较强的可比性，能够在较大的时空范围内相互比较。

第 4 节　城市生态安全与分析方法

1. 生态安全　生态安全具有广义和狭义两种定义。

广义的生态安全涵盖了生物细胞、组织、个体、种群、群落、生态系统、生态景观、生态区（生物地理区）、陆地和海洋生态及人类生态安全等。只要其中的某一生态层次出现损害、退化、胁迫，都可以说生态安全处于危险状态，即生态不安全。

狭义的生态安全指的是人类生态安全。生态安全的概念是在生态问题直接且较大规模地威胁到人类自身的生存与安全之后才被提出的。因此，在一定意义上，生态安全是指人类的生态安全。

对生态安全的威胁往往源自人类的活动，人类活动导致自身生存环境受到破坏，从而对生态系统的生存构成威胁。要解除这种威胁，需要人类付出代价和投入。

2. 城市生态安全 城市生态安全指关系到全人类、某一国家、某一地区或城市居民生存安全的环境容量的最低值是否具备战略性自然资源（如水资源、土地资源、森林和草地资源、海洋资源、矿产资源等），存量的最低人均占有量是否有保障，以及重大生态灾害（如由于温室效应造成的滨海土地被淹没、重大沙尘暴灾害、由于江河上游水土流失严重造成的中下游洪涝灾害等）是否能够得到抑制等一系列要素的总称。

3. 城市生态安全的分析方法 加拿大生态经济学家 William Rees 在 1992 年首次提出了“生态足迹”（ecological footprint，EF）的概念，它将区域生态足迹定义为：为满足特定区域人口消费需求所需的资源和同化这些人口消费所产生的废弃物，需要生态系统提供的生产性土地面积和水体面积。然而，生态足迹并未区分这些土地和水体在地球上的具体位置。

William Rees 主张使用以生产性土地面积为指标的生态足迹方法，来衡量人类对生态系统生命支持功能的耗用程度，以及人类活动对自然的影响程度。随后，他的学生 Wackernagel 利用生态足迹的方法，从生态学的角度评估可持续发展，并于 1996 年提出了具体的分析方法——生态足迹分析方法（ecological footprint analysis approach，EFAA）。Wackernagel 等应用生态足迹分析方法对 1993 年 52 个国家和地区的生态足迹进行了实证计算，得出其年平均值为：人均生态足迹 2.8hm^2，人均生态承载力 2.1hm^2，人均生态赤字为 0.7hm^2。这 52 个国家和地区中有 35 个存在生态赤字，只有 12 个国家和地区的人均生态足迹低于全球的人均生态承载力。这些国家和地区的人类消费已超过了承载力总和的 35%。1997 年部分国家的生态足迹情况见表 16-5。

表 16-5 1997 年部分国家的生态足迹

国家	人口/千人	生态足迹/（hm^2/人）	承载力/（hm^2/人）	生态赤字/（hm^2/人）
加拿大	30 101	7.7	9.6	1.9
丹麦	5 194	5.9	5.2	−0.7
芬兰	5 149	6.0	8.6	2.6
法国	58 433	4.1	4.2	0.1
德国	81 845	5.3	1.9	−3.4
英国	58 587	5.2	1.7	−3.5
意大利	57 247	4.2	1.3	−2.9
日本	125 672	4.3	0.9	−3.4
荷兰	15 679	5.3	1.7	−3.6
澳大利亚	18 550	9.0	14.0	5.0
新西兰	3 654	7.6	20.4	12.8
美国	268 189	10.3	6.7	−3.6
俄罗斯	146 381	6.0	3.7	−2.3
中国	1 247 315	1.2	0.8	−0.4
印度	970 230	0.8	0.5	−0.3

资料来源：王书华等，2002；方恺等，2013

就全球而言，人类的生态足迹已经超过了全球生态承载力的 30%。我国学者张志强等（2001）计算了中国西部 12 个省（自治区、直辖市）1999 年的生态足迹，具体数据见表 16-6。通过分析计算结果，可以评估西部 12 省（自治区、直辖市）发展的可持续性。

表 16-6　中国西部 12 省（自治区、直辖市）1999 年生态足迹与生态承载力

省/（自治区、直辖市）	1999 年年末总人口/万人	人均生态足迹/（hm²/cap）	人均生态承载力/（hm²/cap）	人均生态盈余（赤字）/（hm²/cap）	总的生态盈余（赤字）/（hm²/cap）	万元 GDP 的生态足迹/（hm²/cap）
陕西	3 618.00	1.086	0.742	−0.344	−1 244.60	2.641
甘肃	2 542.58	1.337	0.806	−0.531	−1 350.49	3.596
青海	509.80	1.573	1.173	−0.401	−204.21	3.365
宁夏	543.29	1.278	1.099	−0.179	−97.00	2.875
新疆	1 775.00	2.413	1.152	−1.261	−2 238.93	3.665
四川	8 358.60	0.951	0.385	−0.566	−4 731.22	2.141
重庆	3 072.34	1.042	0.303	−0.738	−2 268.77	2.163
贵州	3 710.06	1.228	0.352	−0.876	−3 251.48	4.998
云南	4 192.40	0.477	0.622	0.145	607.31	1.078
西藏	255.51	2.153	7.584	5.431	1 387.75	5.208
内蒙古	2 361.92	2.371	2.353	−0.018	−41.28	4.415
广西	4 713.00	1.022	0.425	−0.597	−2 814.06	2.466
合计	35 652.50	1.172	0.703	−0.469	−16 246.99	2.721

注：计算中所使用的人口、生物资源和能源消费数据、生物生产面积及 GDP 数据来源于各省（自治区、直辖市）2000 年的统计年鉴。根据原始资料，在生态承载力的计算中，贵州、广西未包括草地，重庆、贵州和西藏未包括水域

思考题

1. 城市生态系统服务功能主要表现在哪些方面？
2. 阐述城市生态系统健康的概念及特征。
3. 如何进行城市生态系统健康评价？
4. 构建城市生态系统健康评价指标体系应注意哪几个方面？
5. 什么是城市生态系统生态安全？
6. 当前维护城市生态安全面临哪些挑战？
7. 近年来，我国城市生态系统国土绿化取得了哪些主要成就？
8. 城市公园有哪些主要生态功能？
9. 湿地的主要生态功能是什么？
10. 论述城市可持续发展的评价方法。

第 17 章　城市设计、规划和管理

城市设计、规划和管理是现代城市建设的重要组成部分，其核心目标是构建功能完善、生态和谐、宜居高效的城市环境。在这一过程中，城市生态的概念至关重要，它指的是城市及其周边环境中各种自然要素和人文要素相互作用形成的动态生态系统。城市生态不仅涵盖空气、水、土壤、生物多样性等自然环境因素，还涉及城市人口、产业、基础设施和社会经济活动等方面。健康的城市生态具有自我调节能力和可持续发展特征，能够在满足城市发展需求的同时，减少对自然资源的消耗，降低环境污染，提高城市的生态承载力。然而，随着城市化的快速推进，许多城市面临生态环境恶化、资源过度消耗、污染加剧等问题。因此，改善城市生态成为城市设计、规划和管理的核心议题，其中包括增加城市绿地、优化能源结构、提高资源循环利用率、构建生态友好的交通系统及加强生态修复等措施，以促进人与自然的和谐共生。

在城市规划方面，需要遵循一定的指导原则，以确保城市建设的科学性、合理性和可持续性。首先，城市规划应以生态优先为基本原则，强调绿色发展，减少对自然环境的破坏，提高生态系统的稳定性。其次，应坚持以人为本的原则，充分考虑居民的需求，优化城市空间布局，提升公共服务和基础设施水平，增强城市的宜居性。再次，城市规划还需遵循协调发展原则，合理配置土地资源，平衡不同功能区的布局，如居住区、商业区、工业区和生态保护区的协调发展。最后，规划的科学性和前瞻性也是重要原则，需要依托现代科技手段，如大数据、人工智能、遥感技术等，提高规划的精确性和可操作性。

在实际规划过程中，通常需要经历多个步骤，包括现状调查与分析、发展目标制订、方案设计与评估、规划实施与调整等。在现状调查与分析阶段，需收集和分析城市人口、土地利用、生态环境等基础数据；在发展目标制订阶段，需要根据城市的实际情况和发展趋势，明确短期和长期的规划目标；方案设计与评估阶段则重点围绕城市空间布局、功能分区、基础设施建设等方面制订科学合理的规划方案；最后，通过规划实施与调整，确保规划方案的落地执行，并根据实际情况进行优化调整，以适应不断变化的城市发展需求。

城市的可持续发展理念贯穿于整个城市设计、规划与管理过程中。可持续发展的核心是实现经济增长、社会进步与生态保护的有机统一，在满足当代城市居民需求的同时，不损害后代的生存和发展条件。具体而言，城市可持续发展需要构建资源节约型和环境友好型社会，推动绿色建筑、智慧交通、低碳能源体系和循环经济的发展。此外，加强城市治理能力，完善政策法规，增强社会公众的环保意识和参与度也是推动城市可持续发展的重要途径。未来，城市规划和管理需要不断创新，结合新技术、新理念，提高城市的韧性和适应能力，使城市在面对环境变化、人口增长、经济波动等挑战时，仍能保持稳定、健康和可持续的发展态势。总的来说，科学合理的城市设计、规划与管理，不仅能够改善城市生态环境，提高居民的生活质量，也能够促进城市的长期可持续发展，构建更加和谐、高效和宜居的城市空间。

第1节　城市生态的内涵

城市生态涉及城市规划、设计、建设、管理和发展的方方面面，它考虑城市的栖息地、城市的物质流动、城市周围的人与自然的相互作用及城市社会和经济的生态模式。这些变化的背后是城市角色的变化，从以前的贸易或工业基地，到先进的以服务为基础的经济，然后是某种后工业体系。每一个都有特定的功能和形式，用于花园、公园、森林和其他城市绿地。为此，人们提出了一个关于城市栖息地和生态资源提供的城市生态系统服务的概念。这是指人类从城市生态系统所获得的所有惠益，包括城市生态系统的供给服务（如提供食物和水）、城市生态系统的调节服务（如控制洪水和疾病）、城市生态系统的文化服务（如精神、娱乐和文化收益）及城市生态系统的支持服务（如维持地球生命生存环境的养分循环）。一般而言，人类生存与发展所需要的资源归根结底都来源于自然生态系统。它不仅为人类提供食物、医药和其他生产生活原料，还创造与维持了地球的生命支持系统，形成人类生存所必需的环境条件，同时还为人类生活提供了休闲、娱乐与美学享受。而在城市，来自生态、经济、社会、行为、心理、思维、交流等新观点、新概念和新思想为保护或强化城市生态系统服务指出了可行的政策和行为模式。这些政策和行为模式成为了复杂城市系统和社区中景观设计、规划指导、基础设施管理等的基础。

1. 城市生态与人类健康　接触大自然是保持健康的一个决定性因素。为了促进城市中与自然接触的健康效益，城市绿地的设计、管理和维护需要整合生态、公共卫生和规划知识，强调城市生态知识在城市物理、生物和社会环境方面的改善作用，将生态知识整合到城市规划、设计、管理和卫生保健设施及其项目中。研究发现城市绿地对预防心血管疾病、某些癌症和 2 型糖尿病的发生有积极的作用，在治疗抑郁和焦虑方面效果良好。经常与大自然接触对城市居民的心理健康起到积极的影响。

2. 绿色基础设施可以促进城市生态服务　应用城市绿色基础设施的概念，倡导规划多功能的绿色网络，通过提供必要的生态系统服务来促进城市地区的可持续发展。城市绿色基础设施建设的主要原则，是长期综合多功能的战略规划和实施，通过绿色基础设施的连通和应用，探索在特定场地及城市层面的潜力。如重新设计住宅街道的雨水管理，即通过表面排水系统可以实现减少对污水处理系统的压力，改善街道的交通布局，以及提升审美质量。同时加大自然种植面积，以及增加生物多样性。与居民密切合作，重新设计街道，提高所有权和管理意识。发展绿色基础设施适应气候变化的潜力，并补充制定生境创造和修复的空间和战略指南。由此可见，通过采用和实施真正的跨学科方法，并在城市规划和设计中采用生态实践，那么绿色基础设施将具有相当大的潜力。

3. 促进城市生物多样性　城镇土地利用的集约化增加了城市绿色基础设施（如遗留地、公园和花园）和生态系统服务的压力。在不严重损害绿色基础设施生存能力的情况下，以生态和社会可接受的方式发展城市地区建设存在挑战，应将绿色基础设施和城市生物多样性的保护纳入城市的发展和管理方案中。政策的制定受其关键的环境资本控制，通常允许在价值较低的地点进行开发，为绿色基础设施的损失提供适当的缓解。在实践中，考虑到发展过程中众多的土地所有者和相互竞争的因素，整体的生物多样性规划是很难实现的，特别是因为规划缓解通常是在一个地点接一个地点的基础上进行的。真正的可持续缓解措施通常会与人们对美景的舒适感相一致，需要在设计上做出妥协，并在整个开发过程中予以考虑。

生物多样性是人类在城市生活和工作中不可或缺的资源。人们通过与大自然的接触获得身心健康和幸福。生态系统和栖息地提供的服务具有经济效益，如防洪、减少噪声和改善空气质量等。城市设计和规划需要充分考虑生态系统方法的经济效益，该方法承认自然资本提供的生态系统服务，这些自然资本既存在于城市地区，也存在于城市附近（如农村集水区用于城市供水）。这只能通过改变个人、组织或企业的价值观和行为来实现。这些变化的驱动因素包括：直接影响企业和个人的经济利益和财政激励；立法、规章和官方指导；通过提供在改变行为和克服文化规范方面取得切实成果的证据，以及推动先锋个人和组织的鼓励目标。需要有活力和创新的国家规划，从而促进以健康、享受和福祉为核心的城市生物多样性的益处。保持城市地区的生物多样性，乃至增加城镇和城市的生物多样性，都需要经济和财政激励，以及立法、监管和目标的共同推动，从而真正改变人类行为。

平衡的概念已经成为一种将社会系统与生态系统联系起来的方法，也是解决棘手的生态问题，即规模问题的重要方法。行为经济学去除了传统经济学的明显缺陷，并对人们出于自身利益，做出独立于他人的理性决定的传统假设提出了挑战。行为经济学强调问题框架的重要性，因为它在决策过程中扮演着重要角色。从这一节中我们可以得到的主要教训是，我们拥有解决 21 世纪初所面临的主要生态问题的生态知识，特别是那些与人类健康、粮食短缺和气候变化有关的问题。

第 2 节　城市生态的改善途径

城市的规划和建设应尽量减少对周围环境的影响（如城市热岛效应、降水等），并优化生态活动。例如，增加城市区域表面的反照率或反射率可以最小化城市热岛效应，从而降低城市区域的城市热岛效应。通过最小化这些异常的数据趋势（如温度趋势），生态活动可能会在城市环境中得到改善。

1. 提供必要的修复　城市化确实在地方和全球范围内对环境产生了深刻的影响。虽然在积极建设生境廊道和使生物地球化学循环恢复正常方面遇到了困难，提出了这样的目标是否可行的问题，但是一些团体正在努力使受城市景观影响的土地恢复到更自然的状态。这包括使用景观设计来模拟自然系统，并将河流恢复到城市建成前的状态。

2. 可持续性管理　通过厌氧消化或发酵生物可降解材料产生的沼气，作为一种碳形式封存。随着城市化进程对资源需求的不断增长，近年来推动可持续能源和资源消费的活动，如建筑 LEED 认证、能源之星认证家电、零排放汽车等，势头强劲。可持续性反映了作为城市生态的一个组成部分，确保合理低资源利用的技术和消耗。像碳回收这样的技术也可以用来隔离城市中心产生的碳化合物，而不是持续地排放更多的温室气体。

3. 城市的自然化　改善城市生态的主要方法之一是在城市中或多或少增添自然区域，如公园、花园和草坪。这些地区改善了城市中人类、其他动物和植物的健康和福祉。通常它们被称为城市开放空间（虽然这个词并不总是指绿色空间）、绿色空间或城市绿化。

2019 年，一项发表在《自然》科学杂志的报道发现，那些每周至少花 120min 在自然界中的人群中，23%的人群对自己的生活感到更满意，59%的人群比那些没有暴露在自然界中的人们的健康状况更好。这项研究数据来自近 2 万英国人。研究表明，无论是一次出行还是多次出行，该结果都是一致的，而且若持续 300min 的接触，益处便会增加。这些福利适用于所有年龄段的男性和女性，以及不同种族、社会经济地位的人，甚至那些长期患病和残疾的人。那些没有达到至少 120min 的人——即使他们每周超过 60min——也没有得到好处。这项研究是大自然有益健康的最新有力证据。许多医生已经给病人开了自然处方。这项研究没有将人们在自家院子或花园中度过的时间计算为在大自然中度过的时间，但研究中大多数的自然参观都发生在离家 2 英里（约 3.2km）以内的地方。“即使是参观当地的城市绿地似乎也是一件好事，”怀特博士在一份新闻稿中说，“对于很多人来说，一周两小时的锻炼是一个很现实的目标，尤其是考虑到锻炼需要持续一整个星期。”城市化对生物多样性、生物地球化学循环、水文、气候及其他许多压力产生了一系列局部和深远的影响。由于城市生态学作为一门科学学科仍很年轻，还有大量的研究工作要做，因此许多这些影响还没有得到充分的认识，对欧美以外城市的研究也仍然有限。在许多研究中，关于城市化对生物多样性和物种相互作用的影响是明确的，但其机制尚未明确。城市生态学是生态学的一个重要的、高度相关的子领域，必须进行进一步的研究，以便更充分地了解人类城市地区对环境的影响。

4. 连接社会和生态系统　社会和生态模式与过程之间的相互反馈定义了社会生态系统。在城市景观中，这些系统可以表现出高度的复杂性和层次性，以及随社会和生态环境而变化的规律。为了明确这些相互关系，这里提出了两个实地协议——地点感和土地覆盖分析——来量化社会和生态系统之间的反馈。当前的许多社会生态系统模型往往以生物为中心，这意味着它们强调社会系统对生态系统的影响，但往往简化了生态系统对社会系统的影响。为了说明社会系统和生态系统之间的相互作用，这里提出将复杂适应系统的概念与结构化理论联系起来，创造复杂适应系统框架的结构化。该框架考虑了社会和生态的复杂适应系统，并在人类活动和景观动力学交叉的地方将它们联系起来。

第 3 节　城市规划的指导思想与原则

1. 城市规划的指导思想　城市生态规划的基本指导思想是：坚持经济建设、城市建设、环境建设同步规划、同步实施、同步发展，实现经济效益、社会效益、环境效益的统一。

2. 城市规划的原则　城市生态规划的对象是城市生态系统，它既是一个复杂的人工生态系统，又是一个社会-经济-自然复合生态系统，但它绝非三部分的简单加和，而是一种融合与综合，是自然科学与社会科学的交叉，又是时间（历史）和空间（地理）的交叉。因此，进行城市生态规划，既要遵守生态要素原则，又要遵循复合生态系统原则。

（1）*自然原则，又称自然生态原则*　城市的自然及物理组分是其赖以存在的基础，又往往成为城市发展的限制因素。为此，在进行城市生态规划时，首先要摸清自然本底状况，通过研究人类活动对城市气候的影响、城市化进程对生物的影响、自然生态要素的自净能力等方面，提出维护自然环境基本要素的再生能力，维持其结构多样性、功能持续性和状态复杂性的方案。同时依据城市发展总目标及阶段目标，制订不同阶段的生态规划方案。

（2）*经济原则，又称经济生态原则*　城市各部门的经济活动和代谢过程是城市生存和发展的动力和命脉，也是做好城市生态规划的物质基础。因此城市生态规划应促进经济发展，决不能抑制生产；生态规划应体现经济发展的目标和要求，而经济目标要受环境生态目标的制约。从这一原则出发进行生态规划，可从城市高强度能量流入手，分析各部门间能量流动的规律、对外界的依赖性、时空变化趋势等，并由此提出提高各生态区内能量利用效率的能量流途径。

（3）社会原则，又称社会生态原则　这一原则的理论前提是城市是人类的集聚地，是人类社会化的产物，人的社会行为及文化观念是城市演替与进化的动力。这一原则要求在进行城市生态规划时，以人类对生态的需求值为出发点，规划方案应被公众接受和支持。

（4）系统原则，又称复合生态原则　由于城市是区域环境中的一个特殊综合体，城市生态系统是自然生态系统中的一个特殊组分，因此进行城市生态规划，必须把城市生态系统与区域生态系统视为一个有机体，把城市内各小系统视为城市生态系统内相互联系的单元，对城市生态系统和它的生态扩散区（如生态腹地）进行综合规划，如在城市远郊建立森林生态系统，这是实现城市生态稳定性的重要举措之一。

第4节　城市规划的步骤与方法

1. 总体规划　城市总体规划是指根据城市规划纲要，综合研究和确定城市性质、规模、容量和发展形态，统筹安排城乡各项建设用地，合理配置城市各种基础工程设施，保证城市每个阶段的发展目标、发展途径、发展程序达到优化配置，并且具有科学的布局结构以引导城市合理发展。根据城市总体规划，将城市作为一个整体，放在区域及自然环境中，追求城市与周边环境及城市内部各功能区之间的自然协调和生态平衡，从而提高居民的生活水平与质量，提高城市的可持续发展能力。

2. 分区规划　分区规划是在总体规划的基础上，对城市的土地利用、人口分布、公共设施和基础设施的配置做出进一步的规划安排。在分区规划中，要突出人与自然的和谐性，合理布局广场、绿地、水体等城市循环综合体，调节城市气候、城市景观，建设“城市客厅”“城市肺腑”“城市绿带”等不同的城市功能区，改善居民的生活环境。详细规划是以总体规划和分区规划为依据，详细规定建设用地各项控制指标和规划管理要求，或直接对建设项目做出具体的安排和规划设计。在详细规划中，应该尽量将人的活动与自然相结合。例如，在小区规划中，尽量回归自然，突出花园式特征；在街区规划中，强调绿化，设置花坛，使道路趋于自然。总的来说，应该以生态学原理赋予局部城区自然化，并与功能整合，使整个城市生态化，具有可持续发展的前景。

3. 规划的一般程序

（1）根据规划要求选择相关专业人员及部门　由于城市规模和发展目标的不同，各城市生态规划的重点也可能有所差异。因此，必须根据具体的规划要求选择与之关系密切的专业人员及部门参与规划。首先，确定规划的核心领域，如空气质量管理、水资源保护、土壤修复或生物多样性保护等。然后，选择在这些领域具有丰富经验和专业知识的人员和部门参与规划过程。此外，还应考虑引入跨学科的专家团队，包括环境科学家、城市规划师、生态学家和社会学家，以确保规划的全面性和科学性。通过整合多学科的专业知识，可以更好地识别和解决复杂的生态问题，实现城市的可持续发展目标。

（2）资料的收集与实地调查　资料收集与实地调查的目的是搜集规划区域内各种自然、社会、人口、经济和环境等方面的资料和数据，以充分了解规划区域的生态特征、生态过程、生态潜力和发展的限制因素。需要收集的资料不仅包括现状资料，还包括历史资料。在城市生态规划中，对历史资料的研究十分重要，因为它可以揭示出长期变化趋势和潜在的问题，为未来的规划提供参考。资料形式既包括文字资料，也包括各种图件，尤其是图件能提供较准确的位置信息。现代技术如地理信息系统（GIS）和遥感技术在此过程中发挥了重要作用，可以大大提高数据收集的效率和准确性。

在搜集现存资料的同时，还要进行实地调查。生态调查多采用网格法，即根据一定原则将规划区域划分为若干网格，每个网格为生态调查与评价的基本单元。实地调查应包括土壤、水体、植被和野生动物等方面的详细记录。通过对每个网格的细致观察和数据记录，可以获得对整个区域生态状况的全面了解。此外，实地调查还可以补充和验证从文献和图件中获得的数据，确保资料的准确性和完整性。为了确保数据的科学性和可靠性，实地调查应由专业的技术团队进行，并使用标准化的调查方法和工具。调查结果应详细记录并分类整理，为后续的生态评估和规划方案提供坚实的数据基础。综合分析收集到的各种资料和数据，可以帮助规划者识别出关键的生态问题和优先保护的区域，制订科学、合理的城市生态规划方案。

（3）确定生态规划区范围　确定生态规划区范围是进行详细生态调查和评估的基础工作。首先，根据 1∶10 000（对于较大区域可以使用 1∶50 000）的地形图，将规划区域划分为若干网格，每个网格为生态调查与评价的基本单元。网格划分应考虑区域的自然地理特征、现有土地利用类型及生态敏感区域，以确保每个网格能够代表其独特的生态特征。

在划定规划区范围时，还需综合考虑以下几个因素。

1）地形特征。高差、坡度和坡向等地形特征直接影响生态系统的分布和功能。合理划分网格可以更好地反映地形变化对生态系统的影响。

2）水文特征。河流、湖泊、湿地等水文要素是生态系统的重要组成部分，应在网格划分时充分考虑，确保水文特征的连贯性。

3）土地利用现状。农田、林地、草地、建筑用地等不同土地利用类型对生态系统的影响各异。网格划分应反映这些差异，以便进行针对性的生态评估和规划。

4）生态敏感区域。如自然保护区、生态红线区、生物多样性高的区域等，应特别关注并进行细化划分，以确保这些区域在生态规划中的保护优先级。

5）社会经济因素。包括人口密度、经济活动类型和强度等社会经济因素，这些因素对生态系统的压力和影响不容忽视，网格划分时需综合考虑。

6）合理的网格划分。可以更系统地进行生态调查和评价，确保规划区内的每一个部分都得到了充分的关注和研究。每个网格中的数据收集和分析结果将有助于制订详细、科学的生态规划方案，最终实现规划区域的可持续发展目标。

（4）调查登记　对规划区域内的各种要素进行详细的调查和登记，是制订科学合理的生态规划的重要基础。需要调查登记的内容包括以下各个方面。

1）气象条件。记录规划区域内的气温、降水、湿度、风速和风向等气象数据，这些数据对生态系统的运行和变化具有重要影响。

2）水资源。调查区域内的河流、湖泊、地下水、湿地等水资源的分布、数量和质量情况，包括水资源的补给、利用和管理现状。

3）植被。对区域内的植被类型、覆盖率、生物多样性及其季节变化进行详细记录。特别关注珍稀濒危植物和典型生态系统。

4）地貌。记录区域内的地形地貌特征，包括山地、丘陵、平原、谷地等，以及地质构造和地震活动情况。

5）土壤。调查土壤的类型、分布、肥力、质地和有机质含量等，了解土壤的生产潜力和限制因素。

6）人口密度。记录区域内的居民数量和分布情况，分析人口密度对生态环境的压力和影响。

7）经济密度。调查区域内的经济活动强度，包括人均收入、工业和农业产值等经济指标。

8）产业结构与布局。记录区域内的主要产业类型及其空间分布，分析产业布局对生态环境的影响。

9）土地利用。详细记录区域内土地利用现状，包括农田、林地、草地、建筑用地、交通用地等类型及其面积和分布。

10）建筑密度。调查区域内的建筑物数量、分布和密度情况，特别是高密度建筑区域的生态影响。

11）能耗密度。记录区域内的能源消耗情况，包括主要能源类型、总能耗和单位面积能耗密度等数据。

12）水耗密度。调查区域内的水资源消耗情况，包括总用水量和单位面积水耗密度。

13）环境污染状况。记录区域内的空气、水体和土壤污染情况，包括污染源分布、污染物类型及其浓度等，特别关注工业排放和生活污水处理状况。

通过全面细致的调查登记，可以系统地了解规划区域内的自然和社会经济条件，为后续的生态评估和规划提供翔实的数据支持。这些数据将帮助识别出区域内的生态优势和薄弱环节，为科学制订生态保护和发展的具体措施奠定基础。

（5）环境质量评价　在调查和收集取得的资料的基础上，对规划区域进行环境质量的综合分析和评价，为制订环境规划、进行环境决策、实施环境综合整治奠定基础。环境质量评价应包括以下几个方面。

1）空气质量评价。分析区域内空气污染物的种类、浓度及其空间分布情况，评估空气质量对居民健康和生态系统的影响。使用空气质量指数（air quality index，AQI）等指标进行综合评价。

2）水环境质量评价。对区域内的地表水和地下水进行水质检测，评估污染物的种类和浓度，包括重金属、营养盐、微生物等。利用水质指数（water quality index，WQI）等方法进行综合评价，并分析水体的自净能力和生态健康状况。

3）土壤质量评价。分析土壤中的有机质含量、重金属污染、酸碱度等指标，评估土壤质量及其对农业生产和生态系统的影响。使用土壤质量指数（soil quality index，SQI）等工具进行综合评价。

4）生态系统健康评价。评估区域内生态系统的结构和功能，包括生物多样性、生态连通性和生态服务功能等。使用生态环境状况指数（ecological index，EI）等方法对生态系统的健康状况进行综合评价。

5）噪声污染评价。测量区域内的环境噪声水平，分析噪声污染源及其对居民生活和生态环境的影响。使用噪声污染指数（noise pollution index，NPI）等指标进行综合评价。

6）固体废弃物管理评价。分析区域内固体废弃物的产生、处理和处置情况，评估固体废弃物管理对环境的影响。使用固体废弃物管理指数（solid waste management index，SWMI）等工具进行综合评价。

7）综合环境风险评价。评估区域内各种环境问题的潜在风险，包括自然灾害风险（如洪水、地震）、工业事故风险（如化学品泄漏）、健康风险等。使用环境风险指数

（environmental risk index，ERI）等方法进行综合评价。

通过详细的环境质量评价，可以全面了解规划区域内的环境状况和存在的问题。这些评价结果将为环境规划和管理提供科学依据，帮助制订有效的环境保护和治理措施，确保区域的可持续发展。同时，环境质量评价也是监测和评估环境管理效果的重要手段，能够为未来的环境决策提供持续的数据支持。

（6）编制规划　在以上步骤的基础上，制订单项和综合的城市生态规划，以实现对规划区域的环境保护、生态恢复和可持续发展的统一管理和规范化。地理信息系统（GIS）技术在这一过程中将发挥重要作用，通过空间数据的整合和空间分析，为规划的科学制订提供强大支持。单项城市生态规划侧重于特定生态问题或领域的管理和调控，如空气质量改善、水资源保护、土地利用优化等。综合城市生态规划则考虑多个生态要素的相互影响和协调发展，涵盖了空气、水、土壤、植被、动物、人类活动等方方面面的生态环境。综合规划往往以全域的视角来考虑生态系统的健康与可持续性，旨在实现人与自然的和谐共生。

在规划编制过程中，需要充分考虑以下几个方面。

1）生态保护与恢复。制订具体的生态保护目标和措施，保护和恢复区域内的重要生态系统和生物多样性。包括建立自然保护区、生态廊道、湿地保护区等生态保护网络，推动生态系统的恢复和重建。

2）资源合理利用。优化土地利用结构，提高土地资源利用效率，实现土地的多功能利用。合理规划城市绿地、农田、林地、湿地等不同类型的土地，保障生态系统的稳定和生产力的持续增长。

3）污染治理与减排措施。采取有效的环境管理和污染治理措施，减少大气、水体和土壤的污染排放，提高环境质量。包括建设污水处理厂、废水处理设施、固体废弃物处理中心等环境保护设施，推动生产生活方式的绿色转型。

4）生态基础设施建设。建设生态基础设施，提升城市的生态功能和服务水平。包括绿道、湿地公园、雨水花园等城市绿色空间，以及生态农业示范园、生态修复工程等生态景观项目。

5）社会参与和合作。积极促进社会各界的参与和合作，建立多方参与的城市生态管理体系。通过公众参与、专家评审、政府主导等方式，形成共识和协作机制，推动城市生态规划的实施和监督。

通过以上方面的综合考虑和规划编制，可以有效实现对城市生态系统的整体管理和优化，促进城市的可持续发展和人居环境的改善。

（7）公布规划草案征求意见　规划草案不仅要向领导征求意见，还要向群众公布，广泛征求意见。公众的参与是完善规划和实施规划的重要条件和保证。

（8）确定规划，上报批准　在多方征求意见的基础上修订并确定规划，这是确保规划的科学性和可行性的重要步骤。规划的修订过程应当包括对各方意见的认真分析和综合，确保各利益相关者的意见得到充分考虑。参与方可能包括政府部门、专业机构、社区居民、企业代表等，他们的意见和建议对规划的修订和确定至关重要。

规划修订完成，需要上报相关主管部门进行审批和批准。审批部门可能是城市规划局、环境保护局、国土资源局等相关部门，根据规划内容可能还需要其他相关部门的审批。审批过程中，审批部门将对规划的合法性、科学性和可行性进行评估，确保规划符合法律法规和政策要求，并能够有效促进城市的生态环境保护和可持续发展。一旦规划得到有关部门的批准，即应成为法律文件，具有法律效力。这意味着规划对人们的行为有约束力，任何单位和个人都必须按照规划的要求进行行动，未经合法程序，不得随意变更规划内容。规划的实施过程中，相关部门需要严格执行规划要求，积极推动相关项目和措施的落实，确保规划目标的顺利实现。

同时，规划的批准也标志着规划的正式启动和实施阶段的开始。相关部门和单位应当积极配合，全力推动规划的实施工作，确保规划目标的顺利实现。监督和评估机制也应当建立健全，定期对规划实施情况进行跟踪和评估，及时发现问题并采取有效措施加以解决，确保规划的顺利实施和持续改进。

4. 生态建设指标及其确定方法 景观生态评价以人与景观的关系作为研究内容，应用统计方法评价和分析某个景观因子或几个景观因子相互作用的集体效应对城镇开发的影响程度，提出适宜的城市开发方向及优化方案。城市景观由斑块、基质和廊道组成。其中，基质是景观中可以控制环境质量的组分。基质的判定是研究的重点，其判定有两个表征向量：多样性指数和优势度指数。

景观生态单元又称为斑块或嵌块体，是生态指标的承载单元，可从地形图上设定。在1∶10 000的地形图上，每隔1.5～2.0km划出一个量测面积为1km²的方块，方块数量依城市研究区的面积而定。选取与城市规划密切相关的景观因子作为评价指标，在每个斑块中尽量以定量的方法确定每个景观评价因子的指标值，并通过野外调查方法核实部分指标。

另外，确定的评价因子必须体现相对优势显著的特征，这种相对优势要通过多种多样性指标综合比较才能体现出来。筛选出的评价因子及各阶段指标保证规划有计划地进行。总之，应用于生态城市建设的生态规划应因地制宜，符合城市自身的特点，才能更有效地发挥积极的作用。生态规划是城市总体规划的重要组成部分，并应与城市总体规划相结合。

第5节　生态城市的理论与城市可持续发展

1. 生态城市概念 生态城市的概念是在对工业文明历史进行深刻反思后提出的，反映了人类对人与自然关系的不断升华的美好愿景。对生态城市的概念有多种解释，至今仍无明确的界定。Richard Register曾提出了十分概括的定义：生态城市追求人类和自然的健康和活力，并认为这就是生态城市的全部内容。国内学者普遍认为生态城市是一个经济发达、社会公平、繁荣、自然和谐、城乡环境清洁、优美、舒适、稳定、协调与持续发展的复合生态系统。黄肇义等提出了具有实践意义的定义，即生态城市是全球或区域生态系统中分享其公平承载能力份额的可持续子系统，它是基于生态学原理建立的自然和谐、社会公平和经济高效的复合生态系统，也是具有人文特色的自然与人工协调、人与人之间和谐的理想人居环境。生态城市的核心理念是通过促进经济、社会和生态的协同发展，实现人与自然、人与人之间的和谐共生，为可持续发展提供新的路径和范例。

2. 生态城市的构成 生态城市由社会、经济和环境三个系统组成，是按照生态学原理建立起来的社会、经济和环境协调发展的城市。它旨在实现物质、能量和信息的高效利用，以及生态良性循环，从而构建人类聚居城镇。城市生态化简单地说就是实现城市社会、经济和自然三大系统之间的整体协调，达到一种稳定而有序的状态。这种演进过程旨在实现人与自然的共同进步，实现和谐发展，促进共生共荣。城市生态化包括城市社会生态化、城市经济生态化和城市环境生态化。其中，生态调控和生态规划是城市可持续发展的关键，而城市生态建设则是城市可持续发展的核心，涉及诸多方面，包括城市基础设施建设、生态保护与恢复、资源利用和循环利用等。通过生态城市的建设，我们可以更好地保护和改善城市环境，提升城市的生态品质，实现人与自然的和谐共生，为人们提供更加宜居、宜业、宜游的城市环境。

3. 生态城市的结构　生态城市的结构是多方面的，旨在创造健康、和谐的城市生活环境。其中一些重要措施包括以下几个方面。

1）建设生态型商业街。通过引入环保、绿色的商业理念和实践，打造绿色、低碳、节能的商业街区，促进环保产品和绿色服务的发展和应用。

2）建设生态型宾馆。推动酒店业向绿色、低碳、可持续方向发展，采用节能减排、资源循环利用等技术和措施，提供环保、舒适的住宿环境。

3）建设绿色学校。将环保教育和实践融入学校的教学、管理和生活中，培养学生的环保意识和能力，打造绿色校园，为学生提供良好的学习环境。

4）建设生态文明小区。通过改善小区环境、提升居民生活质量，推动小区居民参与环保活动，建设环保型、和谐型的社区环境。

5）开发无公害农产品。推动农业生产向绿色、有机、无公害方向转变，采用生态农业技术，减少化肥农药使用，提供健康、安全的农产品。

6）废弃物资源化利用。加强废弃物的分类收集、处理和利用，推动资源化、无害化处理，减少废弃物对环境的污染和资源的浪费。

7）环境保护文明化。通过宣传教育、法律法规和管理措施，培养公民的环保意识和行为习惯，倡导文明、节约、绿色的生活方式。

8）绿色建设规范化。加强城市建设和管理的规划和标准化，推动绿色建筑、绿色交通、绿色能源等方面的发展，建设环保、节能、低碳的城市环境。

这些措施和实践，共同构建了生态城市的基础设施和文化环境，为城市的可持续发展和人民的幸福生活提供了坚实保障。

4. 生态城市建设标准和评价指标　生态城市建设标准涵盖了多个方面，旨在实现城市的可持续发展和人民的幸福生活。其中一些重要标准包括以下几个方面。

1）树立持续发展的生命价值观。倡导尊重生命、保护生态、促进和谐发展的理念，使人与自然之间的关系更加和谐。

自然资源利用高度集约化，能源资源利用效率高：通过科技创新和管理手段，实现自然资源的高效利用，减少资源浪费和能源消耗。尽可能少消耗不可再生资源，最大限度地开发清洁资源：优先采用可再生资源和清洁能源，减少对不可再生资源的依赖，推动资源的可持续利用。“三废”最大限度地实现减量化、无害化、资源化：加强固体废弃物、污水和废气的处理和利用，最大限度地减少污染物排放，实现资源的循环利用。人力资源的开发真正实现人性的全面发展：通过教育、培训等手段，发挥人力资源的潜力，实现人的全面发展和自身价值的实现。

2）科技兴国战略得到实施。加大科技投入，推动科技创新，使科技成果能够更好地支撑城市的发展和改善人民生活。社会基础设施尤其是环境保护基础设施功能完善、运转高效：建设完善的城市基础设施，特别是加强环境保护基础设施的建设，提高城市应对灾害和生态风险的能力。

3）城市公共服务设施齐全且服务高质量。建设完善的公共服务体系，包括教育、医疗、交通、文化等方面的设施，提高居民的生活质量，实现城市现代化的目标。

这些标准是生态城市建设的重要指导原则，为城市的可持续发展和人民的幸福生活提供了基本保障。严格遵守和落实这些标准，可以推动城市建设向着更加环保、高效、和谐的方向发展。

吴琼等（2005）以扬州市生态城市规划为例，提出了社会、经济、自然 3 个子系统指标结合构成的生态城市指标体系，从 3 个子系统的状态、动态和实力等 3 个方面衡量城市复合生态系统的综合发展能力（表 17-1）。

表 17-1　扬州生态城市评价指标体系

一级指标	二级指标	三级指标	四级指标
生态城市综合发展能力	发展状态	经济水平	人均国内生产总值（万元）
			国土产出率（万元/km^2）
		生活质量	人均期望寿命（年）
			住房指数（城市人均居住面积/农村人均居住面积）
		环境质量	区域优于Ⅲ类水体比例
			空气质量指数（全年优于三级天数比例）
			森林覆盖率 13.8%
			公众对环境的满意率
	发展动态	经济动态	GDP 年增长率
			能源产出率（工业增加值万元/能耗吨标准煤）
			财政收入占 GDP 比例（%）
		社会动态	基尼指数倒数（社会公平性）
		环保动态	退化土地恢复率
			工业废水排放达标率
			城区生活垃圾无害化资源化率
			畜禽粪便资源化率
	发展实力	经济发展实力	企业 ISO14000 认证率（含实现清洁生产企业）
			固定资产投资占 GDP 比例
			从事研发人员比例
		社会发展实力	成人平均受教育年限（年）
			公务员平均受专业教育年限
			政府职能部门符合生态城市规划的政策条例占比
		生态建设实力	环境保护投资占 GDP 比例
			受保护地面积占比
			市民环境知识普及和参与率

5. 生态城市的评价体系　生态城市的内涵是一个较为宽泛的概念。具体到衡量某一特定城市是否符合生态城市标准及确定生态城市建设目标时，必须构建评价生态城市的指标体系。生态城市评价体系的制定应遵循以下原则。

1）根据现有的环境与社会、经济协调发展的理论，力求将标准值定量化，以确保评价指标的科学性和可操作性。

2）尽量采用已有的国家标准或国际标准的指标，以确保评价体系的权威性和可比性，同时降低评价指标的主观性。

3）参考国际上发达国家对现代城市的量化指标值作为标准值，借鉴其在生态环境保护、资源利用、社会公平等方面的经验和做法。

4）参考国外生态化程度较高的城市现状值作为标准值，从中学习先进经验，借鉴适合本地区情况的生态城市建设方法。

5）参考国内城市的现状值作为趋势外推，确定标准值，结合本地区的实际情况和发展趋势，制定切实可行的评价标准。

根据以上原则拟定生态城市评价指标体系，其中包括生态城市评价指标及参考标准值。该评价体系将有助于评估城市的生态化程度，指导城市生态建设的发展方向和目标设定，促进城市向更加绿色、可持续的方向发展。

思考题

1. 什么是城市设计？如何评价城市设计规划？
2. 为什么需要城市的设计规划？城市规划的指导思想是什么？
3. 编制城市设计规划应遵循哪些原则？
4. 论述城市生态规划的一般程序。
5. 阐述生态城市的内涵、结构和建设标准。
6. 如何根据城市生态系统的特征和特点确定生态城市的指标体系？
7. 你认为人类在城市环境中的主导作用是否会改变城市的基础生态学特性？
8. 城市科学是不是以一个有用的术语来描述城市多学科的研究，包括城市生态学、城市社会性、城市地理学、城市规划和管理学？
9. 城市用地的自然环境条件分析包括哪些主要内容？
10. 描述城市绿地的功能和作用。

主要参考文献

曹梅，杨珍，王斌. 2016. 西安城区与郊区风向风速差异分析. 陕西气象，(2)：19-23.

程昳璇，关净文，浮天，等. 2024. 2000—2021年中国典型地区大气降水化学与沉降特征. 中国环境科学，9：4817-4825.

丁海勇，史恒畅. 2018. 基于Landsat数据的城市热岛变化分析——以南京市为例. 安全与环境学报，18(5)：2033-2044.

丁金胜. 2021. 中国高铁与城市融合发展研究. 长春师范大学学报，40(6)：198-200.

方恺，高凯，李焕承. 2013. 基于三维生态足迹模型优化的自然资本利用国际比较. 地理研究，32(9)：1657-1667.

管东生，刘秋海，莫大伦. 1999. 广州城市建成区绿地对大气二氧化硫的净化作用. 中山大学学报（自然科学版），38(2)：109-113.

国家统计局. 2023.中国统计年鉴2023. 北京：中国统计出版社.

侯颖，周会萍，张超. 2014. 城市化对土壤微生物群落结构的影响. 生态环境学报，23(7)：1108-1112.

黄国英. 2019. 大学校园不同场所空气微生物种类及分布特征. 甘肃农业，8：22.

蒋丽伟，李炜，胡长茹. 2012. 基于ahp与topsis模型的经济发展水平综合评价——以黑龙江省国有林区为例. 林业资源管理，4：5.

李雅，殷丽萍，刘丹，等. 2023. 中国抗生素污染现状及对浮游生物的影响. 应用生态学报，34(3)：853-864.

李灿然，布多，谢民生，等. 2024. 青藏高原城市$PM_{2.5}$和O_3污染特征及影响因素. 中国环境科学，6：3060-3069.

梁樑，郭晓淞，陈汉杰，等. 2023. 乌鲁木齐市核心城区绿地土壤重金属累积特征及生态风险. 干旱区地理，46(11)：1868-1878.

刘鑫，黄兴如，张晓霞，等. 2017. 高浓度多环芳烃污染土壤的微生物-植物联合修复技术研究. 南京农业大学学报，4：632-640.

刘海猛. 2024. 城市评价方法论初探. 地理研究，43(3)：596-620.

骆亮，陈凯涛，杨一帆，等. 2024. 大气多环芳烃的浓度水平、来源与健康风险评价综述. 首都师范大学学报（自然科学版），3：121-131.

骆永明，章海波. 2007. 香港地区土壤及其环境. 北京：科学出版社.

马世骏，王如松. 1984. 社会-经济-自然复合生态系统. 生态学报，4(1)：1-9.

牛翠娟，娄安如，孙儒泳，等. 2023. 基础生态学. 4版. 北京：高等教育出版社.

彭嘉栋，赵辉，陈晓晨. 2017. 长沙城市化进程对局地气候的影响. 气象与环境科学，40(4)：42-48.

沈家芬，冯建军，谢春玲，等. 2008. 广州市PM_{10}的时空变化特征分析. 生态环境，17(2)：553-559.

童玉芬，刘志丽，宫倩楠. 2021. 从七普数据看中国劳动力人口的变动. 人口研究，45(3)：65-74.

王龙，徐刚，刘敏. 2016. 基于信息熵和gm(1,1)的上海市城市生态系统演化分析与灰色预测. 环境科学学报，36(6)：10.

王慧娟，兰宗敏. 2022. 中国城市可持续发展指标体系构建、测度与评价. 商业经济研究，2022(7)：184-

188.

王书华，毛汉英，王忠静. 2002. 生态足迹研究的国内外近期进展. 自然资源学报，17（6）：776-781.

王效科，苏跃波，任玉芬，等. 2020. 城市生态系统：高度空间异质性. 生态学报，40（15）：5103-5112.

魏津生. 1999. 中国城市流动人口的基本概念、状况和问题. 人口与计划生育，6：7-13.

魏守华，陈珑隆，杨阳. 2019. 城市规模增长与城镇体系协调发展. 江苏行政学院学报，6：43-51.

吴琼，王如松，李宏卿，等. 2005. 生态城市指标体系与评价方法. 生态学报，25（8）：2090-2095.

吴立臻. 2021. 城市固体废弃物污染治理及再利用措施. 现代商贸工业，21：166-168.

吴燕汶，晏红明，史正涛，等. 2023. 昆明强降水对城市化和热环境变化的响应研究. 气候变化研究进展，19（6）：723-737.

向珩，张雪茹，胡昭岩，等. 2024. 北京中心城区城市森林土壤理化性质与植物群落特征的相关性. 安徽农业大学学报，51（1）：56-66.

谢邵文，郭晓淞，杨芬，等. 2022. 广州市城市公园土壤重金属累积特征、形态分布及其生态风险. 生态环境学报，31（11）：2206-2215.

闫冰，陆晴，夏嵩，等. 2022. 城市土壤微生物多样性研究进展. 生物多样性，8：187-200.

杨凯，袁雯. 1993. 环境水文与城市雨洪. 北京：气象出版社.

杨小波. 2009. 城市植物多样性. 北京：中国农业出版社.

杨小波，吴书庆，邹伟. 2014. 城市生态学. 3 版. 北京：科学出版社.

杨艳昭，封志明，赵延德，等. 2013. 中国城市土地扩张与人口增长协调性研究. 地理研究，32（9）：1668-1678.

姚海凤，张赛超，上官华媛，等. 2022. 城市化对土壤动物群落结构和多样性的影响. 生物多样性，12：218-229.

叶荔，倪蒹葭. 2022. 屋顶农场成新潮流：每户租 1m^2 种菜，果蔬不断.（2022-05-12）[2025-06-09]. https://www.thepaper.cn/newsDetail_forward_18049108.

余运江，任会明，高向东. 2022. 中国城市人口空间格局演化的新特征——基于 2000—2020 年人口普查数据的分析. 人口与经济，5：65-79.

张华，雷凌云，刘若云，等. 2024. 中国城市交通发展现状与面向 2035 年展望. 城市交通，22（3）：36-42.

张国珍，杨思益，闵芮，等. 2024. 我国城市地表水中微塑料特征、生态风险及来源分析. 安全与环境学报，24（3）：1209-1222.

张志强，徐中民，程国栋，等. 2001. 中国西部 12 省（区市）的生态足迹. 地理学报，（5）：599-610.

赵洋. 2020. 中国资源型城市发展阶段研究——基于绿色转型的视角. 经济问题探索，2：74-84.

褚克坚，仇凯峰，贾永志，等. 2015. 长江下游丘陵库群河网地区城市水生态文明评价指标体系研究. 四川环境，34（6）：8.

Ahern J，Cilliers S，Niemelä J. 2014. The concept of ecosystem services in adaptive urban planning and design：A framework for supporting innovation. Landscape and Urban Planning，125：254-259.

Alberti M. 2008. Advances in Urban Ecology：Integrating Humans and Ecological Processes in Urban Ecosystems. New York：Springer.

Bai X，McPhearson T，Cleugh H，et al. 2017. Linking urbanization and the environment：Conceptual and empirical advances. Annual Review of Environment and Resources，42（1）：215-240.

Bender SF，Wagg C，van der Heijden MG. 2016. An underground revolution：biodiversity and soil ecological engineering for agricultural sustainability. Trends in Ecology & Evolution，31（6）：440-452.

Berland A，Shiflett SA，Shuster WD，et al. 2017. The role of trees in urban stormwater management. Landscape and Urban Planning，162：167-177.

Blum WE，Zechmeister-Boltenstern S，Keiblinger KM. 2019. Does soil contribute to the human gut microbiome？. Microorganisms，7（9）：287.

Bowers RM，Sullivan AP，Costello EK，et al. 2011. Sources of bacteria in outdoor air across cities in the Midwestern United States. Applied and Environmental Microbiology，77（18）：6350-6356.

Breuste J，Pauleit S，Haase D，et al. 2021. Urban Ecosystems. Berlin Heidelberg：Springer.

Brinkhoff T. 2024. Major Agglomerations of the World，City Population.（2024-05-16）[2025-06-09]. https://www.citypopulation.de/en/world/agglomerations/.

Carreiro MM，Song YC，Wu J. 2007. Ecology，Planning，and Management of Urban Forests：International Perspective. New York：Springer.

Chen J. 2007. Rapid urbanization in China：A real challenge to soil protection and food security. Catena，69（1）：1-15.

Chen S，Li WB，Du YD，et al. 2015. Urbanization effect on precipitation over the Pearl River Delta based on CMORPH data. Advances in Climate Change Research，6（1）：16-22.

Cuce PM，Cuce E，Santamouris M. 2025. Towards sustainable and climate-resilient cities: Mitigating urban heat islands through green infrastructure. Sustainability，17（3）：1303.

EDGAR. 2024. GHG Emissions of All World Countries - 2024 Report. Luxembourg：Publications Office of the European Union.

Eskandary S，Hoodaji M，Tahmourespour A，et al. 2014. Bioremediation of PAHs from Contaminated Soils by Festuca aroundiacea in the Presence of Bacillus licheniformis and Bacillus mojavensis. Journal of Residuals Science and Technology，11：99-105.

Falciglia PP，Catalfo A，Finocchiaro G，et al. 2019. Chemically assisted 2.45 GHz microwave irradiation for the simultaneous removal of mercury and organics from contaminated marine sediments. Clean Technologies and Environmental Policy，21：655-666.

Fierer N，Lennon JT. 2011. The generation and maintenance of diversity in microbial communities. American Journal of Botany，98（3）：439-448.

Flies EJ，Clarke LJ，Brook BW，et al. 2020. Urbanisation reduces the abundance and diversity of airborne microbes-but what does that mean for our health？A systematic review. Science of the Total Environment，738：140337.

Florian MC. 2024. The 2024 Largest Cities in the World by Population.（2024-08-23）[2025-06-09]. https://www.archdaily.cn/cn/1018832/2024-nian-shi-jie-ren-kou-zui-duo-de-cheng-shi-pai-ming.

Forman RT. 2014. Urban Ecology：Science of Cities. New York：Cambridge University Press.

Fu Z，Wang J. 2019. Current practices and future perspectives of microplastic pollution in freshwater ecosystems in China. Science of the Total Environment，691：697-712.

Fukami N. 2021. Regional Diversity and Sustainability of Megacities in Global Historical Perspective. In Living in the Megacity：Towards Sustainable Urban Environments. Tokyo：Springer.

Gaston KJ. 2010. Urban Ecology. London：Oxford University Press.

Guo M，Gong Z，Miao R，et al. 2018. Enhanced polycyclic aromatic hydrocarbons degradation in rhizosphere soil planted with tall fescue：Bacterial community and functional gene expression mechanisms. Chemosphere，

212：15-23.

Hanski I，von Hertzen L，Fyhrquist N，et al. 2012. Environmental biodiversity，human microbiota，and allergy are interrelated. Proceedings of the National Academy of Sciences，109（21）：8334-8339.

Heidari H，Arabi M，Warziniack T，et al. 2021. Shifts in hydroclimatology of US megaregions in response to climate change. Environmental Research Communications，3（6）：065002.

Howard L. 2012. The Climate of London. New York：Cambridge University Press.

Ismail W，Said I. 2015. Integrating the Community in Urban Design and Planning of Public Spaces：A Review in Malaysian Cities. Procedia-Social and Behavioral Sciences，168：357-364.

Lake B，Milfront TL，Gavin M. 2011. The Relative Influence of Psycho-Social Factors on Urban Edible Gardening. New Zealand Journal of Psychology，40（3）：50-59.

Li X，Zhou W，Ouyang Z，et al. 2022. Quantifying the cooling effects of urban green space：A meta-analysis. Science of The Total Environment，806：150474.

Lowenstein DM，Matteson KC，Minor ES. 2019. Evaluating the dependence of urban pollinators on ornamental，non-native，and ‘weedy’ floral resources. Urban Ecosystems，22（2）：293-302.

McDonnell MJ，Niemelä J. 2011. The history of urban ecology. Urban Ecology，9：34-49.

McKinney ML. 2006. Urbanization as a major cause of biotic homogenization. Biological Conservation，127（3）：247-260.

Meerow S，Newell JP，Stults M. 2016. Defining urban resilience：A review. Landscape and Urban Planning，147：38-49.

Miller GT，Spoolman SE. 2019. Essentials of Ecology. 6th Edition. Australia：Thomson Brooks/Cole.

Miranda AC，Schielzeth H，Sonntag T，et al. 2013. Urbanization and its effects on personality traits：A result of microevolution or phenotypic plasticity？. Global Change Biology，19（9）：2634-2644.

Motamedimehr S，Gitipour S. 2019. Sub and supercritical decontamination of oil-based drill cuttings：A review. Environmental Energy and Economic Research，3（3）：225-240.

Müller N，Werner P，Kelcey JK. 2010. Urban Biodiversity and Design. NewYork：Wiley-Blackwell.

National Centre for Disease Control. 2014. Annual Report on Waterborne Diseases in India. https://ncdc.mohfw.gov.in/.

Ponte EV，Cruz AA，Athanazio R，et al. 2018. Urbanization is associated with increased asthma morbidity and mortality in Brazil. The Clinical Respiratory Journal，12：410-417.

Profiroiu CM，Bodislav DA，Burlacu S，et al. 2020. Challenges of sustainable urban development in the context of population Growth. European Journal of Sustainable Development，9：51.

Ryan PG，Moloney CL. 1990. Plastic and other artefacts on South African beaches：temporal trends in abundance and composition. South African Journal of Science，86：450-452.

Sánchez-Trujillo MA，Morillo E，Villaverde J，et al. 2013. Comparative effects of several cyclodextrins on the extraction of PAHs from an aged contaminated soil. Environmental Pollution，178：52-58.

Sepp T，McGraw KJ，Kaasik A，et al. 2018. A review of urban impacts on avian life-history evolution：Does city living lead to slower pace of life？. Global Change Biology，24（4）：1452-1469.

Sista E，de Giovanni P. 2021. Scaling up smart city logistics projects：the case of the SMOOTh project. Smart Cities，4（4）：1337-1365.

Song T，Cai J，Chahine T，et al. 2021. Towards smart cities by Internet of Things（IoT）-a silent revolution in

China. Journal of the Knowledge Economy，12（2）：1-17.
Sukopp H. 2008. On the Early History of Urban Ecology in Europe. In Urban Ecology. Boston：Springer.
Sun X，Li Q，Zhu M，et al. 2022. Ecological risk assessment of microplastics in China's inland waters based on species sensitivity distribution. Journal of Hazardous Materials，424：127374.
Tang L，Zhao Y，Huang W，et al. 2021. Logistics efficiency improvement through urban restructuring：Evidence from Shanghai's central city relocation. Transportation Research Part A：Policy and Practice，152：1-18.
Tapiador FJ，Kacimi S，de Castro M，et al. 2015. Precipitation science：observations，retrievals，and modeling. Advances in Meteorology. DOI：10. 1155/2015/843403.
United Nations Department of Economic and Social Affairs. 2019. World Urbanization Prospects：The 2018 Revision（ST/ESA/SER. A/420）. New York：United Nations.
United Nations Environmental Protection Agency. 2011. The benefits and costs of the Clean Air Act：1990 to 2020（EPA Report No. EPA-410-R-11-001）. https://www.epa.gov/clean-air-act-overview/benefits-and-costs-clean-air-act-1990-2020-second-prospective-study.
United Nations Human Settlements Programme. 2022. World Cities Report 2022. New York：United Nations.
United Nations Human Settlements Programme. 2024. World Cities Report 2024. New York：United Nations.
Vyas S，Prajapati P，Shah AV，et al. 2022. Municipal solid waste management：Dynamics，risk assessment，ecological influence，advancements，constraints and perspectives. Science of The Total Environment，814：152802.
Wang C，Wang Z，Yang J. 2021. Evaluating the cooling effects of different vegetation types in subtropical cities using remote sensing. Sustainable Cities and Society，65：102642.
White MP，Alcock I，Grellier J，et al. 2019. Spending at least 120 minutes a week in nature is associated with good health and wellbeing. Scientific Reports，9（1）：1-11.
World Health Organization. 2014. Environmental Air Pollution Disease Burden: Global Update 2014. Geneva: WHO Press.
World Wide Fund for Nature. 2004. Living Planet Report 2004. Gland：WWF International.
Wu J. 2008. Toward a Landscape Ecology of Cities：Beyond Buildings，Trees，and Urban Forests. In Ecology，Planning，and Management of Urban Forests. New York：Springer.
Xu N，Luo J，Zuo J，et al. 2020. Accurate suitability evaluation of large-scale roof greening based on RS and GIS methods. Sustainability，12（11）：4375.
Xu X，Zhou Y，Ning Y. 2009. Urban Geography. 2nd ed. Beijing：Higher Education Press.
Yang L，Qian F，Song DX，et al. 2016. Research on urban heat-island effect. Procedia Engineering，169：11-18.
Yasin I，Ahmad N，Chaudhary MA. 2020. Catechizing the environmental-impression of urbanization，financial development，and political institutions：A circumstance of ecological footprints in 110 developed and less-developed countries. Social Indicators Research，147（2）：621-649.
Yuan J，Lin Q，Chen S，et al. 2022. Influence of global warming and urbanization on regional climate of Megacity：A case study of Chengdu，China. Urban Climate，44：101227.
Zhao S，Zhu L，Wang T，et al. 2014. Suspended microplastics in the surface water of the Yangtze Estuary System，China：first observations on occurrence，distribution. Marine Pollution Bulletin，86（1-2）：562-568.

城市生态学基本术语

城市部落（urban tribe）：是在城市地区拥有共同利益的人的微观群体。

城市代谢（urban metabolism）：以城市为一个整体，研究城市系统对资源的输入、加工、消耗和输出过程，类似于生物体的新陈代谢过程。

城市地理学（urban geography）：是地理学的一个分支学科，起源于对城市和城市过程的研究。

城市规划（urban planning）：是一个技术和政治过程，涉及土地利用和建筑环境的开发和设计，包括空气、水和进出城市地区的基础设施，如交通、通信和分销网络。

城市化（urbanization）：是指人口从农村向城市转移，城镇人口比例逐渐增加，以及社会适应这种变化的方式

城市荒野（urban wilderness）：指城市中未经开发或人为干预较少的自然生态区域，如废弃地、湿地、河岸绿地等，具有重要的生态价值。

城市经济学（urban economic）：是广义上对城市地区的经济学研究。因此，它涉及使用经济学的工具来分析城市问题，如犯罪、教育、公共交通、住房和地方政府财政。更狭义地说，它是微观经济学的一个分支，研究城市空间结构及家庭和企业的关系。

城市可持续发展（urban sustainable development）：在满足当前城市居民需求的同时，不损害后代生存和发展机会的发展模式，强调经济、社会、生态的协调发展。

城市林业（urban forestry）：为了改善城市环境而在城市环境中养护和管理单株树木和树木种群。

城市绿地率（urban green space ratio）：指城市绿地占城市总面积的比率，是衡量城市生态环境质量的重要指标。

城市蔓延（urban sprawl）：主要是指在许多城市地区，住宅、商业开发、道路等在大片土地上的无限制扩张，对城市规划的关注很少。

城市密度（urban density）：是一个用于城市规划和城市设计的术语，指的是居住在一个特定的城市化地区的人口数量，不包括非城市土地用途。非城市土地用途包括区域开放空间、农业和水体。

城市能源代谢（urban energy metabolism）：指城市对能源的输入、消耗和输出过程，包括电力、燃料、热能等的流动模式。

城市热岛效应（urban heat island effect）：指由于高密度建筑、混凝土覆盖、机动车尾气排放等因素，城市中心温度高于周边郊区的现象，影响局部气候和居民健康。

城市人类学（urban anthropology）：是人类学的一个分支，研究城市化、贫困、城市空间、社会关系和新自由主义等问题。

城市社会学（urban sociology）：是研究大都市生活和人类交往的社会学。它是社会学的一个规范性学科，旨在研究一个城市地区的结构、环境过程、变化和问题，并以此为城市规划和政策制定提供投入。

城市生态服务（urban ecosystem service）：指城市生态系统提供的有益于人类福祉的功能，包括空气净化、温度调节、水源保护、生物栖息地提供等。

城市生态网络（urban ecological network）：由城市中的绿地、水体、生态廊道等生态要素构成的空间网络，旨在提高城市生态系统的连通性和生物多样性。

城市生态位（urban ecological niche）：指城市中不同生物种群在生态系统中的功能角色，包括其资源利用方式、生存空间及相互作用关系。

城市生态系统（urban ecosystem）：指城市及其周边区域，由自然环境和人为环境共同构成的生态系统。城市生态系统具有高度人工化、能量和物质流动复杂、环境承载压力大等特点。

城市生态学（urban ecology）：是在城市环境的背景下，研究生物有机体与其周围环境之间关系的科学。

城市史（urban history）：是研究城市和城镇的历史性质和城市化进程的历史学科。

城市衰败（urban decay）：是指一个城市或城市的一部分因年久失修而衰败的社会过程。

城市文化（urban culture）：是城镇的文化。

城市信息学（urban informatic）：是指人们在城市和城市环境中创造、应用和使用信息通信技术和数据的研究。

低碳城市（low-carbon city）：通过能源结构优化、交通方式调整、建筑节能等措施，降低碳排放，实现绿色低碳发展。

低影响开发（low impact development，LID）：通过生态友好的规划和设计方式（如雨水花园、透水铺装、绿色屋顶等）减少城市建设对自然环境的影响。

海绵城市（sponge city）：通过自然方式吸收、存储、渗透和净化雨水的城市规划理念，减少城市内涝和水资源浪费，提高水资源利用率。包括雨水花园、植被浅沟、透水铺装、绿色屋顶等措施。

环境污染防治（environmental pollution control）；采取措施减少或消除空气、水、土壤等环境污染，提高城市生态环境质量。

环境影响评价（environmental impact assessment，EIA）：在城市规划或建设项目实施前，对其可能造成的生态环境影响进行分析和预测，以采取适当的减缓措施。

环境正义（environmental justice）：保障所有社会群体公平享有良好的生态环境和环保权益，避免环境污染和生态危害的不均衡分布。

混合土地利用（mixed land use）：指在同一片区域内合理规划居住、商业、办公、休闲等多种功能，提高土地利用率，减少交通需求。

加权密度（weighted density）：是一个密度指标。它是通过计算每个人口普查区域的标准密度来确定的，给每个区域分配一个与其在总人口中所占的份额相等的权重，然后将各个部分相加。

紧凑型城市（compact city）：通过合理的土地利用和高效的城市规划，减少城市扩张对生态环境的影响，提高土地和资源利用效率。

净密度（net density）：给定土地面积的密度数字，不包括与该数字没有直接关系的土地。

就业密度（employment density）：指任何特定地区的就业人数。

居住密度（residential density）：指任何指定地区的居住单位数目。

可持续交通（sustainable transportation）：通过发展公共交通、步行和自行车网络等方式，减少对私家车的依赖，降低碳排放和交通污染。

绿色基础设施（green infrastructure）：通过自然和半自然生态系统（如植被覆盖、城市森林、雨水花园等）来提供环境和社会效益的基础设施体系。

绿色建筑（green building）：采用环保材料和节能设计，降低建筑物的资源消耗和环境影响，如LEED认证建筑。

栖息地（habitat）：是一种特定生物生存的自然环境。它具有物理和生物特征。一个物种的栖息地是那些它可以找到食物、住所、保护和交配繁殖的地方。

气候变化（climate change）：包括全球变暖及其影响，如降水的变化。气候变化可能导致农作物减产，危害粮食安全，海平面上升可能淹没沿海的基础设施，迫使许多沿海城市被遗弃。环境影响包括随着生态系统的变化，许多物种的灭绝或迁移，最直接的影响是珊瑚礁、山脉和北极的环境。

全球变暖（global warming）：主要是人为造成的全球表面温度上升，并预计将持续下去。全球变暖的影响包括海平面上升、地区降水变化、热浪等更频繁的极端天气事件及沙漠扩张。

人口密度（population density）：指任何特定地区的人口数量。

韧性城市（resilient city）：指具备适应环境变化、应对自然灾害和社会经济挑战能力的城市，强调城市系统的稳定性和恢复能力。

生态补偿机制（ecological compensation mechanism）：通过财政补贴、税收优惠等方式，对因生态保护措施受到影响的地区或个人进行经济补偿，以促进环境友好型发展。

生态承载力（ecosystem carrying capacity）：指城市生态系统在不损害其自我恢复能力的前提下，能够承受的人口数量、资源消耗和污染排放水平。

生态风险评估（ecological risk assessment）：通过科学评估城市发展对生态环境的潜在影响，以制订合理的生态保护策略。

生态红线（ecological red line）：生态环境保护的底线，指划定的重点生态功能区、环境敏感区和脆弱区，以确保城市生态安全。

生态恢复（ecological restoration）：通过自然修复或人工干预，使受损的城市生态系统恢复到健康稳定状态，提高其生态功能。

生态基础设施（ecological infrastructure）：指城市中能够提供生态服务的基础设施，如湿地、公园、绿道等，能够调节气候、改善空气质量、涵养水源等。

生态绩效评估（ecological performance assessment）：评估城市在可持续发展、环境保护、资源利用等方面的表现，确保生态目标的实现。

生态流（ecological flow）：指城市生态系统中物质流、能量流和信息流的动态交换过程，涉及资源输入、转化、利用及废弃物排放等环节。

生态敏感区（ecologically sensitive area）：指城市中对环境变化高度敏感、容易受到破坏的区域，如湿地、河流源头、绿地等，通常需要特别保护。

生态智慧城市（eco-smart city）：结合生态保护与智能化技术，提高城市环境质量，实现资源高效利用和可持续发展。

生态足迹（ecological footprint）：评估人类活动对自然资源消耗和生态环境影响的指

标，衡量城市或个人消耗的资源是否超过地球生态承载力。

生物多样性保护（biodiversity conservation）：保护城市及周边区域的动植物种类、遗传资源和生态系统多样性，以维持生态平衡和系统稳定。

碳中和城市（carbon neutral city）：通过减少碳排放、提高碳汇能力，实现二氧化碳净零排放的城市发展模式。

碳足迹（carbon footprint）：衡量城市或个人活动产生的温室气体排放量，是评估碳排放和制订减排策略的重要依据。

遥感监测（remote sensing monitoring）：通过卫星、无人机等技术对城市生态环境变化进行实时监测，为规划和决策提供数据支持。

智慧城市（smart city）：通过大数据、人工智能和物联网等技术优化城市管理，提高资源利用效率，改善居民生活质量。

自然环境（natural environment）：是未经过人的加工改造而天然存在的环境，客观存在的各种自然因素的总和。

总密度（gross density）：某一特定土地面积的密度数字，包括不一定与该数字直接有关的用途（通常为道路及其他运输基建设施）。